법칙, 원리, 공식을 쉽게 정리한

물리·화학 사전

법칙, 원리, 공식을 쉽게 정리한

물리·화학 사전

1판 1쇄 발행 | 2017년 9월 5일
1판 20쇄 발행 | 2024년 12월 1일

지은이 | 와쿠이 사다미 **옮긴이** | 조민정 **감수** | 최원석

펴낸곳 | 도서출판 그린북
펴낸이 | 윤상열
기획편집 | 서영옥 최은영
디자인 | 김민정
마케팅 | 윤선미
경영관리 | 김미홍
출판등록 | 1995년 1월 4일(제10-1086호)
주소 | 서울시 마포구 방울내로11길 23 두영빌딩 3층
전화 | 02-323-8030~1
팩스 | 02-323-8797
이메일 | gbook01@naver.com
블로그 | blog.naver.com/gbook01

ISBN | 978-89-5588-339-8 43400

법칙, 원리, 공식을 쉽게 정리한

물리·화학 사전

와쿠이 사다미 지음 | 조민정 옮김 | 최원석 감수

그린북

현대는 과학이 재미있는 시대다!

19~20세기에 다져진 과학의 기초 연구가 다양한 분야에서 화려하게 꽃을 피우고 있다. 연료전지로 움직이는 자동차, 인간과 착각할 정도로 흡사한 로봇, 여름에는 시원하고 겨울에는 따뜻한 신소재 섬유, 대화도 가능한 인공지능 등 일일이 열거하자면 끝도 없다.

더욱이 위의 예들은 경제 활동과 깊은 관련이 있기 때문에 대중 매체에서 폭넓게 다루고 있다. 당연히 수준 높은 과학 용어가 신문의 지면을 요란하게 채운다. '희토류는 강력한 자석에 필수불가결한 자원', '철보다도 강한 탄소섬유 소재가 자동차 산업을 변혁', '고효율 반도체 레이저가 액정TV의 소비전력을 25% 감소' 등. 50년 전에는 감히 상상도 할 수 없었던 고도의 과학 지식을 필요로 하는 뉴스가 흘러 넘친다.

이러한 시대를 살면서 지식과 정보에 소외되지 않으려면 어느 정도의 과학적 지식을 갖출 필요가 있다. '이런 원리로 움직이고 있구나', '이런 구조로 만들어졌구나' 하고 과학의 큰 틀을 읽을 줄 아는 능력이 점점 더 요구되는 실정이다.

이렇게 말하면 굉장히 어렵게 느껴질지도 모르나, 사실 큰 틀만 보는 것은 그렇게 어렵지 않다. 지금 꽃피우고 있는 것은 19~20세기의 과학, 즉 고등학교에서 배우는 과학이기 때문이다.

이 책은 과학의 기초를 '법칙·원리·공식'이라는 관점에서 다시 한번 복습하고 있다. 또한 용어를 해설하는 데 지나지 않는 수박 겉핥기식 내용이 아니라, 다각적인 면에서 반복해서 설명하려고 노력했다. 그 법칙과 원칙이 어떤 곳에서 쓰이는지도 소개하여 더욱 구체적으로 이해할 수 있도록 만들고자 하였다.

21세기의 과학 기술은 과거에 인류가 세운 법칙과 원리를 밑거름 삼아, 점점 더 빠른 속도로 발전해 나갈 것이다. 그 파도에 휩쓸려 허우적대지 않으려면 과학의 기초 지식을 알고 이해하는 것이 매우 중요하다. 이 책이 많은 도움이 되기를 바란다.

저자 와쿠이 사다미

차례

제1장

초·중학교에서 배운 기본 법칙

제2장

물체의 움직임을 통해 이해하는 물리

제3장

'전기'를 이해하면 기술의 기본이 보인다

제 4 장

기체, 액체, 고체의 모습을 탐구하는 법칙

제 5 장

화학 반응을 이해하면 화학이 좋아진다

제6장

양자의 세계에서 상대성 이론까지

물리·화학의 이해는
'법칙·원리·공식'에서 시작한다

이 책은 그리스의 아르키메데스 시대부터 20세기 전반에 이르기까지 물리와 화학에서 널리 쓰이는 '법칙·원리·공식'을 소개한다. 아마 구체적인 내용은 잊어버렸더라도 법칙·원리·공식의 이름들은 한번쯤 들어 보았을 것이다.

예를 들어 '지레의 원리'라는 말을 들으면 대부분의 사람은 그 내용보다 초등학교 시절의 그리운 추억을 먼저 떠올릴지도 모른다.

■ 법칙·원리·공식은 어떻게 다른가?

수학과 윤리학의 세계와는 달리 과학의 세계에서는 법칙·원리·공식이라는 단어를 엄밀히 구분해서 쓰지는 않는다. 그렇지만 다음의 예시를 보면 어느 정도 적절한 사용처를 확인할 수 있다.

예시 다음 왼쪽 단어와 이어지는 적절한 문장을 오른쪽에서 고르시오.

(1) 우주의	(가) 공식을 설명한다.
(2) 기계의	(나) 원리를 설명한다.
(3) 해답의	(다) 법칙을 설명한다.

어떤 문장이 적확한지는 상황에 따라 다르지만, 대략적인 답은 다음과 같다.

우주의 → 법칙을 설명한다.

기계의 → 원리를 설명한다.

해답의 → 공식을 설명한다.

위의 예시에서 어감으로 확인할 수 있듯 '법칙'이란 가장 기본적인 진실을, '원리'는 사물의 구조를, '공식'은 원리와 법칙으로 얻을 수 있는 전형적인 귀결을 표현하는 단어다. 공통점은 이 단어들이 물리와 화학의 세계를 기본에 따라 정리해 대표하고 있다는 사실이다.

이미 알다시피 20세기 초까지 연구가 이루어졌던 물리와 화학 분야만 봐도 수만 개에 이르는 지식이 한데 뒤엉켜 난립하고 있다. 이러한 지식을 정리해서 대표하는 법칙·원리·공식을 일목요연하게 이해해 두면 지식을 정리하고 앞을 내다보는 눈을 얻을 수 있다는 점에서 매우 의미가 있다. 또한 새로운 지식을 접할 때도 이해가 한층 쉬워진다.

■ 고전으로 여길 만한 법칙·원리·공식

20세기 초까지 이르는 과학사에 기록된 법칙·원리·공식은 현대의 시각에서 보면 걸맞지 않은 경우가 많이 있다. 처음에 예로 든 '지레의 원리'도 지금은 굳이 '원리'라고 부를 만큼 기본적인 내용이 아니다. 뉴턴의 운동 방정식이면 충분히 설명되기 때문이다.

또, '화합물을 구성하는 성분 원소의 질량비는 늘 일정하다'라는 18세기에 발견된 '정비례 법칙' 역시 원자와 분자가 물질의 기본 단위라는 것이 상식이 된 현대에서는 '당연한 소리 아닌가?' 하고 일축해 버릴지도 모른다.

그러나 역사적으로 법칙·원리·공식이라고 이름붙인 것은 그 당시의 뛰어난 지혜를 집약한 혁명적인 지식임에는 틀림이 없다. '지레의 원리'도 그것을 인지하지 않았다면 다양한 동력 기계의 발명으로 발전하지 못했을 것이다. 정비례 법칙도 일단 알아냈기 때문에 물질의 기본 단위로서 원자와 분자의 존재를 확인할 수 있었다.

이러한 의미에서도 과학사적으로 유명한 법칙·원리·공식을 이해하는 것은 이공계와 인문계를 불문하고 매우 중요하다. 물론 현대과학을 이해하기 위해서도 20세기 초까지 발견된 과학의 뛰어난 지혜가 반드시 필요하다.

■ 현대는 20세기 초에 세운 지식의 수확기

이제 물리와 화학은 학문적 수확기를 맞이하였다. 획기적인 법칙의 발견은 줄어들었고, 과거에 쌓은 지식의 응용이 꽃을 피우고 있다. 이런 시점에서 20세기 초까지 발견한 지식을 정리해 두면 무척 유용할 것이다. 이 책을 통해 현대와 과거의 접점을 재확인해 보자.

제1장

초·중학교에서
배운 기본 법칙

01 지레의 원리

— 작은 힘을 큰 힘으로 바꾸는 원리

지레의 원리는 먼 옛날부터 사람들이 일상생활에 유용하게 써 왔던 무척 중요한 원리다.

힘점·받침점·작용점

가장 단순한 지레의 형태를 살펴보자. 흔한 예로, 막대기는 무거운 짐을 들어 올릴 때 사용할 수 있다. 막대기의 한쪽 끝에 짐을 걸고 짐과 가까운 부분에 받침대를 세운 다음 다른 쪽 끝에서 막대기를 잡고 힘을 주는 것이다. 그러면 힘을 많이 주지 않아도 무거운 짐을 들어 올릴 수 있다. 이것이 바로 지레의 원리다. 평범한 막대기 하나를 편리한 도구로 탈바꿈시킬 수 있으니 얼마나 감동적인가?

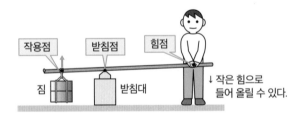

그림과 같이 '지레의 원리'에서는 세 가지 점이 중요하다. 힘을 가하는 점, 받쳐 주는 점, 그리고 가한 힘이 작용하는 점이다. 이 세 가지 점을 순서대로 힘점, 받침점, 작용점이라고 한다.

지레의 원리가 적용되는 구체적인 용례

'지레의 원리'는 전반적으로 널리 쓰인다. 자전거로 예를 들어서 이 원리가 어디에 쓰이는지 알아보자. 가장 먼저 눈에 띄는 것은 자전거 바퀴의 방향을 바꾸는 핸들, 자전거를 멈춰 세우는 브레이크, 바퀴를 돌릴 때 쓰는 페달과 기어다. 이것들은 모두 힘점이 받침점과 멀리 떨어져 있으며, 작은 힘을 써서 큰 힘을 얻을 수 있다.

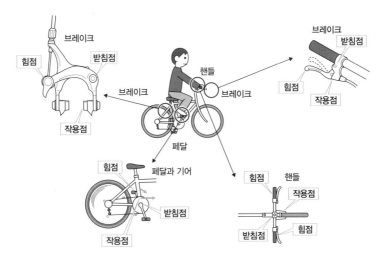

자전거처럼 크기가 큰 물체 외에도 우리 주위에는 지레 원리가 응용되는 사례가 아주 많다. 예를 들면 가위, 병따개, 문손잡이, 못뽑이 등이다.

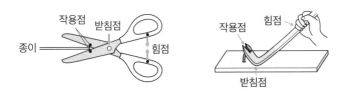

수학적으로 표현한 지레의 원리

'지레의 원리'를 수학적으로 표현해 보자. 물체가 움직이기 전 상태에서는 다음 관계식이 성립한다.

힘점, 작용점에 가하는 힘을 순서대로, F_1, F_2라고 하자. 또 받침점에서 힘점, 그리고 받침점에서 작용점까지의 거리를 순서대로, x_1, x_2라고 하자. 이때, 다음 식이 성립한다.

$$F_1 \times x_1 = F_2 \times x_2$$

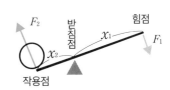

지레의 원리를 두 번 이용해서 더 작은 힘으로 더 많은 종이를 엮거나 구멍을 뚫는 문구류가 있다. 이러한 문구류의 구조를 '이중 지레'라고 한다. 그 구조를 다음 종이펀칭기를 통해 살펴보자.

이중 지레

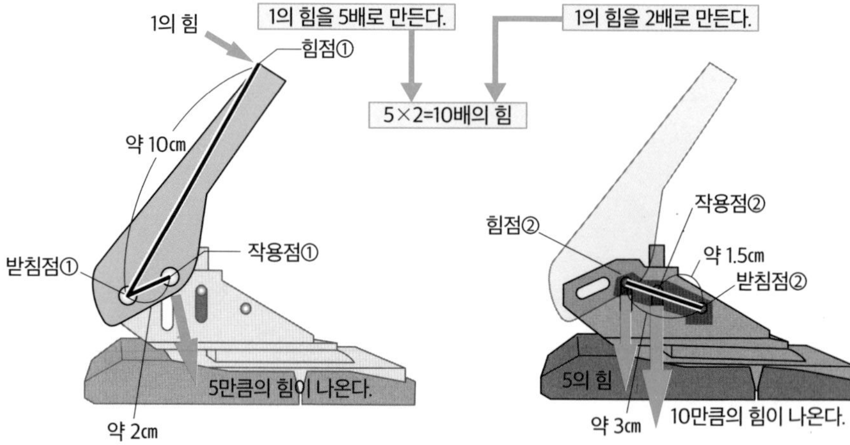

1의 힘
힘점①
약 10cm
받침점①
작용점①
약 2cm
1의 힘을 5배로 만든다.
5×2=10배의 힘
1의 힘을 2배로 만든다.
5만큼의 힘이 나온다.

힘점②
작용점②
약 1.5cm
받침점②
5의 힘
약 3cm
10만큼의 힘이 나온다.

왼쪽 그림은 첫 번째 지레의 구조다. 바깥쪽 손잡이가 지레의 역할을 한다. 지레의 원리에 따라 힘점①에 힘을 1만큼 주면 작용점①에는 힘이 5만큼 나온다. 오른쪽 그림에서 두 번째 지레의 원리는 바깥 손잡이의 안쪽에 숨어 있다. 첫 번째 지레 구조의 작용점이 두 번째에서는 힘점②로 변했다. 여기서는 지레의 원리에 따라 힘점②에 힘 5를 주면 작용점②에서 힘 10이 나온다. 이렇게 해서 처음에 1이었던 힘이 10배로 커진다.

경제학에서 쓰이는 지레의 원리

지레는 영어로 레버(lever)라고 한다. 경제 뉴스 등을 보면 '레버리지'라는 단어가 많이 나온다. '금융청이 주도한 FX거래 배율(레버리지) 규제를 2011년 8월부터 25배 이하로 억제하는 방안이 결정되었다.'와 같은 내용이다.

레버리지란 '지레'(레버)의 원리를 이용한 장치와 구조를 뜻하는데, 금융 거래에서는 소액으로 큰 금액을 매매할 수 있는 구조를 레버리지라고 한다. FX라고 부르는 외국환 거래를 예로 들어 그 의미를 알아보자.

현재 1달러가 1,000원이라고 할 때, 1,000원으로 거래할 수 있는 달러 금액은 1달러다. 그런데 상한 레버리지 25배를 채용하면 1,000원으로 거래할 수 있는 금액은 1달러×25배=25달러. 1,000원으로 25달러, 즉 25,000원에 상당하는 달러를 움직일 수 있는 것이다. 현재 25만 달러를 구입했는데 환율이 1달러에 1,000원에서 1,010원으로 올랐다고 가정해 보자. 그러면 수중에 있는 달러는 25만×1,010원=25,250만 원이 되어 차액 250만 원의 이익을 남길 수 있다. 단 10원의 차이로 250만 원이 굴러 들어오는 셈이다. 1의 힘으로 25의 힘을 얻을 수 있는 '지레'와 같은 구조다. 지레의 원리는 현대에 이렇게 추상적인 의미로도 활용되고 있다.

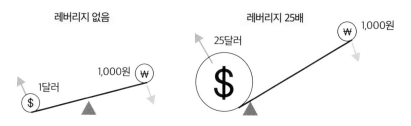

* 1달러를 1,000원으로 한다.

금융 거래에서 '지레의 원리'(레버리지)란 적은 자본금으로
많은 액수의 거래가 가능한 구조를 의미한다.

실전 문제

오른쪽 그림과 같이 막대기의 오른쪽 끝에 크기 1의 힘을 가했을 때, 왼쪽 끝에 있는 물체에 작용하는 힘의 크기는 얼마일까?

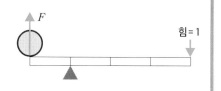

[해답] 힘점에 가하는 힘 1과 받침점에서 힘점까지의 거리 3의 곱은 1×3=3. 작용점에 가하는 F와 받침점에서 작용점까지의 거리 1의 곱은 $F×1=F$. 지레의 원리에 따라 이 두 값이 같으므로 $F=3$.

02 마찰 법칙

— 피라미드를 세우던 시대부터 연구한 중요한 법칙

마찰은 우리 생활과 아주 가까운 물리 현상 중 하나다. 우리가 길을 걸을 수 있는 것도 신발 밑창과 길 사이에 마찰이 있기 때문이다. 브레이크를 밟으면 자전거나 자동차가 멈추는 것 역시 마찰 덕분이다.

마찰의 종류

마찰의 한자 마(摩)와 찰(擦)은 둘 다 '문지르다'라는 뜻인데, 실제로 마찰은 사물과 사물이 접촉해 움직이려고 할 때 그것에 저항하는 힘(=마찰력)이 발생하는 현상을 말한다. 마찰은 정지 마찰과 운동 마찰로 구분할 수 있으며, 운동 마찰은 다시 미끄럼마찰과 구름마찰로 나뉜다.

책상 위에 있는 두꺼운 책을 손가락으로 미는 간단한 실험을 해보자(아래 왼쪽 그림). 처음에 가볍게 밀면 책은 움직이지 않는다. 그러다가 힘을 점점 더 줘서 일정 세기를 넘어서면 책이 갑자기 움직이기 시작하고, 그 다음부터는 힘을 조금만 줘도 책을 움직일 수 있다. 이러한 힘의 상태를 그래프로 나타낸 것이 아래의 오른쪽 그림이다.

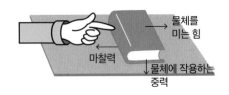
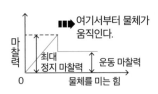

이 실험에서 책이 움직이기 시작할 때까지 계속 밀었던 힘이 정지 마찰력이다. 그 뒤 책이 움직이기 시작할 때 손가락이 느끼는 힘이 운동 마찰력(이 경우는 미끄럼마찰)이다.

아몽통과 쿨롱의 마찰 법칙

위의 실험에서 **최대 정지 마찰력이 운동 마찰력보다 크다**는 법칙이 성립한다는 것을 알 수 있다.

운동 마찰력은 오래전부터 연구되어온 힘이다. 레오나르도 다빈치(1452~1519)가 연구했고, 그 뒤에 아몽통(1663~1705)과 전기로 유명한 쿨롱(1736~1806)이 재발견한 다음의 경험 법칙이 특히 유명하다.

---

① 마찰력은 무게에 비례한다.

② 마찰력은 접촉면의 넓이와 상관없다.

③ 마찰력은 속도와 상관없다.

이러한 경험 법칙을 아몽통 · 쿨롱의 마찰 법칙이라고 한다.

①은 같은 물체일 때 2배 무거우면 마찰력이 2배로 커지는 것을 의미한다(아래 그림 ①). ②는 같은 물체이면 땅에 닿는 면적이 달라져도 마찰의 크기가 변하지 않는다는 뜻이다(아래 그림 ②).

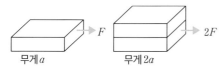

그림 ① 2배 무거우면 마찰력도 2배 커진다.

무게 a · F 　　무게 $2a$ · $2F$

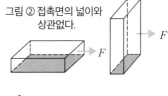

그림 ② 접촉면의 넓이와 상관없다.

F · F

③은 여러 가지 운동 마찰을 조사한 결과 밝혀진 법칙이다(오른쪽 그림).

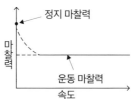

정지 마찰력

마찰력

운동 마찰력

속도

마찰의 원인

오래전부터 연구해 온 마찰의 원인에 대해서는 다음 그림으로 설명할 수 있다.

물체의 표면은 미세하게 울퉁불퉁해서 바닥과 맞물려 있기 때문에 물체를 움직이려면 큰 힘이 필요하다. 하지만 물체가 막상 움직이기 시작하면 서로 맞물려 있던 면이 엇갈리면서 마찰력이 줄어든다. 이렇게 해서 정지 마찰보다 운동 마찰이 더 힘이 적게 든다는 것을 쉽게 알 수 있다.

최근 몇 년 사이, 이러한 울퉁불퉁함의 정체가 분자 수준으로 더욱 세밀하게 밝혀졌다. 두 면이 맞닿아 있는 듯해도, 겉으로 보이는 접촉 면적에 비해 실제로 밀착된 부분은 한정적이다. 이 한정된 접촉면에서 분자 간의 밀착과 붕괴가 일어나면서 마찰력이 발생하는 것으로 보인다.

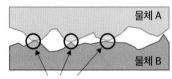

겉으로 보이는 접촉 면적과 실제 접촉 부분
실제로 접촉한 부분에서 밀착과 붕괴가 일어난다.

마찰을 줄이는 방법

처음에도 말했듯 마찰이 없으면 일상생활 자체가 불가능하다. 그런데 한편으로 마찰은 성가신 존재이기도 하다. 쓸데없는 힘을 필요로 하기 때문이다.

굴림대를 이용해 돌을 옮기는 모습.

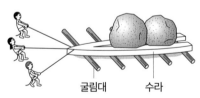

거대한 돌을 옮겼던 수라(나무 썰매).
밑에 굴림대를 깔아 옮겼다.

고대 이집트에서 피라미드를 쌓기 위해 운반한 거대한 돌을 예로 들어 보자. 크고 무거운 돌을 움직이려면 '마찰력은 무게에 비례한다'(아몽통·쿨롱의 마찰 법칙)는 법칙에 따라 그만큼 큰 힘이 필요하다.

그래서 고대인은 마찰을 줄이기 위해 굴림대를 발명했다. 구름마찰력이 미끄럼마찰력보다 훨씬 작다는 경험 법칙을 이용한 것이다. 거대한 돌을 '수라'라고 부르는 나무 썰매에 올리고 굴림대 위에서 끌었다.

이러한 굴림대의 원리는 지금도 이용되고 있다. 대표적인 것이 베어링이다. 축받이라고도 하는데, 축과 그 접속부에 장착하여 회전을 부드럽게 만드는 작용을 하는 부품이다. 축과 고정부 사이에 회전하는 부품(굴림대)을 넣어 미끄럼마찰을 구름마찰로 변환한 것이다.

굴림대의 원리를 이용한 대표적 예인 베어링(축받이). 그림은 '볼 베어링'.

마찰을 줄이는 유명한 방법으로 또 한 가지가 있다. 바로 윤활유다. 접촉하는 부분에 윤활유를 바르면 물체의 움직임이 부드러워진다.

윤활유

윤활유가 울퉁불퉁한 표면을 메워서 매끄럽게 해 준다.

👆 실전 문제

같은 물질로 만들어진 직육면체 a, b, c가 있다. b, c의 운동 마찰력은 각각 a의 몇 배일까?

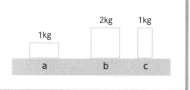

1kg

2kg

1kg

a   b   c

[해답] 마찰 법칙이 성립한다고 가정하면 마찰력은 무게에 비례하고 겉으로 보이는 접촉 면적과는 상관없으므로 b는 2배, c는 1배이다.

03 작용 반작용 법칙
— 밀면 되밀리는 일상의 법칙

《프린키피아》에서 뉴턴은 물체의 운동을 결정하는 운동 법칙을 제시했다. 제1법칙은 '관성 법칙'(**11**), 제2법칙은 '가속도 법칙'(**16**), 제3법칙은 '작용 반작용 법칙'이다. 여기서는 그중 세 번째인 '작용 반작용 법칙'을 알아본다.

작용 반작용 법칙이란?

물체 A가 물체 B를 밀거나 혹은 당길 때, B 역시 A를 밀거나 당긴다. 두 물체가 서로 힘을 작용할 때는 이처럼 두 힘이 반드시 쌍으로 나타난다. 이때 힘의 한쪽을 작용, 다른 한 쪽을 반작용이라고 한다. 두 힘에는 다음과 같은 작용 반작용 법칙이 성립한다.

> 두 물체가 서로 영향을 미치는 작용과 반작용은 '동일한 직선상에 있으며, 크기가 같고 방향은 반대인 힘'이다.

반작용을 몸으로 느끼는 가장 간단한 방법은 벽을 밀어 보는 것이다. 벽을 미는 힘과 똑같은 크기의 힘을 반대 방향에서 느낄 수 있다.

반작용 실험하기
벽을 밀면 반작용을 몸으로 느낄 수 있다.

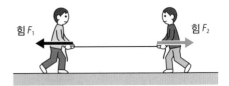

작용 반작용 법칙
두 물체가 서로 힘을 가할 때, 작용 반작용 법칙에 따르는 힘이 쌍으로 나타난다.

작용 반작용 법칙을 확인해 보자

작용 반작용 법칙은 우리 생활과 아주 밀접한 법칙이다. 다음의 예를 통해 확인해 보자.

예1 두 개의 용수철저울

작용과 반작용의 힘 크기가 같다는 것을 수치로 확인해 보자. 두 개의 용수철저울을 마주보게 연결한 다음, 양쪽으로 잡아당기면 두 용수철저울이 똑같은 눈금을 가리킨다.

A, B가 같은 눈금을 가리킨다.

예2 연못의 보트 이용하기

연못에 있는 보트로 작용 반작용 법칙을 체험해도 재미있을 것이다. 보트 두 대를 직선이 되게 놓은 다음 상대편의 보트를 밀어 보자. 보트는 서로 반대 방향으로 움직인다. 자신은 분명 앞으로 밀었는데(작용), 반대로 밀려나는 힘(반작용)이 생겨났기 때문이다.

보트를 밀었을 때의 운동

상대방에게 힘을 가하면?

상대방뿐 아니라 자신도 움직인다.

새도 작용 반작용 법칙으로 하늘을 난다

새가 하늘을 날 수 있는 것도 반작용이 있기 때문이다. 마치 사람이 벽을 밀었을 때 벽으로부터 반작용의 힘을 받는 것과 마찬가지다. 이 반작용의 힘으로 지면에서 벗어날 수 있다.

공기가 날개를 민다.(반작용)

날개로 공기를 민다.(작용)

로켓은 아무것도 없는 우주 공간에서 어떻게 추진력을 얻어 날 수 있을까? 그것은 앞의 '예2'에서 들었던 보트의 원리와 똑같다. 로켓 안의 연소실에서 만든 고온고압의 기체를 뒤로 내뿜으면 그 반작용으로 로켓이 앞으로 나아가는 것이다. 참고로 '예2'에서 이 고온고압의 기체에 해당하는 것은 상대방의 보트이다.

로켓은 작용 반작용 법칙으로 날아간다
로켓은 연소한 고속 제트 기체를 뒤로 내뿜었을 때 반작용으로 우주에서 난다.

페트병 로켓
고압의 공기
물
반작용
물을 내뿜는다.
작용

로켓이 날아가는 구조를 이해하기 가장 좋은 방법은 페트병 로켓을 만들어 날려 보는 것이다. 페트병 로켓은 연소가스 대신 물을 분출한다. 그 반작용으로 페트병 로켓이 하늘 높이 날아오른다.

요트가 앞으로 나아가는 것도 반작용의 힘

신기하게도 요트는 맞바람을 맞으면서도 앞으로 잘 나아간다. 그 비밀 역시 작용 반작용 법칙에 있다. 아래 그림을 보자.

바람의 방향에 따라 그림과 같이 돛을 펼친다. 바람의 힘은 돛의 곡면에 수직으로 작용한다. 돛이 받는 바람의 힘 F는 진행 방향 F_1과 그에 수직인 F_2로 나눌 수 있다.

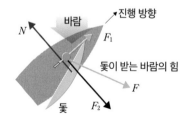

바람
진행 방향
N
F_1
돛이 받는 바람의 힘
F
돛
F_2

요트가 맞바람을 맞으면서도 나아갈 수 있는 이유
돛이 받는 바람의 힘 F를 진행 방향 F_1과 그에 수직 방향인 F_2로 나눈 다음, 수직 방향인 F_2를 바다로부터 요트에 작용하는 힘 N으로 없앤다. 그러면 진행 방향 F_1만 남아 바람의 대각선 방향으로 나아갈 수 있다.

힘 F_2는 바다 쪽으로 요트를 미는 힘이고, 동시에 바다로부터 반작용 N을 받는다. 이 N과 F_2가 상쇄되기 때문에 요트가 받는 힘은 진행 방향밖에 남지 않는다. 이렇게 해서 요트는 바람이 불어오는 방향의 대각선으로 나아갈 수 있다.

그런데 대각선으로만 계속 나아가면 바람이 부는 쪽에 있는 목적지에 도착할 수 없다. 그래서 요트는 태킹이라는 기법으로 지그재그 주행을 한다.

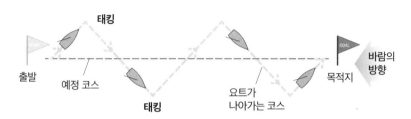

바람이 불어오는 방향에 목적지가 있을 때, 지그재그로 전진하도록
돛의 방향을 거듭 변경하는 것을 '태킹'이라고 한다.

실전 문제

스케이트보드에 탄 두 사람이 서로 끈을 잡은 다음, 한 사람이 끈을 잡아당기면 둘은 어떻게 움직일까?

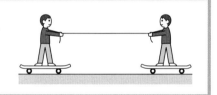

[해답] 작용 반작용 법칙에 따라, 직선 위에서 두 사람의 거리가 좁아지는 방향으로 둘 다 움직인다.

메모

태양과 지구의 작용 반작용
태양과 지구는 아주 멀리 떨어진 거리에서 서로 힘을 전달하는데, 이때도 작용 반작용 법칙이 성립할까? 현대의 과학자들은 태양은 진공 속의 가상 입자와 작용하며, 이때 작용 반작용 법칙이 성립한다고 생각한다. 그 가상 입자가 지구에 도달하면, 이때도 작용 반작용 법칙이 성립한다. 이처럼 힘이 전달된다는 이론을 장이론이라고 한다(**29**).

04 힘의 평형 법칙
— 합력이 평형이 되는 열쇠

외부로부터 힘을 받는데도 물체가 움직이지 않고 그대로 정지해 있을 때, '힘이 평형을 이룬다'고 말한다. 겉으로 보기에 힘이 작용하지 않는 것처럼 보이는 상태를 표현한 것이다. 여기서는 질점에 관한 힘의 관계를 알아보고자 한다. 질점이란 질량은 있지만 크기는 무시할 수 있는 작은 물체를 가리킨다.

힘의 3요소와 유향선분

물체에 가하는 힘을 확정하려면 '힘의 크기', '힘의 방향', '힘의 작용점'이라는 힘의 3요소가 필요하다. 한편 작용점을 통과해 힘의 방향으로 그은 직선을 작용선이라고 한다.

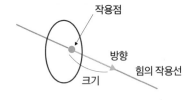

힘의 3요소
힘을 표시할 때는 '힘의 크기'(어느 정도의 힘인가), '힘의 방향'(어느 쪽을 향하는가), '힘의 작용점'(어디에 작용하는가)이라는 3요소가 필요하다.

이러한 3요소 중 어느 하나가 변하면 그 힘이 물체에 미치는 효과도 변한다(복수의 힘이 평형을 이루어 물체가 정지해 있을 때는 작용선상에서 작용점을 움직여도 힘의 효과는 변하지 않는다).

위의 그림처럼 힘을 표시하려면 화살표가 가장 적합하다. 이 화살표를 수학에서는 유향선분이라고 부르는데, 힘의 3요소를 아주 잘 나타낼 수 있다.

힘의 표현과 벡터

한편, 작용점을 무시하고 크기와 방향만 가지는 양을 수학에서는 벡터라고 한다. 그래서 흔히 '힘은 벡터'라고 말하는데, 그것은 정확한 표현이 아니다. 힘은 '작용점과 벡터'라는 두 가지 정보가 주어졌을 때 확정되기 때문이다.

벡터는 크기와 방향을 지닌 양
왼쪽의 두 벡터는 화살표(유향선분)라는 의미에서
보면 다르지만, 벡터의 의미로는 같다.

힘의 합성과 분해

두 힘은 하나의 힘으로 합할 수 있다. 이를 힘의 합성이라고 한다. 아래 그림
과 같이 두 힘을 두 변으로 하는 평행사변형을 그리고, 대각선을 그으면 두 개
의 힘이 합성된다. 이 합성 법칙을 평행사변형법이라고 한다.

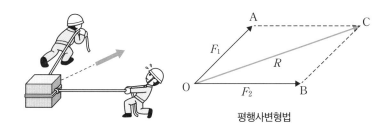

평행사변형법

반대로 하나의 힘을 두 개의 힘으로 분해할 수도 있다. 예를 들어 경사면에
놓인 물체가 받는 중력은 경사면 방향의 힘과 그 수직 방향의 힘인데, 이것은
평행사변형법을 이용해서 분해할 수 있다. 이를 힘의 분해라고 한다.

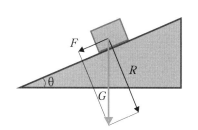

힘의 분해
놀랍게도 '힘을 분해할 수 있다'는 사실은 고대
그리스 때 이미 알려져 있었다.
참고로 경사면의 각도 θ가 30°일 때 왼쪽 그림
의 F는 중력 G의 절반이 된다.

이제 크기를 무시할 수 있는 물체, 즉 질점의 '힘의 평형'에 대해 알아보자. 다만, 크기를 무시할 수 없는 물체라도 대부분 중심의 한 점에만 작용하는 힘을 생각하면 되므로 결국은 질점의 문제로 귀착된다.

처음에 밝혔듯이 외부로부터 힘을 받는데도 물체가 위치를 바꾸지 않고 그대로 정지해 있을 때, '힘이 평형을 이룬다'고 말한다. 지금 두 힘 F_1, F_2가 아래 그림과 같이 질점 P에 작용하고 있다고 가정해 보자. 이때 질점 P가 움직이지 않는 조건은 힘 F_1, F_2가 '방향이 반대이고 크기가 같다'이다. 즉, 두 힘을 합성하면 0이 된다.

F_1 ◀━━━━ P ●━━━━▶ F_2 힘 F_1, F_2는 평형을 이룬다.

이것을 수학적으로 표현하면, 두 개의 힘을 표시하는 벡터 F_1, F_2의 합이 0이라고 쓸 수 있다.

$$F_1 + F_2 = 0$$

이를 일반화한 것이 다음 평형의 조건이다.

질점에 작용하는 복수의 힘 F_1, F_2, F_3, … 이 평형을 이루는 조건은
$$F_1 + F_2 + F_3 + \cdots + F_n = 0$$

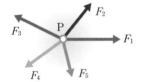

질점 P가 정지해 있을 때,
(즉, 질점 P에서 힘이 평형을 이룰 때)
$F_1 + F_2 + F_3 + F_4 + F_5 = 0$
여러 힘의 합성=벡터의 합이다.

위에서 다섯 가지 힘을 화살표로 연결해 보자. 그러면 폐다각형(닫힌 다각형)

을 그릴 수 있다(아래 그림). 요컨대 힘이 평형을 이룰 때 힘의 화살표를 모두 이으면 원점으로 돌아오는 것이다. 이처럼 모든 힘의 머리와 꼬리를 연결하여 폐다각형이 그려지면 질점에서 힘이 평형을 이룬다는 것을 나타낸다. 이 다각형을 힘의 다각형이라고 한다.

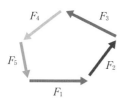

힘의 다각형
힘이 평형을 이룰 때 힘을 나타내는 화살표의 머리와 꼬리를 모두 이으면 '폐다각형'이 만들어진다.

힘의 평형과 작용 반작용 법칙

'힘의 평형'과 '작용 반작용 법칙'이 헷갈릴 때가 있다. 아래 그림으로 그 차이를 확인해 보자.

'사과에 작용하는 중력' W와 '나무가 사과를 끌어당기는 힘' T는 서로 평형을 이룬다. 한편 '나무가 사과를 끌어당기는 힘' T와 '사과가 나무를 끌어당기는 힘'은 작용·반작용이라는 두 가지 힘이다.

둘 다 크기는 같고 방향이 반대인 힘이지만 결정적인 차이점이 있다. 힘의 평형은 하나의 물체(사과)에 작용하는 두 개의 힘인 반면, 작용과 반작용은 두 물체 사이에 작용하는 두 개의 힘이다.

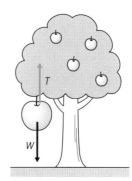

실전 문제

책상 위에 책이 가만히 놓여 있다. 이때 책에는 어떤 힘이 작용하고 있는지 알아보고, 평형의 조건을 만족하는지 확인해 보자.

[해답] 책에는 지구가 아래로 잡아당기는 중력과 책상이 위로 미는 항력이 작용한다. 이 두 힘이 중심(질점)에 작용하여 책이 움직이지 않으므로 크기는 같고 방향이 반대인 힘, 다시 말해 두 힘을 합성한 힘은 0이 된다는 평형의 조건을 만족한다.

05 도르래의 원리
— 무거운 물체를 가볍게 들어 올리는 원리

건설 현장에서 많이 쓰는 도르래에 대해 알아보자.

고정 도르래와 움직도르래

도르래에는 다양한 분류법이 있는데, 아래 그림과 같이 크게 **고정 도르래**와 **움직도르래**로 나눌 수 있다. 고정 도르래는 기본적으로 도르래가 고정되어 있다. 반면 움직도르래는 걸려 있는 줄이나 체인 등이 늘어났다 줄었다 하면서 도르래가 자유롭게 움직인다.

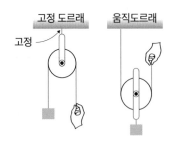

고정 도르래   움직도르래

고정

고정 도르래와 움직도르래의 기본
고정 도르래는 도르래가 움직이지 않는다.
반면 움직도르래는 도르래가 움직인다.

고정 도르래의 원리

위의 그림처럼 고정 도르래로 질량이 1kg인 물체를 끌어 올리려면 당연히 그 무게만큼의 힘이 필요하다. 즉, 다음과 같은 성질을 가진다. 이를 **고정 도르래의 원리**라고 한다.

> **고정 도르래는 줄을 잡아당기는 힘의 방향을 바꿀 수는 있지만 물체를 끄는 힘의 크기는 바꿀 수 없다.**

고정 도르래의 '힘의 방향을 바꿀 수 있다'는 성질은 무척 유용하다. 다음에 소개할 움직도르래를 실제 상황에 활용할 때는 '줄을 잡아당기는 힘의 방향을 바꾸는 것'이 중요한데, 그때 고정 도르래가 진가를 발휘한다.

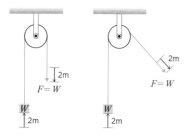

고정 도르래의 원리
W의 무게를 가진 짐을 끌어 올리려면 W의 힘이 필요하다. 그런데 끌어당기는 방향을 바꿀 수 있다.

움직도르래의 원리

32쪽의 움직도르래 그림을 보자. 움직도르래는 양쪽 줄 2개가 받쳐 주고 있어서 물체에 작용하는 힘이 둘로 나누어 전해진다. 다시 말해서 다음 움직도르래의 원리가 성립한다.

> **하나의 움직도르래는 물체에 가하는 힘의 '절반'으로 그 물체를 들어올릴 수 있다.**

움직도르래는 축이 고정되어 있지 않아서 줄을 잡아당기면 도르래 자체가 위아래로 움직인다. 도르래와 줄의 질량을 무시하면 움직도르래 하나로 물체를 들어 올리는 데 필요한 힘은 물체의 무게의 절반이다. 대신 움직도르래로 짐을 1m 끌어올리려면 줄을 2m 잡아당겨야 한다(오른쪽 그림).

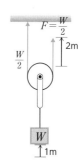

복합 도르래

도르래는 다양한 상황에서 유용하게 쓰이는데, 대부분 고정 도르래와 움직도르래 여러 개를 조합해서 쓴다. 그렇게 하면 작은 힘으로도 무거운 물체를 끌어올릴 수 있기 때문이다. 또 끄는 힘의 방향을 자유롭게 선택할 수도 있다. 지금부터 몇 가지 대표적인 사례를 알아보자.

예1 고정 도르래와 움직도르래가 1개씩 있을 경우

짐에 작용하는 중력을 W, 짐을 끌어올리는 힘을 F라고 하자. 오른쪽 그림을 보면 알 수 있듯, 짐에 작용하는 중력 W는 움직도르래 A에 의해 절반인 $\dfrac{W}{2}$가 되기 때문에 힘 F는 아래와 같다.

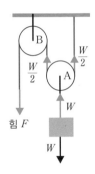

$$F = \frac{W}{2}$$

예2 고정 도르래와 움직도르래가 3개씩 있을 경우

예1과 마찬가지로 짐에 작용하는 중력을 W, 짐을 끌어올리는 힘을 F라고 하자. 끄는 힘 F에 대해, 움직도르래에는 총 $6F$의 힘이 가해진다. 따라서, 다음과 같다.

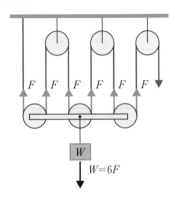

$$W = 6F$$

이렇게 해서 끌어올리는 힘 F는 $\dfrac{W}{6}$이 된다.

예3 크레인의 도르래와 복합 도르래

공사장에 없어서는 안 될 크레인에는 사실 매우 효율적인 도르래가 들어 있

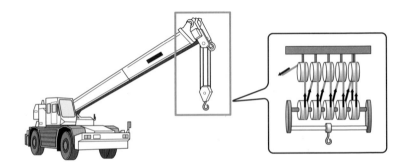

다. 실제로 예2와 같은 도르래가 쓰이는데, 원리상 도르래의 개수를 늘리면 매우 작은 힘을 써서 매우 큰 힘을 얻을 수 있다. 이렇게 복잡한 도르래를 복합 도르래라고 한다. 크레인이 무거운 철근을 높은 곳까지 가볍게 옮길 수 있는 이유다.

🖐 실전 문제

아래 그림의 도르래에서 끌어당기는 힘 F_1, F_2를 구하라. W는 물체에 미치는 중력이다.

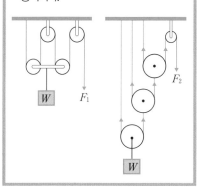

[해답] 아래 그림처럼 작용해 순서대로 $\dfrac{W}{4}$, $\dfrac{W}{8}$이다.

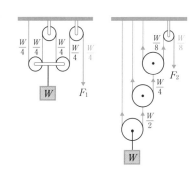

✏️ 메모

축바퀴

도르래와 혼동하기 쉬운 것으로 축바퀴가 있다. 움직 도르래가 줄 2개에 짐의 무게를 분산하는 원리인 반면, 축바퀴는 지레의 원리로 힘을 경감시키는 장치다. 오른쪽 그림이 그 원리이며, 다음과 같은 식이 성립한다.

$$r \times W = R \times F$$

따라서 외부의 힘 F는 무게 W보다 작아진다는 사실을 알 수 있다.

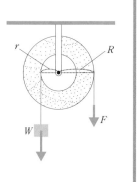

06 파스칼의 원리
— 자동차의 브레이크도 이 원리 없이는 논할 수 없다

　파스칼이라고 하면 기상캐스터가 자주 말하는 '헥토파스칼' 같은 기압 단위나, '인간은 생각하는 갈대다'라고 말한 철학자를 떠올릴지도 모르겠다. 또는 고등학교 수학 시간에 배우는 '파스칼의 삼각형'이 생각나는 사람도 있으리라. 그중에서도 파스칼(1623~1662)의 가장 유명한 업적은 역시 '파스칼의 원리'일 것이다.

파스칼의 원리란

　파스칼의 원리는 다음과 같이 정리할 수 있다. 여기서 압력이란 단위 면적에 가하는 유체(기체, 액체)의 힘을 일컫는다.

> 밀폐된 용기에 든 정지 유체 속의 한 부분에 압력을 가하면 그와 똑같은 크기의 압력이 유체 속 모든 부분에 전달된다.

　어렵게 들리지만 일상생활에서 쉽게 체험할 수 있는 법칙이다. 예를 들어 고무풍선에 바람을 넣어 보자. 후 하고 공기를 불어넣으면 고무풍선이 동그란 공 모양으로 부풀어 오른다. 왜 공 모양이 될까? 이는 파스칼의 원리로 설명할 수 있다. 공기를 불어넣는 압력이 풍선 전체에 똑같이 전달되어 벽을 일제히 밀기 때문에 풍선이 공 모양으로 부푸는 것이다.

고무풍선에 공기를 넣으면 둥근 모양으로
커지는데, 그 속에 파스칼의 원리가 숨어 있다.

고무풍선 안에 공기가 아닌 액체가 채워진 경우일지라도 파스칼의 원리가 적용된다. 고무풍선 혹은 비닐봉지에 물을 가득 채운 다음 바늘로 몇 군데에 구멍을 뚫어 보자. 그리고 아무 곳이나 손가락으로 눌러 본다. 그러면 구멍마다 같은 세기로 물이 나올 것이다. 손가락으로 누르는 힘이 모든 구멍에 똑같은 압력을 전달해 물을 밀어내기 때문이다.

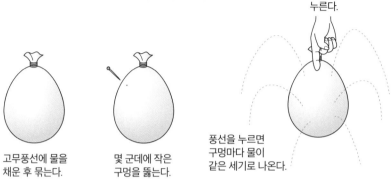

고무풍선에 물을 채운 후 묶는다.

몇 군데에 작은 구멍을 뚫는다.

누른다.

풍선을 누르면 구멍마다 물이 같은 세기로 나온다.

파스칼의 원리 응용하기

'한 점에 압력을 가하면 그와 똑같은 크기의 압력이 유체 속 모든 점에 전달된다'는 것은 우리에게 무척 유용한 성질이다. 그래서 그 성질을 응용한 장치가 많이 발명되었다. 대표적인 것이 바로 유압장치다. 유압장치는 자동차 브레이크에 쓰인다. 빠른 속도로 달리는 약 1톤짜리 승용차를 한쪽 다리 힘만으로도 쉽게 멈춰 세울 수 있는 것은 바로 이 장치 덕분이다.

유압장치는 파스칼의 원리를 아래 그림과 같이 응용하고 있다.

단면적이 1㎠와 5㎠인 원통 두 개를 아래 그림처럼 연결하고 액체를 가득 채운 다음, 납작하고 무게를 무시할 수 있는 이동식 뚜껑으로 밀봉한다.

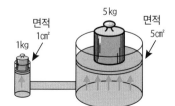

5kg

면적 1㎠

1kg

면적 5㎠

유압장치의 원리
파스칼의 원리에 따라 왼쪽의 단면적 1㎠인 원통에 가중된 무게 1kgf의 힘이 오른쪽의 단면적 5㎠인 원통에서는 무게 5×1kgf의 힘이 된다. 힘이 5배로 늘어난 것이다.

그리고 왼쪽 뚜껑에 1kg인 추를 두고 오른쪽 뚜껑에는 5kg짜리 추를 둔다. 그러면 두 추가 서로 평형을 이룬다. 왼쪽 뚜껑에 가해진 1kg의 힘은 1kgf/㎠의 압력이 되어 파스칼의 법칙에 따라 전체에 전해지기 때문이다. 오른쪽 뚜껑은 면적×압력(=5×1kgf/㎠)의 힘을 받게 되어 5kg의 추를 받칠 수 있다.

이러한 구조를 따라하면 원리상으로는 힘을 몇 배든 늘릴 수 있다. 이를 응용한 것이 바로 유압잭이다. 불도저나 크레인에도 이 장치가 설치되어 있다.

돔 지붕에 숨어 있는 파스칼의 원리

파스칼의 원리는 돔 모양의 지붕에도 이용된다. 돔 모양의 지붕은 공기의 힘이 떠받치고 있다. 이 힘도 파스칼의 원리에 따른 것이다.

돔의 구조

송풍기

공기로 떠받친다.

돔 모양의 지붕은 보통 수백 톤에 이르는데, 공기압이 이 어마어마한 무게를 떠받치고 있다. 이는 돔 안에 공기를 넣을 때 바깥보다 0.3%만큼 더 많이 주입했기 때문에 가능하며, 안과 밖의 기압 차는 빌딩 1층과 10층 사이의 기압 차와 같다. 우리 몸은 거의 느끼지 못하지만, 출입구에 문이 달려 있어 공기가 빠져나가지 못하고 밀봉 상태를 유지하고 있다. 결론적으로 이 공간에는 파스칼의 법칙이 성립하고, 지붕 전체에 0.3%의 기압 차라는 힘이 작용한다. 지붕의 면적은 광대하므로 공기압은 지붕 전체에 아주 커다란 힘이 된다. 이 힘이 수백 톤이나 되는 지붕을 밑에서 떠받쳐 준다.

기압의 단위, 파스칼

지구의 대기에는 중력이 작용하여 압력이 발생한다. 이때 지상에서 받는 압력의 표준 크기를 1기압이라고 한다. 물을 1,034㎝, 수은을 76㎝ 들어 올리는 압력이 표준이다.

근래에 국제단위계가 보급되면서 압력의 단위로 파스칼(기호 Pa)을 쓰는 것이 일반화되었다. Pa은 '면적 1제곱미터당 1뉴턴(N)의 힘이 작용하는 압력'이라고 정의한다. 이 단위를 이용하면 지상에서 받는 압력은 약 101,300Pa이 된다. 자릿수가 너무 많으므로 100Pa를 1hPa(h는 '헥토'라고 읽는다)이라고 쓰고, 표준 대기압을 1,013hPa로 표시한다.

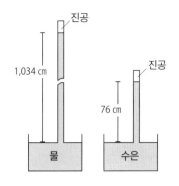

* 헥토는 100을 의미한다. 이를테면 100아르(a)는 1헥타르라고 한다.

실전 문제

두 원통을 그림과 같이 연결하고 액체를 채운 다음, 납작하고 무게를 무시할 수 있는 가동식 뚜껑으로 밀봉한다. 단면적이 1㎠인 왼쪽 통에 1kg의 추를 두고, 오른쪽에는 50kg의 추를 둔다. 두 추가 평형을 이루게 하려면 오른쪽 통의 단면적이 얼마가 되어야 할까?

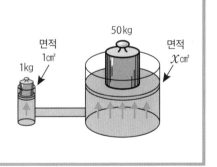

[해답] 파스칼의 원리에 따라 액체 전체에 1kgf/㎠의 압력이 전달되므로, 오른쪽 뚜껑의 면적을 x(㎠)라고 하면 오른쪽 뚜껑에 가해지는 압력 전체의 힘은 $1 \times x$. 이것이 50kgf의 추에 해당하면 되므로 $x = 50$㎠.

07 일의 원리
— 물리학에서 쓰는 '일'의 의미를 이해하기 위한 최적의 법칙

지금까지 지레의 원리, 도르래의 원리, 파스칼의 원리를 알아보았다. 이번에는 '일'이라는 관점에서 그 원리들을 다시 살펴보기로 하자.

물리학에서 '일'이란?

일상생활에서 '일'은 광범위한 의미로 사용된다. "오늘 밤은 일 때문에 늦을 거야"라고 말할 때의 일은 연구, 서류 작성 혹은 회식 등이다. 이래서는 '일'이 정확히 무엇을 가리키는지 알 수 없다. 한편 물리학에서는 '힘이 한 일'을 다음과 같이 명확하게 정의하고 있다.

> 일 = 물체의 이동 방향으로 가한 힘의 성분 × 물체의 이동 거리

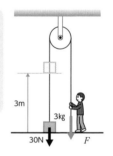

예제1 오른쪽 그림과 같이 도르래로 질량이 3kg인 짐을 천천히 3m 들어 올렸다. 사람의 힘 F가 한 일 W를 구하라. 단, 질량이 3kg인 짐에 미치는 중력은 30N이라고 한다.

N은 힘의 단위로 뉴턴이라고 읽는다. 질량이 3kg인 짐에 미치는 중력은 3kgf(킬로그램중)이라고도 하는데, 30N의 근삿값이다(**14, 16**).

[해설] $W = 30\text{N} \times 3\text{m} = 90\text{Nm}$

1뉴턴의 힘으로 1m만큼 물체를 이동시킨 일을 1줄이라고 말하며, 기호는 J로 나타낸다. 즉, 1Nm=1J이 된다.

예제2 다음 그림과 같이 마찰이 있는 바닥 위에서 짐을 경사 30°의 각도로, 2N의 힘을 주어 천천히 2m 끌었다고 하자. 그때 끈 힘이 한 일을 구하라.

[해설] 끄는 힘 2N 중 운동 방향의 힘은 $\sqrt{3}$N이므로, 다음과 같다.

$$\sqrt{3}\,\text{N} \times 2\text{m} = 2\sqrt{3}\,\text{J}$$

일의 원리

'**05** 도르래의 원리'에서 알아본 대로 움직도르래를 쓰면 무거운 짐을 가볍게 들어 올릴 수 있다. 이렇게 말하면 움직도르래를 쓰면 무조건 편할 것이라고 오해하기 쉬운데, 세상이 그리 호락호락하지는 않다. 힘이 적게 드는 만큼 이동거리를 크게 해야만 한다.

예제3 오른쪽 그림과 같이 도르래로 질량 3kg인 짐을 천천히 3m 들어 올렸을 때, 사람의 힘 F가 한 일 W를 구하라. 단, 3kg인 짐에 미치는 중력은 30N이라고 한다.

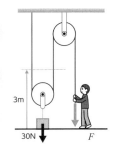

[해설] 움직도르래를 사용하므로 끄는 힘은 절반인 15N. 그러나 끄는 줄의 길이는 6m(짐을 들어 올린 길이 3m의 2배)가 되므로,

$W = 15\text{N} \times 6\text{m} = 90\text{Nm}$.

예제1의 답과 예제3의 답을 비교해 보자. 똑같이 90Nm의 일이 된다. 이것이 바로 일의 원리다. 마찰 등을 고려하지 않을 때, 다음 법칙이 성립한다.

> **결과가 같으면 그것을 위해 한 일은 같다.**

이번에는 유명한 예를 통해 일의 원리를 확인해 보자.

빗면의 원리

고대 이집트에서 피라미드의 돌을 들어 올리는 획기적인 방법이 발견되었다. 빗면을 이용하는 방법이다. 예를 들면 1톤짜리 돌을 수직으로 10m 들어 올리는 것은 아주 힘든 일이다. 그래서 이집트 사람들은 빗면을 활용했다. 아래 오른쪽 그림처럼 하면 돌 무게의 절반인 0.5톤을 들어 올리는 힘으로 1톤짜리 돌을 들어 올릴 수 있다(단, 이동 거리는 2배가 된다). 이처럼 빗면을 이용해 원래보다 적은 힘으로 물체를 들어 올리는 것을 빗면의 원리라고 한다.

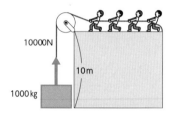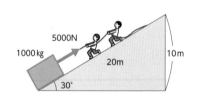

질량이 1,000kg인 물체를 들어 올리는 힘은 10,000N과 거의 같다. 한편, 끌어당기는 힘이 절반으로 줄어드는 원리는 '04 힘의 평형 법칙'을 참조하면 된다.

그럼 다음 두 가지 경우의 일을 계산해 보자.

예제4 위의 두 그림에서 사람의 힘이 한 일을 구하고, 양쪽의 값이 똑같다는 사실을 확인해 보자.

[해설] 일의 정의에 따라,

왼쪽 그림에서 한 일 = 10,000N × 10m = 100,000Nm.

오른쪽 그림에서 한 일 = 5,000N × 20m = 100,000Nm.

양쪽의 값이 똑같다. 이렇게 해서 일의 원리를 확인할 수 있다.

지레의 원리

질량이 80kg인 돌을 줄에 매달아 1m 들어 올렸다고 가정해 보자. 질량 80kg의 무게가 얼마인지는 대답할 수 있다. 따라서 다음 그림과 같이 이 돌을 지레의 원리를 이용해서 들어 올리면 힘은 절반인 400N이 된다 (**01** 지레의 원리).

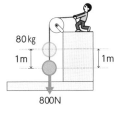

질량이 80kg인 물체가 받는 힘은 800N과 거의 같다.

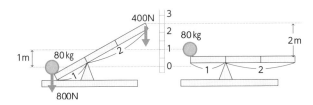

이 두 경우의 일을 계산해 보자.

예제5 줄로 직접 들어 올린 경우와 지레를 이용한 경우, 사람의 힘이 한 일이 똑같다는 것을 확인해 보자.

[해설] 일의 정의에 따라,

줄의 힘이 한 일＝800N×1m＝ 800Nm.

지레를 누르는 힘이 한 일＝400N×2m＝ 800Nm.

양쪽의 값은 똑같다. 이렇게 해서 일의 원리를 확인할 수 있다.

👆 실전 문제

오른쪽 그림은 U자관을 통해 1kg과 5kg짜리 추가 파스칼의 원리(**06**)에 따라 평형을 이루고 있는 모습이다. 오른쪽에 있는 추를 10cm 상승시키려면 왼쪽 추를 몇 cm 내려야 할까?

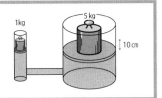

[해답] 왼쪽 추를 $x$cm 내린다고 하면 일의 원리에 따라,

1kg의 무게×x＝5kg의 무게×10. 따라서 x＝50cm.

08 아르키메데스의 원리
— 물체가 받는 부력을 정량으로 표현한 법칙

아르키메데스의 원리는 다음과 같다.

> 정지한 유체 속에 가라앉은 물체는 그 물체가 밀어낸 유체의 무게와 같은 힘을 중력 반대 방향으로 받는다.

물체가 유체로부터 받는 중력 반대 방향의 힘을 **부력**이라고 한다. 부력이 있다는 사실은 경험으로 알 수 있다. 아르키메데스의 원리는 이러한 부력을 정량으로 표현했다는 점에서 중요하다.

왕관이 순금일까 아닐까?

아르키메데스(기원전 287?~기원전 212)가 '아르키메데스의 원리'를 발견한 에피소드는 아주 유명하다. 그리스 왕국 시라쿠사의 히에론 왕이 금세공업자에게 왕관을 만들게 했는데, '금 왕관의 일부에 은이 섞여 있다'는 밀고가 들어왔다. 그래서 왕은 명망 높은 학자 아르키메데스에게 진위를 알아보라는 명령을 내렸다. 천재 아르키메데스는 고민에 빠졌다. 그러던 어느 날, 욕조에 들어갔을 때 몸이 가벼워짐과 동시에 몸이 잠긴 만큼 물이 넘친다는 사실을 깨달았다. 그 순간 "유레카(알았다)!"를 외치며 욕조에서 뛰쳐나와 벌거벗은 채로 집에 돌아갔다는 일화는 누구나 한번쯤 들어봤을 것이다.

아르키메데스는 집에 가자마자 왕관과 무게가 같은 금 덩어리와 은 덩어리를 각각 준비했다. 그리고 각각 저울에 달아 수평이 되는 것을 확인한 후 저울 그대로 물속에 넣었다. 그런데 무게가 같았는데도 부피가 큰 은이 금보다 부력을 많이 받았다. 결국 물속의 저울은 금 쪽으로 기울었다.

이 사실을 확인한 아르키메데스는 이번에는 왕관과 무게가 같은 금 덩어리와 왕관을 저울에 달아 저울이 수평이 되는 것을 확인한 다음 그대로 물에 넣었다. 그러자 저울은 또다시 수평을 무너뜨리고 금 쪽으로 기울었다. 아무리 복잡한 모양의 왕관이라도 밀어낸 물의 양이 같으면 똑같은 부력을 받을 것이다. 그러므로 저울이 금 덩어리 쪽으로 기울었다는 것은 왕관이 부력을 더 많이 받았다는 뜻이다. 이는 부피가 큰 은이 왕관에 섞여 있다는 것을 가리킨다. 이렇게 해서 아르키메데스는 왕관에 은이 섞였다는 사실을 밝혀냈다.

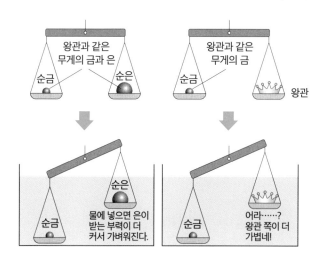

부력의 원인은?

부력이 발생하는 메커니즘을 아래 그림으로 확인해 보자.

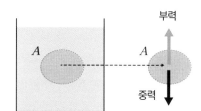

용기에 든 액체와 그 안에 있는 임의의 영역 A가 있다고 생각해 보자. 액체가 정지 상태면 영역 A에서 힘이 평형을 이룰 것이다. 영역 A에 작용하는 힘은 중력과 부력인데, 평형을 이룬다면 이 두 힘의 크기는 같다.

용기 속에 액체가 들어 있다고 생각해 보자. 액체가 정지 상태면 액체의 어느 부분에서든 힘은 평형을 이룰 것이다(평형을 이루지 않는다면 액체가 움직여야 한다). 그리고 그 안에 있는 임의의 영역 A를 생각해 보자. A 속 액체에는 당연히 아래 방향으로 중력이 미치고 있다. A의 액체가 정지해 있으니 이 중력에 저항하는 반대 방향의 힘이 있을 것이다. 그것이 바로 '부력'이다. 이렇게 '물체가 밀어내는(즉, 영역 A의 부피만큼) 액체의 무게와 같은 힘으로 수직 반대 방향의 힘(부력)을 받는다'는 사실을 알 수 있다.

수압으로 부력을 해석하면

무엇이 물속 부력을 만들까? 바로 수압이다. 수압은 물이 깊어질수록 커지는데, 이 성질이 부력의 원천이 된다.

위에서 설명했던 물속 임의의 영역 A로 생각해 보자. 영역 A에는 사방에서 수압이 가해지고 있는데, 위쪽 수압의 총합은 수심이 얕은 만큼 아래쪽에 미치는 수압의 총합보다 작다. 그러므로 종합해서 위쪽으로 힘이 작용하는 것이다. 이것이 부력이 된다.

부력의 원인
수압은 수심이 깊어질수록 커진다. 따라서 영역 A의 위쪽에 작용하는 수압의 총합은 아래쪽에 작용하는 수압의 총합보다 작다. 그것이 부력의 원천이다.

아르키메데스의 원리와 배의 기본 이론

서양에서 쇠로 만든 커다란 배가 항해할 무렵, 이를 처음 본 사람들은 몹시 놀랐다. 쇠로 만든 커다란 배가 어떻게 바다 위에 뜰 수 있는지 신기하게 생각했다고 한다. 무거운 쇠가 바다에 뜨다니, 과연 이상하게 보였으리라. 하지만 아르키메데스의 원리를 알면 이해할 수 있다. 아무리 무거운 배라도 부피를 크게 만들면 물에 뜨기 때문이다. 부피가 크면 밀어내는 바닷물의 양이 많아지고, 그만큼 부력도 커지게 된다.

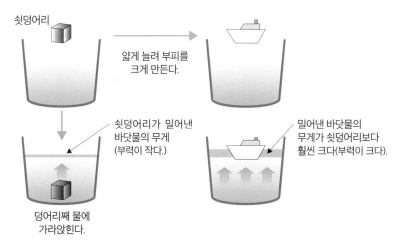

쇳덩어리

얇게 늘려 부피를
크게 만든다.

쇳덩어리가 밀어낸
바닷물의 무게
(부력이 작다.)

밀어낸 바닷물의
무게가 쇳덩어리보다
훨씬 크다(부력이 크다).

덩어리째 물에
가라앉힌다.

또, 아르키메데스의 원리를 이용해서 배의 적재량을 파악할 수 있다. 항구에 갈 기회가 되면 화물선의 측면을 유심히 살펴보자. '만재 흘수선'이라는 표시가 보일 것이다.

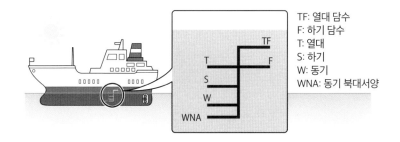

TF: 열대 담수
F: 하기 담수
T: 열대
S: 하기
W: 동기
WNA: 동기 북대서양

이 표시는 배에 실은 화물이 안전한 양인지를 밖에서 보고 파악하기 위한 표시다. 적재물이 많아서 배가 무거워지면 부력을 얻기 위해 배가 그만큼 가라앉게 되는데, 너무 많이 가라앉으면 안정성을 잃어 침몰할 위험이 생긴다. 그것에 대한 안전도를 표시한 것이다.

☜ 실전 문제

바닷물 속에 있는 금 1kg과 은 1kg 중 어느 쪽이 더 무거울까?

[해답] 아르키메데스의 실험으로 알 수 있듯, 부력이 작은 금 1kg이 더 무겁다.

09 훅 법칙

— 물체에 힘을 두 배 가하면 변형 정도도 두 배가 된다

용수철은 다양한 곳에서 쓰인다. 용수철에 가해진 힘의 크기에 어떤 특징이 있는지를 나타낸 것이 바로 훅 법칙이다.

훅 법칙이란

영국의 물리학자 로버트 훅(1635~1703)은 1678년, 용수철에 힘을 가했을 때 힘의 크기와 그 변형 정도 사이에 다음과 같은 관계가 있다는 사실을 발견했다. 이를 훅 법칙이라고 한다.

용수철이 늘어난 길이 x는 외부에서 가하는 힘 F에 비례한다.
$$F = kx \ (k는 용수철 상수) \cdots (1)$$

용수철을 매달고 1그램짜리 추의 개수를 증가시켜 걸어 보자. 2그램, 3그램으로 점점 늘어날 때마다 용수철이 늘어난 길이는 1그램일 때 용수철 길이의 2배, 3배…가 된다(아래 그림 왼쪽). 이를 그래프로 그리면 아래 오른쪽 그림과 같이 비례를 나타내는 직선(이 예의 경우는 $F = 0.5x$) 그래프가 된다. 이것이 바로 훅 법칙이다.

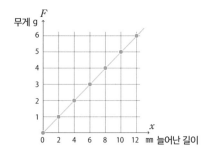

추의 수는 용수철을 당기는 힘에 비례하므로 용수철의 길이는 용수철에 가한 힘에 비례한다는 사실을 알 수 있다.

용수철저울의 구조

용수철의 길이는 당기는 힘에 비례하므로 길이를 알면 당기는 힘의 크기를 알아낼 수 있다. 예를 들어 앞에서 용수철이 9㎜ 늘어났다면, 오른쪽 그래프처럼 4.5g의 중력이 가해졌음을 알 수 있다. 이런 식으로 매달린 물체의 질량을 알아낸다. 이것이 용수철저울의 원리다.

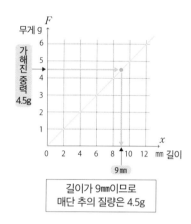

길이가 9mm이므로
매단 추의 질량은 4.5g

조화 진동과 파동

훅 법칙에 따라 물체가 변형되었을 때 가했던 힘을 없애면 변형된 물체가 진동한다. 예컨대 용수철에 단 추를 잡아당겼다가 손을 놓는다고 생각해 보자. 추는 평형의 위치를 중심으로 진동하기 시작한다. 가로축을 시간이라고 하고, 그 진동을 그래프로 나타내면 아래 그림과 같다. 수학에서 말하는 사인파이다. 일반적으로 훅 법칙에 따라 진동하는 물체의 움직임을 조화 진동이라고 부르는데, 아래와 같이 보기 좋은 사인파를 그린다.

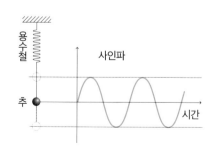

조화 진동 그래프
훅 법칙에 따르는 물질을 진동시키면
사인파가 된다.

훅 법칙은 용수철에만 성립하는 것이 아니다

훅 법칙이 성립하는 것은 용수철뿐만이 아니다. 우리가 일상생활에서 볼 수 있는 고체의 변형은 대부분 훅의 법칙을 따르고 있다. 큰 힘을 가하지 않는 한, 물체의 변형은 가하는 힘의 크기에 비례한다.

예를 들어 플라스틱 자를 아래 그림과 같이 책상에 고정하고, 추를 매달아 자가 휘어지게 만들어 보자. 플라스틱 자가 휘는 폭은 매단 추의 질량에 비례한다는 사실을 알 수 있다. 플라스틱 자 역시 훅 법칙이 성립하여, '저울'의 기능을 하는 셈이다.

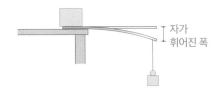

자가
휘어진 폭

플라스틱 자와 훅의 법칙
플라스틱 자가 휘어진 폭은 매단 추의
질량에 비례한다.

훅 법칙에 대한 미시적 해석

고체에 힘을 가해 형태를 바꾸었을 때, 이 힘을 없애면 다시 원래 형태로 돌아가려고 하는 성질을 **탄성**이라고 한다. 고체는 왜 탄성을 가지고 있을까? 변형이 작을 때에는 왜 훅 법칙이 성립할까?

미시적 관점에서 살펴보면 원자와 분자가 규칙적으로 나열해 있고, 전자가 매개하는 힘이 되어 서로 이어져 있다는 것을 알 수 있다. 이 결합력이 바로 용수철의 성질을 띠는 것이다. 즉, 훅 법칙이란 미시적인 원자와 분자를 결합하는 용수철의 성질이 거시적인 성질로 나타난 법칙인 셈이다.

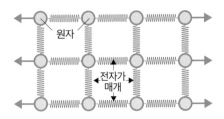

원자

전자가
매개

고체를 미시적으로 보면
원자와 분자가 규칙적으로 나열되어 있고, 용수철과 같은 성질을 지닌 힘으로 서로 이어져 있다. 이것이 훅 법칙을 설명해 주는 원인이다.

영률

훅 법칙에 따라 늘어나는 길이의 비율은 물질 고유의 양이다. 이는 앞의 미시적 해석으로 이해했으리라고 생각한다. 이러한 사실을 알아낸 사람은 '빛의 간섭 실험'으로 유명한 영국의 과학자 토머스 영(1773~1829)이다. 단위 면적과 단위길이를 가진 고체에 단위의 힘을 가했을 때 늘어난 길이(즉, 48쪽 식 (1)의 k값)를 영률이라고 한다.

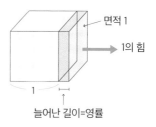

면적 1
1의 힘
1
늘어난 길이=영률

때로는 곤란해지는 용수철의 성질

용수철이 가진 훅 법칙은 저울로 응용할 때 무척 유용한 성질이다. 하지만 차량에 적용할 때는 장점 이외에 단점도 있다. 우선 차량 바닥에 달려 있는 용수철이 충격을 완화해 줘서 승차감을 향상시키는 것은 장점이다. 하지만 충격을 받은 용수철이 조화 진동을 시작하면서 차체가 상하운동을 계속하기 때문에, 차에 탄 사람이 멀미를 호소하기 쉽다. 그래서 차량의 용수철에는 댐퍼(흡진기)라는 장치가 달려 있어 용수철의 조화 진동을 흡수해 준다.

댐퍼의 구조는 간단하다. 오른쪽 그림과 같이 공

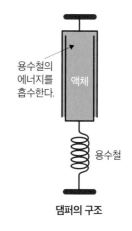

용수철의 에너지를 흡수한다.
액체
용수철

댐퍼의 구조

기나 액체 등을 가득 채운 통에 또 다른 통을 겹친 구조로 되어 있다. 예를 들어 용수철이 수축한다고 해 보자. 그러면 통이 벌어진 틈새로 유체가 새어 나와 용수철의 에너지를 흡수해 준다. 이 덕분에 용수철의 조화 진동이 억제된다.

실전 문제

튼튼한 용수철에 1kg짜리 쇠공을 매달았더니 1cm 늘어났다. 이 용수철에 3kg짜리 쇠공을 매달면 몇 cm나 늘어날까?

[해답] 훅 법칙에 따라 3배 늘어났으므로, 3cm.

10 진자 법칙
— 괘종시계가 정확한 시각을 가리킬 수 있는 이유

영화나 TV 드라마에 나오는 오래된 집의 세트장을 보면 거실 한쪽에 서 있는 커다란 괘종시계를 만날 때가 많다. 괘종시계의 시계판 아래에서는 진자가 똑딱똑딱 움직인다. 바로 진자를 이용한 시계, 즉 진자시계다. 진자시계의 원리를 발견한 사람은 16, 17세기에 활약했던 이탈리아의 과학자 갈릴레오 갈릴레이(1564~1642)다.

진자시계
옛날 배경의 드라마나 영화에서 빠질 수 없는 소품.
시계판 아래의 추가 왕복하면서 시간을 새긴다.

진자 법칙을 발견하다

1583년의 어느 날 저녁, 갈릴레이는 피사 대성당 안에 있었다. 어둑어둑한 성당의 천장에 이제 막 불을 밝힌 램프(일설에 의하면 향로)가 이리저리 흔들렸다. 그 광경을 하염없이 바라보던 갈릴레이는 문득 깨달았다.

피사 대성당

그렇군!

"램프가 크게 흔들릴 때도 작게 흔들릴 때도 왕복 시간이 같네!"

이렇게 해서 갈릴레이는 다음과 같은 진자 법칙을 발견했다고 한다.

> **진자의 실 길이가 같으면 크게 흔들리든 작게 흔들리든 진동의 주기는 똑같다.**

여기서 주기란 진자가 왕복하는 시간이다.

이 에피소드는 문헌에 확실하게 남아 있는 것은 아니지만 워낙 유명한 이야기여서 소개해 보았다. 참고로 당시는 시계가 흔하지 않았던 시대였기에 갈릴레이는 이 법칙을 확인하기 위해 손목의 맥박을 짚어서 알아보았다고 한다.

오른쪽 그림은 진자 운동의 2분의 1주기를 나타낸 것이다.

진자 법칙에서 유의할 점

진자 법칙은 흔들리는 폭(진폭이라고 한다)이 작을 때에만 성립한다. 따라서 진자시계를 만들 때 진폭을 너무 크게 하면 정확성이 떨어진다. 아래 그림의 그래프처럼 진폭이 20°를 넘으면 진자의 법칙이 깨지기 시작한다.

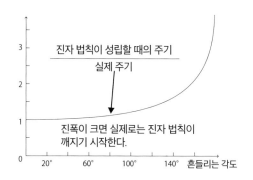

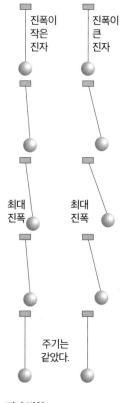

진자 법칙
진자가 크게 흔들리든 작게 흔들리든 걸리는 시간은 똑같다.

진자시계 발명

시계의 역사를 잠깐 되짚어 보자. 다음 연표를 보면 알 수 있듯이 17세기 초반까지는 초 단위까지 잴 수 있는 시계가 없었다.

연대	시계의 역사
BC 4000~BC 3000년	이집트에서 인류 최초의 시계인 해시계가 발명되었다.
BC 1400년경	이집트에서 눈금이 있는 물시계가 발명되어, 밤에도 시각을 알 수 있게 되었다.
1460년경	태엽을 동력으로 하는 소형 시계가 발명되었다.

17세기 중반, 인류는 드디어 신뢰할 수 있는 시계를 얻었다. 1650년대 중반에 네덜란드의 과학자 하위헌스(1629~1695)가 갈릴레이가 발견한 진자 법칙을 이용해서 진자시계를 발명한 것이다. 인류는 이 진자시계 덕분에 처음으로 정확하게 시각을 구분할 수 있게 되었다.

* 하위헌스는 파동 연구로도 아주 유명하다 (**25**).

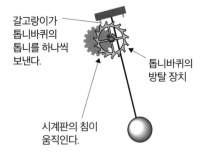

갈고랑이가 톱니바퀴의 톱니를 하나씩 보낸다.

톱니바퀴의 방탈 장치

시계판의 침이 움직인다.

진자시계의 구조
진자의 끝에 있는 T 모양의 부품(앵클이라고 한다)에 달린 갈고랑이가 톱니바퀴의 톱니를 진동 한 번에 하나씩 보내면서, 시계판의 침을 움직인다. 이 진동의 주기는 진자 법칙에 딱 들어맞는다.

푸코의 진자

갈릴레이가 남긴 가장 유명한 명언은 "그래도 지구는 돈다"일 것이다. 종교재판에서 마지못해 권력에 따르면서도 본심을 토로했다고 하는 말이다. 갈릴레오가 주장한 "그래도 지구는 돈다"를 증명하는 공개 실험이 1851년 파리의 판테온 광장에서 이루어졌다. 흔히 **푸코의 진자**라고 부르는 진자 실험이다.

'진자 법칙' 이외에도 진자에는 또 다른 특징이 있다. 외부에서 힘이 작용하지 않는 한 **진동면이 일정하다**는 법칙이다. 여기서 진동면이란 진동의 방향을 나타내는 평면을 뜻한다. 처음에 한 평면 위에서 진자를 흔들면, 그 평면 안에서 일정하게 계속 흔들린다는 성질이다.

진자의 진동면은 일정하다
처음에 지면을 따라 흔들리기 시작한 진자는
영원히 지면에 평행하게 진동한다는 성질.

푸코는 커다란 진자를 흔들어 보았다. 그러자 진자의 진동면이 회전하는 것이 아닌가! 푸코는 이것이 지구가 회전하는 증거라는 사실을 깨달았다. 이 회전의 직관적인 설명은 다음 그림을 보면 이해가 될 것이다. 이렇게 해서 푸코는 역사상 최초로 지구의 자전을 실험을 통해 증명하였다.

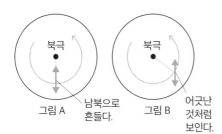

그림 A   남북으로
         흔든다.

그림 B   어긋난
         것처럼
         보인다.

푸코의 진자
예를 들어 현재 있는 위치에서 처음 진자를
남북으로 흔들었다고 가정해 보자(그림 A).
진동면은 북극 상공의 우주에서 보면 일정
하지만, 지상에서 보면 변화한다.

참고로 지상에서 보면 푸코의 진자는 힘을 받아 회전하는 것처럼 보인다. 이 힘을 코리올리 힘이라고 한다(**21**).

🖐 실전 문제

북극에서 푸코의 진자 실험을 했다고 가정해 보자. 진자는 진동면을 몇 시간 만에 1회 회전시킬까?

[해답] 지구가 1회전하는 시간과 일치하므로
24시간. 오른쪽 그림으로 확인해 보자.

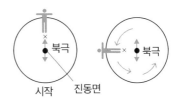

북극   북극

시작   진동면

11 관성 법칙

— 힘을 받지 않으면 상태가 변하지 않는 법칙

고대 그리스의 철학자 아리스토텔레스(기원전 384~기원전 322)는 '만학의 아버지'라고 불렸고, 그의 사상은 오랜 세월 서양 문명을 지배했다. 물체의 운동에 대해서도 마찬가지다. 아리스토텔레스의 '물체의 운동'에 대한 학설은 2000년 가까이 서양 세계를 지배했다. 그 내용은 다음과 같다.

'물체가 움직일 때는 미는 힘이 존재한다.'

고대에 이미 자연철학이 존재했다는 사실은 경이롭지만, 이러한 직관적 신념이 서양 과학 문명의 발달을 늦춘 것 또한 사실이다.

관성 법칙

이러한 아리스토텔레스의 생각에 반기를 든 사람은 이탈리아의 과학자 갈릴레오 갈릴레이다. 갈릴레이는 다음과 같이 생각했다. 이것이 바로 관성 법칙이다.

> **힘이 가해지지 않으면, 물체는 정지 또는 등속 직선 운동을 계속한다.**

아래 그림과 같은 빗면 실험을 통해 갈릴레이는 자신의 주장이 옳다는 것을 확신했다고 한다. 매끈한 판을 접어 구부린 다음 공을 굴리는 실험이다. 빗면에서 수평면으로 떨어진 공은 힘이 작용하지 않아도 계속 굴러갈 것이다. '움직이려면 힘이 필요하다'는 아리스토텔레스의 생각과 반대되는 결과다.

갈릴레이의 사고 실험. 힘이 없어도 공은 매끈한 판 위를 수평으로 계속 움직일 것으로 생각했다.

관성 법칙은 타성 법칙이라고도 한다. 다시 말해서, 관성 법칙이란 현재의 상태를 바꾸려고 하지 않는 물질의 성질을 나타낸 것이다.

생활 속에서 느끼는 관성 법칙

관성 법칙을 잘 활용한 놀이가 있다. 망치로 빠르게 블록 빼기이다. 방법은 간단하다. 아래 그림처럼 나무 블록을 쌓아 올린 후, 작은 망치로 중간에 있는 나무 블록을 때려서 누가 무너뜨리지 않고 잘 빼내는지 겨루는 게임이다.

망치로 블록 빼기
수직으로 겹쳐 있는 나무 블록 중 하나를 수평으로 잘 때리면 나무 블록 탑이 무너지지 않는다. 나머지 나무 블록들은 관성 법칙에 따라 상태를 그대로 유지한다. 단, 나무 블록의 면이 매끈해서 잘 미끄러지게 해야 게임이 원활하게 진행될 수 있다.

실제로 작은 망치를 써서 수평으로 재빨리 때리면, 때린 나무 블록만 밖으로 튕겨나가고 나무 블록 탑은 무너지지 않는다. 때린 나무 블록 이외에는 힘이 작용하지 않아, 관성 법칙에 따라 원래 상태를 유지하며 아래로 떨어지기 때문이다.

군이 블록이 아니더라도 우리는 생활 속에서 관성 법칙을 체험할 수 있다. 예를 들면, 달리는 버스에 타고 있을 때 버스가 멈추면 몸이 앞으로 쏠리는 현상이다. 이렇게 되는 이유는 지금까지의 운동을 유지하려는 성질 때문이다.

관성 법칙을 몸으로 느끼다
브레이크를 걸었을 때 진행 방향으로 몸이 쏠리는 것은 관성 법칙 때문이다.

그래도 지구는 돈다

갈릴레이는 불합리와 모순에 맞서는 투사였다. 모순이라고 생각하는 것과는 단호하게 투쟁했다. 그 대표적인 예가 지동설의 주장이다. 지동설은 갈릴레이보다 코페르니쿠스가 먼저 제창했는데, 당시 사람들을 설득할 수 없는 커다란 결점을 안고 있었다. 바로 '태양이 중심이라면 왜 물체가 태양에 끌려가지 않는가?'라는 의문이었다.

코페르니쿠스가 그린 우주
태양이 중심이라면 물체는 태양의 인력을 받아 태양 쪽으로 끌려가야 한다. 이 반론에 답한 것이 관성 법칙이다.

물론 인력의 중심으로 물체가 끌려가는 것은 당연하다. 그러나 실제로 지구 위에 있는 것은 지구의 중심으로 끌려간다. 이 모순을 해결한 것이 바로 관성 법칙이다. 갈릴레이는 관성 법칙을 가정하여 '지구도 태양의 주위를 돌고 있으므로 물체가 지구의 중심을 향해 떨어지는 것에 모순은 없다'라고 설명했다.

일정한 속도로 나아가는 범선의 돛대 위에서 공을 떨어뜨리면 공은 범선에 탄 사람이 봤을 때 일직선으로 떨어진다. 갈릴레이는 범선을 지구에 빗대어 지동설에 대한 당시의 의심을 불식시켰다. 한편, 이 예시는 갈릴레이보다 조금 선배인 이탈리아인 조르다노 브루노(1548~1600)가 먼저 제시했다고 한다. 참고로 브루노는 종교 재판을 받고 화형을 당했다.

그러나 당시 지배적이었던 아리스토텔레스의 우주관인 '물체는 정지하는 것이 본래의 모습'에 반대했다고 하여 갈릴레이는 종교적인 압력을 받았다. 그리고 명언 '그래도 지구는 돈다'를 남겼다.

관성 법칙은 힘을 낳는다

관성 법칙을 뒷받침하는 물체의 성질이란 과연 무엇일까? 바로 질량이다. 질량은 지구에서 무게와 같은 값으로 표현되는 양인데, 그 값이 크면 관성(즉, 타성)의 성질이 커진다. 감각적으로 말하면 질량이 클수록 '타성'이 커진다고 할 수 있다.

한편 물체가 가지는 관성이 '겉보기 힘'을 낳을 때가 있다. 그것을 관성력이라고 한다. 앞에서 예로 든 버스를 생각해 보자.

달리는 버스가 정지하면 버스에 탄 사람의 몸이 앞으로 쏠리는데, 그 힘의 원천은 사람이 그대로 계속 달리려고 하는 관성에 있다.

관성력
버스가 정지하려고 하면 승객은 앞으로 쏠리는 힘을 받는다. 이것이 관성력이다. 관성력의 크기는 질량에 비례한다.

이 예로 알 수 있듯 관측하는 입장에 따라서는 관성 법칙이 성립하지 않는 경우가 있다. 관성 법칙이 성립하는 계를 관성계, 성립하지 않는 계를 비관성계라고 한다.

실전 문제

놀이동산에서 빙글빙글 도는 회전컵을 타면 몸이 밖으로 쏠리게 된다.
이런 현상이 일어나는 이유는 무엇일까?

[해답] 회전하는 컵에 탄 사람은 관성 법칙 때문에 직선 방향으로 움직이려고 한다. 그래서 벽쪽으로 밀리는 관성력(원심력)을 느끼는 것이다.

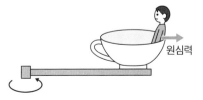

12 낙하 법칙
— 갈릴레이가 피사의 사탑에서 증명했다는 유명한 법칙

관성 법칙에 이어 다시 한번 아리스토텔레스를 소환해 보자. 아리스토텔레스는 다음과 같이 주장했다.

'무거운 물체일수록 빨리 낙하한다!'

이것 역시 중세 유럽을 지배하는 생각이었다. 그리고 이 주장에 맞선 사람 역시 갈릴레이다.

아리스토텔레스의 생각

느닷없지만, 다음 질문에 답해 보자.

> 크고 작은 쇠공 두 개가 있다. 이 쇠공 두 개를 1m의 높이에서 동시에 떨어뜨리면 어떻게 될까?
> (가) 크고 무거운 쇠공이 먼저 땅에 떨어진다.
> (나) 작고 가벼운 쇠공이 먼저 땅에 떨어진다.
> (다) 두 공이 거의 동시에 땅에 떨어진다.

중세 서양인의 전형적인 답은 (가)다. 그것이 아리스토텔레스의 자연관이었기 때문이다. 그러나 갈릴레이는 이에 의문을 가지고 다음 그림과 같은 사고 실험을 했다.

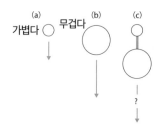

갈릴레이의 실험
만약 무거운 물체일수록 빨리 떨어진다면 (c)가 제일 먼저 떨어져야 한다. 그러나 가벼운 물체 (a)가 방해하게 될 테니 (c)는 (b)보다 느려지지 않을까⋯⋯. 자, 과연 어느 쪽이 정답일까?

아리스토텔레스의 생각이 옳다면 (b)는 (a)보다 빨리 땅에 떨어져야 한다. 그렇다면 두 공을 하나로 합치면 어떨까? 두 가지로 생각할 수 있다.

① 하나가 된 공은 더 무거워져서 더 빨리 낙하한다.
② 가벼운 물체가 천천히 떨어지면서 무거운 물체를 잡아당기기 때문에, 하나로 합쳐진 공은 (a)와 (b)의 중간 속도로 낙하한다.

이렇게 '무거운 물체일수록 빨리 낙하한다'는 법칙과는 완전히 모순된 두 가지 결과가 나와 버리고 만다. 이는 아리스토텔레스가 주장하는 법칙 자체에 오류가 있음을 가리킨다.

갈릴레이의 실험

이 모순을 해결하기 위해 갈릴레이는 다음 법칙을 주장했다. 이 실험은 17세기 초의 일이다.

> 공기의 저항을 무시하면 어떤 높이에서 물체가 두 정점 사이를 자유 낙하할 때 걸리는 시간은 낙하하는 물체의 질량에 상관없이 일정하다.

이를 낙하 법칙이라고 한다. 이 주장을 증명하기 위해 갈릴레이는 그 유명한 '피사의 사탑 실험'을 했다. 피사의 사탑에서 무게가 다른 두 쇠공을 떨어뜨리자 두 공이 동시에 땅에 닿았다. 이렇게 해서 갈릴레이는 자신의 주장이 옳다는 사실을 증명하였다.

무엇보다도 이 법칙을 발견하는 과정이 현대 과학의 출발점이 되었다는 점에서 의미하는 바가 크다. 먼저 공기 저항을 배제한 이상적인 상태를 생각해서 그에 맞는 가설을 설정하고 실험으로 확인하는 과정은 현대의 정통적인 과학 스타일이다.

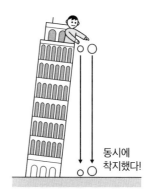

동시에 착지했다!

갈릴레이의 실험 일화
'무게가 다른 두 개의 쇠공을 피사의 사탑 위에서 떨어뜨리자 동시에 땅에 닿았다는 실험을 통해 이론을 확인했다'는 것은 사실 제자가 지어낸 이야기라고 한다.

400년 후, 달 표면에서 확인하다

1971년 미국의 우주선 아폴로 15호가 달에 착륙했을 때, 우주인은 흥미로운 실험을 했다. 매의 깃털과 망치를 준비하여 달에서 갈릴레이의 실험을 한 것이다. 그 결과 두 물체는 달의 표면에 동시에 낙하했다. 달의 표면은 공기의 저항이 없기 때문에 갈릴레이가 가정한 이상적인 조건을 충족했던 것이다. 갈릴레이의 주장이 약 400년 뒤 달의 표면에서 확인된 셈이다.

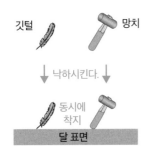

아폴로 15호의 달 표면 실험
달의 표면은 진공 상태이므로 망치와 깃털을 구별할 요소가 하나도 없다. 달에서 한 실험은 갈릴레이가 만든 낙하 법칙을 훌륭하게 증명해 주었다.

낙하 법칙에서 발견한 또 한 가지 법칙

갈릴레이는 낙하의 법칙을 확인하는 실험을 통해 또 한 가지 법칙을 발견했다. 그 법칙은 다음과 같다.

물체가 낙하할 때 떨어지는 거리는 낙하 시간의 제곱에 비례한다.

이 법칙을 그래프로 나타내면 아래와 같은 포물선이 그려진다.

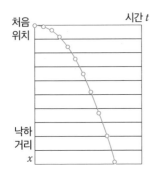

낙하 거리는 시간의 제곱에 비례
수학적으로 낙하 거리 x는 떨어지기 시작한 후 경과 시간 t의 제곱에 비례하는 관계($x \propto t^2$)로 나타낸다. 이때 $\propto$는 '비례'를 나타내는 기호다.
(자세한 것은 '16 운동의 제2법칙'을 참고하기 바란다.)

이 주장을 확인하기 위해 갈릴레이는 아래 그림과 같은 실험을 했다. 당시에는 초 단위로 정확하게 알려 주는 시계가 없었기 때문에 공이 천천히 떨어지는 경사면을 이용했다. 시계는 물시계의 구조를 이용했다.

물이 흐르는 양을
측정하여
시간을 잰다.

갈릴레이의 실험 장치
경사면을 이용한 것은 운동을 느리게 하기
위한 것이다.

실전 문제

오른쪽 그림과 같이 물을 담은 컵에 구멍을 뚫고, 컵을 높은 곳에서 떨어뜨려 보자. 컵 속의 물은 다음 (가)와 (나) 중 어떻게 될까?

(가) 구멍에서 물이 나온다.
(나) 구멍에서 물이 나오지 않는다.

컵에 구멍을
뚫는다.

[해답] (나) '구멍에서 물이 나오지 않는다'가 정답이다. 컵과 물은 같은 속도로 떨어지므로, 이른바 '무중력 상태'가 되고 관성 법칙이 작용하여 물이 새지 않는다.

메모

갈릴레오 갈릴레이가 이룬 성과

갈릴레이는 '관성 법칙', '진자 법칙', '낙하 법칙' 이외에도 다양한 발견과 발명을 했다. 네덜란드의 안경 장인 한스 리퍼세이가 1608년에 발명한 망원경을 직접 만들어 태양의 흑점, 금성의 위상 변화, 목성의 위성, 은하수는 별의 집단이라는 사실 등을 발견하기도 했다. 그가 만든 망원경은 대물렌즈로 볼록렌즈, 접안렌즈로 오목렌즈를 사용한 굴절망원경으로 이를 갈릴레이식 망원경이라고 한다.

파스칼의 원리를 체험해 보자

　파스칼의 원리(**06**)에서 수백 톤에 달하는 돔 지붕을 근소한 기압 차로 떠받치는 구조를 알아보았다. 거대한 돔 지붕의 무게를 받쳐 주는 것은 빌딩 1층과 10층 정도에 해당하는 기압 차이다. 이러한 사실은 이론상으로는 알아도 왠지 실감이 나지 않는 것이 어찌 보면 당연하다. 그렇다면 이 이론을 직접 체험해 보도록 하자.

　돔을 떠받치는 구조를 이해하는 실험은 간단하다. 다음 그림과 같이 커다란 비닐 봉지 끝에 빨대를 연결하고, 테이프로 봉지를 밀봉한다. 그리고 편평한 판을 올린 다음 그 위에 책을 쌓는다. 준비가 다 되었으면 빨대로 비닐 봉지 안에 공기를 불어 넣어 보자. 그러면 책이 위로 떠오를 것이다. 파스칼의 원리에 따라 공기가 만들어 낸 기압이 비닐봉지 전체에 골고루 미쳐 책을 들어 올린 것이다.

　자, 이제 송풍기가 만들어 낸 압력이 돔의 거대한 천장을 떠받친다는 원리도 이해가 될 것이다. 이렇게 직접 체험해 보는 것은 원리와 법칙을 이해하는 데 무척 중요한 과정이다.

제2장

물체의
움직임을 통해
이해하는 물리

13 케플러 법칙
— 뉴턴 역학의 등장에 빼놓을 수 없는 행성 운동의 법칙

겨울이면 오리온자리, 여름이면 전갈자리가 밤하늘을 아름답게 수놓는다. 이처럼 대부분의 별은 계절 변화에 따라 정해진 위치에서 반짝이는데, 예외도 있다. 바로 행성이다. 행성(行星)이란 한자로 짐작하듯 '돌아다니는 별'로, 밤하늘 어디에서 빛날지 예측하기가 어렵다. 이러한 행성의 운동을 최초로 체계화한 사람이 케플러(1571~1630)다.

행성의 운동이 지동설을 부르다

케플러가 자신의 이름을 붙인 법칙을 발표하기 이전의 세계는 천동설, 즉 지구를 중심으로 천체가 움직인다는 우주관이 지배적이었다. 이를 **프톨레마이오스의 우주**라고 한다.

프톨레마이오스(83?~168?)는 서기 2세기에 활약했던 천문학자로, 아래 그림과 같은 우주 모델을 내세웠다.

프톨레마이오스의 우주
지구를 중심으로 행성이 늘어서 있고 그 주위를 항성이 둘러싸고 있는 우주 모델.

그러나 이 우주 모델로는 설명하기 어려운 부분이 있다. 바로 행성의 움직임이다. 행성은 항성 사이를 누비고 지나가듯이 이동하는데, 프톨레마이오스의 우주 모델로는 설명이 불가능하다.

행성의 운동
행성은 항성 사이를 이리저리 누비듯
움직이며 지나간다.

그래서 등장한 것이 주전원(周轉圓)을 이용한 이론이다. 이 이론은 행성이 지구를 중심으로 커다란 원 모양의 궤도 위를 작은 원을 그리며 운동한다는 모델이다. 완전하지는 않아도 어느 정도는 행성의 운동을 설명할 수 있다. 이 모델이 가진 '지구가 중심', '원'이라는 두 가지 마력 때문에 이 우주 모델은 서구 문명의 정통 모델이 되었다.

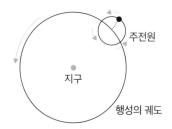

주전원
원은 그리스 철학에서 숭고하게 여기는
도형으로, 원을 이용한 모델은 당시
사람들의 공감을 불러왔다.

이 복잡한 모델에 반기를 든 사람이 코페르니쿠스다. 코페르니쿠스는 태양이 중심이라고 생각하면 '행성의 움직임을 깔끔하게 이해할 수 있다'는 사실을 발견하였다. 그러나 당시는 성숙하지 못한 시대였다. 케플러가 '케플러 법칙'이라는 행성 운행의 특징을 발표한 것은 코페르니쿠스가 지동설을 제창하고 반세기 이상 지난 1609년의 일이었다.

케플러 제1법칙(타원 궤도 법칙)

케플러는 코페르니쿠스의 지동설을 이용해서 행성의 복잡한 운동을 간단히 설명할 수 있다고 생각했다. 지금부터 케플러의 세 가지 법칙을 순서대로 살펴보자. 그중 첫 번째 법칙은 케플러 제1법칙이다. 타원 궤도 법칙이라고도 한다.

> **행성은 태양을 하나의 초점으로 하는 타원 궤도를 그리면서 움직인다.**

이 법칙은 태양이 중심이라는 것, 그리고 행성의 궤도가 완전한 원이 아니라는 사실을 나타낸다.

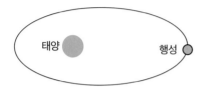

케플러 제1법칙
궤도가 완벽한 원 모양으로 구성되어 있지 않다는 사실에 당시 사람들은 큰 충격을 받았다.

지구가 중심이 아니라는 것, 그리고 행성의 궤도가 원이 아니라 타원이라는 것은 당시 무척 충격적인 발표였다. 그 당시 사람들은 '우주를 지배하는 신은 지구 중심이며 미를 사랑하고, 원은 미의 최고 형태'라고 여겼기 때문이다.

케플러 제2법칙(면적 속도 일정 법칙)

케플러 제2법칙은 면적 속도 일정 법칙이라고도 한다.

> **행성과 태양을 잇는 선분은 같은 시간 동안 같은 면적을 그린다.**

이는 '행성과 태양을 잇는 선분이 같은 시간 동안 그리는 면적은 동일하다'는 뜻이다. 다시 말해서, 행성은 태양과 가까워지면 빠르게 움직이고 멀어지면 천천히 움직인다는 것을 의미한다.

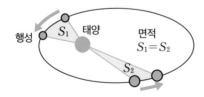

케플러 제2법칙
행성은 태양에 접근했을 때에는 빠르게 움직이고, 멀어지면 천천히 움직인다.

케플러 제3법칙(조화의 법칙)

케플러는 당시의 우주관인 '우주는 조화로울 것'이라는 신념을 안고 규칙성을 찾았다. 그런 노력 속에서 케플러 제3법칙을 발견했다. 이를 조화의 법칙이라고도 한다.

> **행성의 공전 주기의 제곱은 행성 궤도의 긴 반지름의 세제곱에 비례한다.**

어렵게 들리는 법칙이지만, 아래 그림과 같이 가로축과 세로축에 10^n단위 ($n=-1,\ 0,\ 1,\ 2$)의 눈금(즉, 로그 눈금)을 달아 각 행성 데이터를 점으로 표시하면 그 특성이 한눈에 들어온다.

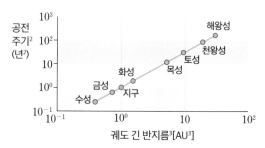

케플러 제3법칙
이러한 눈금을 로그 눈금이라고 한다. 자연은 로그를 이용하면 그 진실을 보여줄 때가 많다. 한편, AU는 천문단위로, 지구와 태양 사이의 평균 거리를 단위로 한다.

케플러와 티코 브라헤

케플러 법칙을 말할 때 빼놓으면 안 되는 것은 바로 케플러의 스승 티코 브라헤(1546~1601)의 업적이다. 티코 브라헤는 망원경이 없던 시대에 가장 정밀하게 천체의 위치를 측정했고, 케플러 법칙을 비롯해 근대 천문학상에서 진보의 기초를 닦았다. 그런데 두 사람의 관계는 단순한 사제지간이 아니라 상당히 복잡했기 때문에 티코 브라헤는 중요한 정보를 케플러에게 직접 알려주지는 않았다. 케플러는 브라헤가 죽은 뒤, 유족으로부터 자료를 양도받았다고 한다.

실전 문제

행성은 영어로 **planet**이다. 이 어원은 그리스 어라고 하는데 무슨 의미일까?

[해답] 그리스 어로 '방랑자'라는 뜻.

14 만유인력의 법칙
— 케플러 법칙과 사과에서 영감을 얻은 뉴턴의 대발견

지금이야 우주를 지배하는 법칙과 지상 세계를 지배하는 법칙이 같다는 것이 상식이지만, 뉴턴(1642~1727)이 살던 때에는 그렇지 않았다. 우주를 지배하는 법칙은 '신이 사는 세계의 법칙'으로, 흔한 지상의 법칙과는 다르다는 게 당시의 '상식'이었다. 참고로 유럽에서는 마녀사냥이 유행했던 시대이기도 하다. 이러한 시대 배경을 확인하지 않으면 뉴턴의 '만유인력의 발견'의 의미를 제대로 이해하기 어렵다.

뉴턴과 사과

뉴턴은 '사과는 아래로 떨어지는데 달은 왜 안 떨어질까?' 하고 고민했다. 그리고 하늘에 떠 있는 달에도 지상의 사과와 같은 법칙, 다시 말해 '떨어진다'라는 법칙이 성립하면 그 고민을 해결할 수 있다는 결론에 다다랐다(아래 그림).

④ 계속해서 돈다.
① 바로 떨어진다.
② 조금 늘어났다.
③ 더 많이 늘어났다.

달은 계속 떨어지고 있다?
에베레스트 산 정상에서 공을 수평으로 힘껏 던졌다고 가정해 보자. 공은 지구의 인력 때문에 땅에 떨어진다. 그러나 일정한 속도 이상으로 던지면 떨어지지 않을 것이다. 이렇게 해서 공은 지구 주위를 계속해서 돌게 된다.

뉴턴은 '눈앞의 사과에 작용하는 힘과 마찬가지로 천체의 운동도 설명할 수 있다'는 사실을 깨달았다. 여기서 '나무에서 사과가 떨어지는 것을 보고 만유인력의 법칙을 알아냈다'라는 유명한 일화가 탄생했다고 보아도 이상하지 않다.

사과나무와 뉴턴의 일화
땅에서든 하늘에서든 모든 물체는 인력을 받는
다는 착상은 사과나무에서 사과가 떨어지는 모
습을 보고 깨달았다고 한다. 그러나 이 일화가
사실인지는 분명하지 않다.

뉴턴이 만든 만유인력의 법칙

　뉴턴은 천체에 작용하는 법칙도 지상의 법칙으로 설명할 수 있다는 사실을 깨달았다. 그래서 '지상의 법칙'인 운동의 법칙(16)과 '힘은 거리의 제곱에 반비례한다'라는 가정을 통해 천체의 성질인 '케플러 법칙'을 설명하고자 했고, 훌륭하게 성공했다. 이렇게 해서 우리가 만유인력의 법칙이라고 부르는 다음 법칙이 세상에 등장하게 되었다.

> 물체 사이에는 반드시 인력이 작용하며, 그 힘은 물체의 질량에 비례하고 물체
> 사이의 거리의 제곱에 반비례한다.

　이 인력을 중력이라고 한다.
　만유인력의 법칙을 식으로 나타내 보자. M, m은 두 물체의 질량, G는 상수(중력 상수라고도 한다), r은 두 물체의 중심 간의 거리라고 할 때, 인력은 다음과 같이 나타낼 수 있다.

$$\text{만유인력} = G\frac{Mm}{r^2}\ (G = 6.6726 \times 10^{-11}\ \text{Nm}^2/\text{kg}^2) \cdots (1)$$

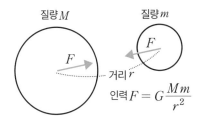

질량 M　　질량 m

F　　F

거리 r

인력 $F = G\dfrac{Mm}{r^2}$

만유인력의 법칙
질량에 비례하고 물체 사이의 거리의 제곱에
반비례하므로, 공식 (1)과 같이 표현할 수 있다.

지상의 중력과 중력 가속도

지상에서의 지구 인력 F를 생각해 보자. 공식 (1)에서 지상의 물체(질량 m)가 가진 지구의 인력은 다음과 같다.

$$F = G\frac{Mm}{R^2} = mG\frac{M}{R^2} = mg \qquad \left(g = G\frac{M}{R^2}\right)$$

여기서 M은 지구의 질량, R은 지구의 반지름이다. 관측하면 g=9.8m/s^{2}의 값을 얻을 수 있다. 이 g를 중력 가속도라고 한다.

질량이 m인 물체는 지상에서 늘 다음의 힘 F를 받는다.

$$\boxed{F = mg \quad (g = 9.8\text{m}/s^2)}$$

이 힘이 지상에서 느끼는 무게이다.

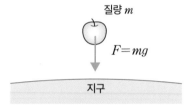

반사망원경의 발명

뉴턴은 운동 방정식과 만유인력의 발견 이외에도 현대 과학 문명에 아주 많은 공헌을 했다.

천문학 역사상 뉴턴이 한 위대한 공헌 중 하나는 바로 반사망원경의 발명이다. 그전까지 망원경은 렌즈와 렌즈를 조합한 굴절망원경이었다. 갈릴레이 망원경(12)으로도 알아보았듯 두 렌즈를 조합해 큰 망원경을 만들려면 커다란 렌즈가 필요한데, 그것은 지금도 어려운 일이다. 반사망원경은 커다란 거울과 작은 렌즈를 조합해서 확대

반사망원경

상을 얻어내는 원리인데, 거울은 렌즈보다 만들기 쉽다는 장점이 있다. 뉴턴 이래 천문대에서 쓰는 커다란 망원경은 대부분 반사망원경이다. 이 발명 덕분에 인류는 먼 우주까지 볼 수 있게 되었고, 천문학은 비약적으로 발전했다.

무지개를 '일곱 가지 색'으로 정한 사람은 뉴턴?

뉴턴은 역학 연구로 잘 알려져 있지만, 실은 광학 연구로도 무척 유명하다. 무지개를 '일곱 가지 색깔'로 규정한 사람도 뉴턴이다. 뉴턴은 빛은 무엇인가에 대해 늘 고민했다. 이를 연구하던 중 태양빛을 프리즘에 통과시키면 분해되어 무지개가 나타난다는 것, 즉 빛에는 다양한 색이 포함되어 있다는 사실을 알아냈다. 그렇게 분해된 빛을 순서대로 일곱 빛깔(빨, 주, 노, 초, 파, 남, 보)로 구분 지은 것이다.

뉴턴의 저서《광학》에는 빛의 분해 이외에 '빛은 입자'라는 설이 실려 있다. 빛의 항상 직진하는 성질이나 거울 등에 반사되는 성질은 빛이 입자라고 생각하면 충분히 이해할 수 있다는 주장이다. 그러나 자신이 발견한 '뉴턴의 원무늬'(오른쪽 그림)는 증명할 수 없었다.

뉴턴의 원무늬
평면 유리에 렌즈를 놓고 빛을 비추면 동심원 줄무늬가 생기는 현상.

실전 문제

지구에서 몸무게가 60kgf인 사람은 달에서는 어떨까? 단, 달의 반지름은 지구 반지름의 0.27배이며, 달의 질량은 지구의 80분의 1이라고 한다.

[해답] 달의 인력은 만유인력의 법칙에 따라 $(1/80) \div 0.27^2 = 0.171\cdots$이므로 약 6분의 1배. 따라서 달에서의 몸무게는 약 10kgf.

15 강체에 작용하는 힘의 평형 법칙
— 합력과 힘의 모멘트가 평형을 이루는 조건의 열쇠

04에서 우리는 '질점'에 작용하는 '힘의 평형 법칙'을 알아보았다. 이번에는 질점이 아니라 부피가 있는 '강체'에 작용하는 평형 법칙을 알아보자.

강체란

탄성체나 유체와 달리, 형태를 전혀 바꾸지 않는 물체를 강체라고 한다.

이 말만 들어서는 감이 잘 오지 않을 수도 있는데, '양팔저울'이나 '단단한 금속 덩어리'를 떠올리면 한결 이해하기 쉽다.

양팔저울은 고대 이집트 시대부터 이용되었기 때문에 평형의 법칙성도 그때 이미 잘 알려져 있었다. 이런 고대의 지식을 여기서 복습해 보자.

고대 이집트의 파피루스에 그려진 양팔저울. 심장을 양팔저울에 달아 죽은 자를 심판하는 모습을 나타냈다.

힘의 모멘트와 회전

먼저 힘의 모멘트에 대해 알아보자. 힘의 모멘트는 물체를 회전시키는 능력을 나타내는 양이다. 회전하는 막대기에서 수직으로 위를 향하는 힘 F가 회전축으로부터 거리 r인 점에 작용할 때, 이 힘의 모멘트 M은 다음과 같이 정의된다.

힘의 모멘트　$M = r \times F$

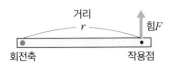

힘의 모멘트의 정의
물체를 회전시키는 능력을 나타낸 양으로,
$r \times F$로 표시한다.

아래 그림과 같은 경우에는 각각 그림에 표시된 것처럼 정의된다.

힘의 모멘트의 '양과 음'

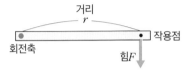

비스듬하게 힘을 가했을 때 힘의 모멘트

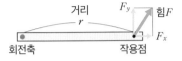

힘의 모멘트는 반시계 방향을 양(+), 시계 방향을 음(−)이라고 정한다. 그러면 위의 그림에서 힘의 모멘트 M은 시계 방향(−)이므로 다음과 같다.

$$M = -r \times F$$

막대기에 비스듬하게 힘을 가했을 때는 수직 방향의 힘만 생각한다. 위 그림의 경우 힘의 모멘트 M은 다음과 같다.

$$M = r \times F_y$$

강체의 평형

04에서 '질점에 가해진 힘이 평형을 이루는 조건'으로 다음의 법칙을 알아보았다.

복수의 힘 F_1, F_2, F_3, ···, F_n이 질점 P에서 평형을 이루는 조건은

$$F_1 + F_2 + F_3 + \cdots + F_n = 0 \cdots (1)$$

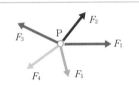

질점은 부피가 없는 이상적인 물체다. 반면, 부피가 있는 강체는 '힘의 합=0'이라는 조건만으로는 부족하다. 이는 아래 그림을 보면 분명히 알 수 있다.

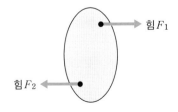

$F_1 + F_2 = 0$이라고 해도 강체는 평형을 이루지 않고 회전한다.

제2장 물체의 움직임을 통해 이해하는 물리

강체에 작용하는 힘의 평형 법칙

075

강체의 평형은 평형의 조건 (1) 이외에 또 다른 조건이 필요하다. 그 조건을 나타내는 것이 힘의 모멘트다. 강체가 회전하지 않도록 '물체를 회전시키는 능력을 나타내는 양'의 총합이 0이 되는 다음의 조건이 필요한 것이다.

> **힘의 모멘트의 총합 = 0 … (2)**

이상, (1)과 (2)가 '강체의 평형 조건'이다.

예 다음 양팔저울은 평형을 이루고 있다. 이때 힘의 총합 및 지점 O 주변 힘의 모멘트의 총합은 0이 된다.

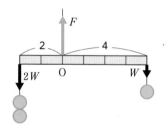

실의 장력을 F라고 하면, 저울이 평형을 이룰 때 수직 방향으로 움직임이 없으므로, 다음과 같다.
$F = W + 2W = 3W$ (W는 추 하나의 무게)
또한, 회전하지 않으므로 지점 O의 주변 모멘트의 총합 역시 0이 된다.
즉, 다음과 같다.
$2 \times 2W - 4 \times W = 0$

무게 중심과 힘의 모멘트

강체에서 점 G를 중심으로 한 중력의 모멘트의 총합이 0이 될 때, 점 G를 무게 중심이라고 한다. 막대기나 판 모양인 강체에서 점 G를 지점으로 하면 막대기는 평형을 이룬다. 연직 방향으로 움직이지 않는다는 조건 (1), 점 G를 중심으로 회전하지 않는다는 조건식 (2)가 만족되었기 때문이다. 참고로 물체의 평형을 생각할 때 중력은 전부 무게 중심에 집중되어 있다고 보면 된다.

예제 균질하고 두께가 일정한 판으로 만든 반지름 2인 원판 O₁에서 오른쪽 그림과 같이 반지름 1인 원판 O₂를 떼어냈을 때 남은 원판에서 무게 중심 G의 위치를 구하라.

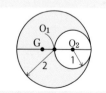

[해설] 대칭성에 따라 오른쪽 그림과 같이 G를 직선 $O_1 O_2$상에 둘 수 있다($O_1 G = x$로 둔다). 원판 O_2와 남은 판에 미치는 중력은 면적비에 비례하므로 W, $3W$로 둘 수 있다.

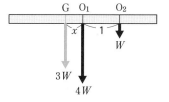

각 부분에 작용하는 힘은 각각의 무게 중심으로 모을 수 있다.

그런데 원판 O_2를 떼어내기 전을 생각하면, 원판 O_1은 정지해 있으므로 O_1에 관한 힘의 모멘트는 총합이 0이 된다. 따라서, 다음과 같다.

$$1 \times W = x \times 3W, \quad x = \frac{1}{3}$$

힘의 모멘트와 지레의 원리

힘의 모멘트는 '물체를 회전시키는 능력을 나타내는 양'이다. 힘의 크기가 작아도 팔(거리)이 길면 똑같은 회전의 능력을 나타낸다. 이를 구체적으로 응용한 것이 '지레의 원리'(**01**)이다. 아래 그림은 지레의 원리를 이용한 못뽑이를 그린 것이다.

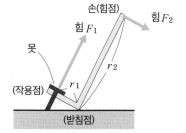

힘의 모멘트와 지레의 원리
지레는 힘의 모멘트를 이용하였다. 왼쪽 그림에서 못이 받는 힘의 모멘트 $r_1 \times F_1$과 손이 주는 힘의 모멘트 $r_2 \times F_2$가 같으므로 못을 쉽게 뺄 수 있다. 양쪽의 '물체를 회전시키는 능력을 나타낸 양'이 일치하기 때문이다.

🖐 실전 문제

무게를 무시할 수 있는 단단한 막대기의 양 끝에 **50g**짜리 추와 **20g**짜리 추를 매달았다. 그림에서 어느 점을 손가락으로 받치면 이 막대기가 평형을 이룰까?

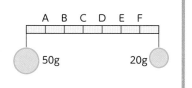

[해답] 점 B(점 B일 때 추 2개가 받는 중력의 모멘트의 합이 0이 된다)

16 운동의 제2법칙
— 눈에 보이는 현상은 대부분 이 법칙으로 설명할 수 있다

뉴턴은 저서 《프린키피아》에서 물체의 운동을 결정하는 운동의 3법칙을 제시했는데, 그 두 번째 법칙이 바로 '운동의 제2법칙'이다. 물체의 운동 연구로 근대 과학의 문을 활짝 연 갈릴레이의 뒤를 이어, 그것을 완성시키고 발전시킨 사람이 뉴턴이다. 뉴턴은 힘이 작용하면 물체가 어떻게 움직이는지를 나타내는 기초방정식을 발견하였다.

힘이란?

힘이라는 단어는 무척 다양하게 쓰인다. 그리고 물리학에서는 다음과 같이 힘을 정의한다.

> **물체의 속도나 형태를 변하게 하는 작용**

이를 바꿔 말하면, 물체의 속도나 형태가 변한다면 거기에 힘이 작용한다는 뜻이다.

힘

힘은 물체의 속도를 변화시킨다
가속하거나 변형시키는 등의 작용을 힘이라고 한다. 하지만 힘을 간단히 정의내리기는 어렵다.

운동의 제2법칙

운동의 제2법칙은 물체의 운동과 힘의 관계를 연결하는 법칙이다. 이 법칙은 다음과 같이 정리할 수 있다.

> 물체의 가속도는 물체에 가해진 힘에 비례하고, 물체의 질량에 반비례한다.
>
> 식으로 쓰면, 가속도 = $\dfrac{\text{힘}}{\text{질량}}$

물체의 질량을 m, 가속도를 a, 물체에 작용하는 힘을 F라고 하면, 운동의 제 2법칙은 다음과 같은 공식으로 표현된다.

> $F=ma$ ⋯ (1)

이 공식을 운동 방정식이라고 한다. 모든 물체의 운동을 다룰 때 쓰는 기초방 정식으로 가장 중요하다.

무게와 질량

주의해야 할 것은 운동 방정식 (1)에서 m은 '질량'이지 무게가 아니라는 사실 이다. 질량이란 그 물질의 고유값으로 환경이 달라져도 절대 달라지지 않는다. 지구에서는 질량과 무게의 값이 일치하기 때문에 '질량=무게'로 오해하기 쉬운 데, '무게'는 환경에 따라 달라지는 값이다.

예컨대 지구에서 몸무게가 72kg인 사람이 있다고 하자. 이 사람의 질량은 72kg이다. 이 사람이 달에 가면 달의 중력은 지구의 6분의 1이므로 몸무게가 12kgf으로 줄어들지만, 질량은 여전히 72kg으로 변하지 않는다.

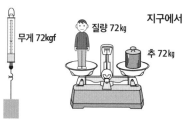

지구와 달에서의 무게는 달라지지만 질량은 같다.

운동 방정식 (1)은 '힘'의 정의이기도 하다. 실제로 국제단위인 힘의 크기 단위 '1뉴턴'(기호는 N)은 이 식을 통해 다음과 같이 정의된다.

1kg의 물체에 1초간 초속 1m의 가속도가 붙게 하는 힘을 1뉴턴이라고 한다.

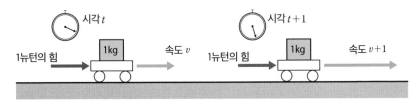

이래서는 1뉴턴이 어느 정도의 힘인지 상상하기가 쉽지 않다. 그래서 이해를 돕기 위해 지구의 중력을 이용해 보겠다. 지구에서 1뉴턴은 '물 100㎖의 무게'와 거의 일치한다. 즉, 종이컵에 물을 절반 정도 따랐을 때의 무게다. 손바닥에 그 종이컵을 올리고 '1N은 이 정도 힘이구나!' 하고 느껴 보자.

1뉴턴의 힘은 이런 느낌
지구에서 1뉴턴은 물 100㎖(100g)의 무게와 거의 같다. 종이컵에 물을 절반 정도 채웠을 때, 그 컵의 무게가 약 1뉴턴이다.

예제1 질량 3kg인 물체를 지구에서 떨어뜨리면 가속도(중력 가속도)는 초당 9.8m/s이다. 이 물체에 작용하는 중력의 크기 F를 뉴턴 단위로 구해 보자.

[해설] 79쪽의 운동 방정식 (1)에 대입하면,
중력의 크기 $F = 3 \times 9.8 = 29.4N$이 된다.

뉴턴 저울

힘을 수치로 체감하는 방법으로, 위에서는 '중력'을 이용하였다. 중력은 지구가 물체를 끌어당기는 힘이다. 그런데 힘을 수치로 체감하는 또 다른 방법이 있다. 바로 용수철저울이다. 특히 뉴턴 단위의 눈금이 새겨진 뉴턴 저울을 이용해 보는 것이다. 이 저울의 눈금이 1N을 가리키도록 매끄러운 면 위에서 추를 잡아당겼을 때, 손에 느껴지는 무게가 바로 1N이다.

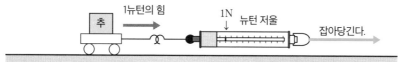

땅 위에서 무게 1kg인 물체가 받는 중력은 약 9.8N이다. 중학교에서는 '1N은 약 100g짜리 물체에 작용하는 중력의 크기'라고 배우는데, 그 뉴턴 단위의 힘을 눈금으로 나타낸 것이 '뉴턴 저울'이다.

뉴턴 저울 사용해 보기

뉴턴 저울은 속은 일반적인 용수철저울이지만, 눈금의 단위가 '뉴턴'으로 되어 있다. 일반 저울을 뉴턴 저울로 바꾸고 싶다면, 일반 저울에서 $x$kg을 가리키는 눈금을 약 9.8xN으로 바꿔 읽으면 된다(**14**).

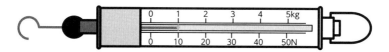

무게를 재는 저울을 뉴턴 저울로 바꾸는 눈금
지상에서 무게 1kg은 9.8N이라는 사실을 이용해 눈금을 바꾼다.

지상의 자유 낙하와 등가속도 운동

중력(지구의 인력)만 받는 물체의 운동을 자유 낙하라고 한다. 만유인력의 법칙(**14**)에 따라 질량 m의 물체가 지상에서 받는 중력은 다음과 같이 나타낼 수 있다.

$$F=mg \ (g=9.8\text{m/s}^2) \cdots (2)$$

이 비례 상수 g를 중력 가속도라고 한다는 것은 만유인력을 다룬 장(**14**)에서 이미 알아보았다. 이 중력 (2)를 받아 운동하는 물체를 운동 방정식 (1)을 써서 표현해 보자.

가속도를 a라고 하면,

　　　　운동 방정식 : $ma = mg$ 이다.

즉, 다음과 같다.

　　　　$a = g$ $(g = 9.8\text{m/s}^2)$ ⋯ (3)

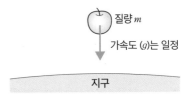

질량 m

가속도 (g)는 일정

지구

　지상에서 중력을 받아 운동하는 물체의 가속도 a는 질량에 상관없이 일정한 g이다. 이처럼 가속도가 일정한 운동을 등가속도 운동이라고 한다.

　등가속도 운동에는 유명한 공식이 있다. 등가속도 a로 x축을 향해 운동하는 점에 대해, 시각 t일 때 속도 v와 위치 x는 다음과 같이 나타낼 수 있다. 단, 시각 0일 때는 원점에 정지하고 있다고 한다.

$$v = at, \quad x = \frac{1}{2}at^2 \cdots (4)$$

제1식　　제2식

0

v

t

가속도 a

O

x

* 공식 (4)는 속도, 가속도의 정의에 따라 미분적분법을 써서 계산할 수 있다. 직감적인 증명은 제2장 마지막 COLUMN에 나와 있다.

　자유 낙하는 등가속도 운동이므로(공식(3)), 공식 (4)의 a에 중력 가속도 g를 대입하면 그 운동의 상태를 알 수 있다.

예제2 물체를 처음 속도 0으로 자유 낙하시켰을 때, 2초 후 낙하 속도 v와 낙하 거리 x를 구하라.

[해설] 공식 (4)의 가속도 a에 (3)의 g값을 대입한다. $t = 2$이므로, 아래와 같다.

$$v = 9.8 \times 2 = 19.6\text{m/s}, \quad x = \frac{1}{2} \times 9.8 \times 2^2 = 19.6\text{m}$$

운동 에너지

공식 (4)에서 제2식의 양변에 ma를 곱해 보자.

$$max=1/2\ m(at)^2$$

우변 at는 (4)의 제1식에 따라 속도 v가
된다. 좌변의 ma는 운동 방정식 (1)에 따
라 힘 F가 된다.

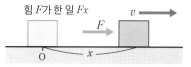

$$Fx=1/2\ mv^2$$

그런데 좌변 Fx는 힘 F가 한 일이다(**07**). 즉, 힘 F가 한 일에 의해 물체가 가
속도 운동한다는 뜻이다.

뒤에서(**19**) 설명하겠지만, 힘이 물체에 작용하면 물체는 에너지를 받는다.
이 에너지 $1/2mv^2$을 운동 에너지라고 한다.

이는 다음과 같이 일반적으로 성립한다는 사실이 증명되었다.

질량 m, 속도 v인 물체의

운동 에너지는 $\dfrac{1}{2}mv^2$ 이다.

운동 에너지

$\dfrac{1}{2}mv^2$

1kg의 정의는?

질량의 단위인 1kg은 프랑스 국제도량형국에 보관 중인 '국제 킬로그램 원기'
가 기준이다. 이 킬로그램 원기와 물체를 저울에 달아 비교해서 양쪽이 평형을
이루면 그 물체의 질량을 1kg이라고 한다.

🖐 실전 문제

달에서 물체를 떨어뜨렸을 때 가속도는 초당 1.6m/s²이다. 그렇다면 질량 6kg인 물체에
작용하는 달의 중력 F의 크기를 구하라.

[해답] 운동 방정식 (1)에 따라, $F=6\times1.6=9.6$N(≒지구에서 1kg인 무게)

17 운동량 보존 법칙
― 아이와 어른이 부딪혔을 때 어른이 꿈쩍하지 않는 이유

베개를 껴안고 바퀴 달린 의자에 앉아, 베개를 조금 멀리 던져 보자. 그러면 의자에 앉아 있는 자신도 베개와 반대 방향으로 밀려난다. 이 현상은 작용 반작용 법칙으로도 설명할 수 있지만, 여기서는 운동량 보존 법칙으로 설명해 보려고 한다.

운동량이란

어떤 물체의 운동량은 다음과 같이 정의된다.

> 운동하는 물체의 질량을 m, 속도를 v라고 하면 그 물체의 운동량을 '질량×속도', 즉 mv라고 정의할 수 있다.

예 아래는 직선상을 움직이는 구체의 운동량을 알아보는 그림이다. 왼쪽 방향의 값이 마이너스인 것에 유의해서 보자.

운동량은 $-8 \times 3 = -24 \mathrm{kgm/s}$　　　　운동량은 $4 \times 10 = 40 \mathrm{kgm/s}$

탁구공은 손에 맞아도 별로 아프지 않지만, 같은 크기에 같은 속도로 움직이는 쇠공에 맞으면 큰 부상으로 이어진다. 이 점으로 알 수 있는 것은 물체의 '나아가려고 하는 정도'에는 속도뿐 아니라 질량도 중요하다는 사실이다. 그래서

'질량×속도'를 그 '정도'를 나타내는 양으로 삼아 운동량이라고 한다.

질량×속도가 중요
같은 속도라도 탁구공과 쇠공은 '나아가는 정도'가 다르다. 그래서 질량×속도를 그 정도의 지표로 삼고 운동량이라고 한다.

운동량 보존 법칙

운동량을 질량×속도로 정의한 이유는 위에서 표기한 '정도' 이외에 다음과 같은 중요한 성질이 있기 때문이다. 이것을 운동량 보존 법칙이라고 한다.

> 외부에서 힘이 가해지지 않는 한, 그 운동량의 총합은 변하지 않는다.

질량 m_1, m_2를 가진 두 물체가 직선상에서 충돌한다고 생각해 보자. 외부의 힘은 받지 않고, 충돌 전의 속도를 순서대로 v_1, v_2, 충돌 후의 속도를 순서대로 v_1', v_2' 라고 한다. 그러면 운동량 보존 법칙은 다음과 같이 쓸 수 있다.

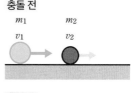

충돌 전

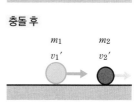

충돌 후

$$m_1v_1 + m_2v_2 = m_1v_1' + m_2v_2' \cdots (1)$$

외부의 힘을 받지 않고 물체가 상호작용하면서 운동하고 있을 때, 운동량의 총합은 항상 변하지 않는다.

예제 질량이 3kg, 2kg인 두 물체가 외부의 힘을 받지 않고 정면충돌했다. 충돌 전의 속도는 순서대로 4m/s, −5m/s였으며 충돌 후의 속도는 순서대로 −2m/s, 4m/s였다. 운동량 보존 법칙이 성립하는지 확인해 보자.

[해설] 충돌 전후의 운동량은 다음과 같이 나타낼 수 있다.
충돌 전의 운동량 =3×4+2×(−5)=2

충돌 후의 운동량 $=3\times(-2)+2\times4=2$.

이렇게 해서 운동량 보존 법칙이 성립하는 것을 확인하였다.

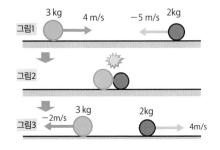

그림1 3 kg 4 m/s -5 m/s 2kg

그림2

그림3 -2m/s 3 kg   2kg   4m/s

두 공의 충돌과 운동량 보존 법칙
충돌 전의 운동량은
$$3\times4+2\times(-5)=2$$
이고, 충돌 후의 운동량은
$$3\times(-2)+2\times4=2$$
이다. 따라서 충돌 전후의 운동량은 같다.

주의해야 할 점은 이 충돌에서 역학적 에너지(**19**)는 보존되지 않는다는 사실이다.

$$충돌\ 전의\ 운동\ 에너지=\frac{1}{2}\times3\times4^2+\frac{1}{2}\times2\times5^2=49$$

$$충돌\ 후의\ 운동\ 에너지=\frac{1}{2}\times3\times2^2+\frac{1}{2}\times2\times4^2=22$$

운동량 보존 법칙은 에너지 보존 법칙보다 범용적인 셈이다.

그러면 여기서 84쪽에 나왔던 의자와 베개 이야기로 돌아가 보자. 베개를 던지기 전에 운동량은 0이었다. 그리고 베개를 던지면 운동량 보존 법칙이 성립하므로 의자와 사람은 베개가 가진 운동량과 반대 부호인 운동량을 가지게 된다. 따라서 사람의 몸은 의자와 함께 베개와 반대 방향으로 나아가게 된다.

운동의 제2, 제3법칙으로 설명할 수 있다

운동량 보존 법칙은 프랑스의 철학자 데카르트(1596~1650)가 발견하였다. 지금은 뉴턴의 운동 법칙으로 설명할 수 있는데, 한번 확인해 보자.

공식 (1)을 소개한 것처럼 외부의 힘을 받지 않는 두 개의 물체가 직선상에서 서로 영향을 미치는 경우를 가정해 본다.

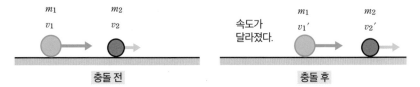

m_1 m_2
v_1 v_2

충돌 전

속도가
달라졌다.

m_1 m_2
v_1' v_2'

충돌 후

여기서 운동 방정식 '질량×가속도=정도'를 떠올려 보자. 가속도란 속도 차이를 시간으로 나눈 것인데, 두 물체가 충돌하면서 일정한 힘 F가 서로에게 작용한다고 하면, 아래와 같다.

$$m_1 \times \frac{v_1' - v_1}{\text{충돌 시간}} = F$$

$$m_2 \times \frac{v_2' - v_2}{\text{충돌 시간}} = -F$$

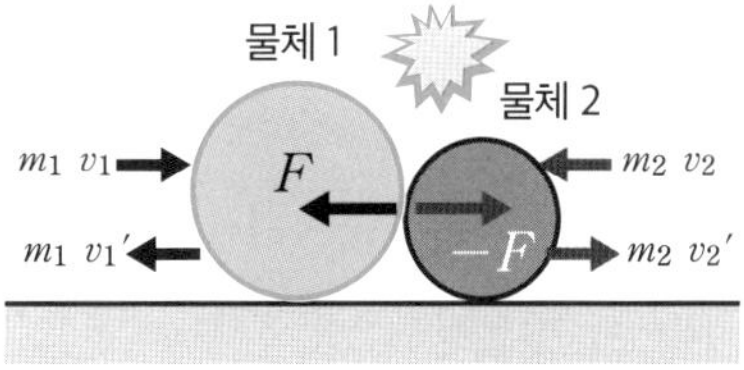

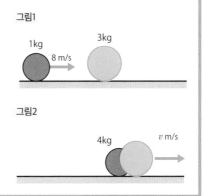

여기서 상호작용하는 힘이 F와 $-F$로 되어 있는 것은 작용 반작용 법칙을 이용했기 때문이다. 이 두 식을 합하면,

$$m_1 \times \frac{v_1' - v_1}{\text{충돌 시간}} + m_2 \times \frac{v_2' - v_2}{\text{충돌 시간}} = F - F = 0.$$

양 변의 분모를 없애고 충돌 전후를 등식의 좌변과 우변으로 나누면,

$$m_1 v_1 + m_2 v_2 = m_1 v_1' + m_2 v_2'.$$

이렇게 해서 공식 (1)을 얻을 수 있었다.

🖐 실전 문제

매끄러운 판 위에 3kg짜리 쇠공이 정지해 있다(그림1). 그런데 왼쪽에서 1kg짜리 점토공이 8m/s의 속도로 충돌해, 쇠공과 붙어 오른쪽으로 움직이기 시작했다(그림2).
점토와 하나가 된 쇠공이 움직이는 속도를 구하라. 단, 마찰력은 무시한다.

그림1

1kg 8 m/s 3kg

그림2

4kg v m/s

[해답] 운동량의 총합은 충돌 전이 1×8, 충돌 후가 4×v이다. 이 두 값은 똑같으므로, v=2m/s.

18 각운동량 보존 법칙
— 피겨스케이팅에서 펼치는 고속 스핀의 비밀

회전하는 물체는 '계속 회전하려는' 성질이 있다. 그러한 기세를 나타내는 양이 각운동량이다. 물체의 운동에서 '계속 나아가려고 하는 정도'를 나타내는 양이 운동량인 것과 비슷하다. 또한 외부로부터 '기세'를 바꾸는 힘이 작용하지 않으면 각운동량은 보존된다.

각운동량이란?

점 O와 질량 m의 질점 P가 평면상에 있다고 가정해 보자. P의 속도를 v라고 하고, 선분 OP에 수직인 성분을 v_t라고 한다. 이때 OP와 mv_t의 곱($=$OP$\times mv_t$)을 점 O의 주위 질점 P의 각운동량이라고 말한다.

> **점 O의 주위 질점 P의 각운동량 $=$OP$\times mv_t$ ⋯ (1)**

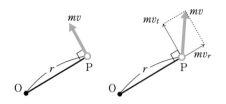

각운동량
왼쪽 그림에서 O의 주위 질점 P의 각운동량은 $r\times mv$, 오른쪽 그림은 $r\times mv_t$이다.

질점이 여러 개이거나 혹은 강체일 경우, 부분마다 각운동량을 산출하고 모두 합한 것을 전체의 각운동량으로 한다.

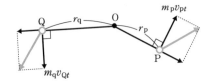

복수의 질점, 강체의 각운동량
두 점 P, Q의 점 O 주위 각운동량은 각각의 각운동량의 합이다. 왼쪽 그림으로 말하면,
$$r_P\times m_P v_{Pt}+r_Q\times m_Q v_{Qt}$$
즉, 부분의 각운동량을 모두 합하면 전체의 각운동량이 된다.

각운동량 보존 법칙

처음에 말했듯 각운동량은 계속 회전하려고 하는 '기세'를 나타내는 양이다. 그 기세를 변화시키는 힘이 작용하지 않으면 아무 변화도 일어나지 않는다. 89쪽의 그림처럼 질점과 점 O를 잇는 선에 수직으로 힘이 작용하지 않으면, 다시 말해 외부에서 작용하는 힘의 모멘트(15)가 없으면 점 O의 주위 각운동량은 시간에 관계없이 일정하다. 이것이 바로 각운동량 보존 법칙이다.

외부에서 작용하는 힘의 모멘트가 0일 때, 각운동량은 보존된다.

주의해야 할 점은 외부의 힘이 작용해도 '각운동량 보존 법칙'이 성립하는 경우가 있다는 것이다. 그 대표적인 경우가 중심력이다. 지구의 중력과 점전하의 쿨롱력이 여기에 해당한다. 이러한 중심력은 힘의 모멘트에 기여하지 않기 때문이다.

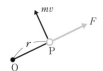

중심력의 경우 그 중심 O의 주위 각운동량의 보존 법칙이 성립한다. 이러한 힘은 계속 회전하려는 '정도'에 변화를 주지 않기 때문이다.

각운동량 보존 법칙의 응용 사례

운동량 보존 법칙과 달리, '각운동량 보존 법칙은 이해하기 어렵다'고 한다. 다음 두 가지 사례를 통해 쉽게 접근해 보자.

예1 피겨스케이팅 선수의 스핀

피겨스케이팅의 볼거리 중 하나는 제자리에서 빠르게 회전하는 것이다. 그 고속 스핀의 비밀이 바로 각운동량 보존 법칙이다. 스핀을 할 때 중심축이 되는 다리를 O이라고 하고, 그 주위의 각운동량을 살펴보자. 이때 외부 힘의 모멘트가 거의 작용하지 않으므로 몸 전체의 각운동량은 보존된다. 그리고 회전하면서 손발을 움츠리면 스핀이 빨라진다. 전체 각운동량을 일정하게 유지하기 위해 각운동량의 공식 (1)의 OP가 작아지는 만큼 속도를 크게 할 필요가 있기 때문이다. 이렇게 해서 피겨스케이팅 선수는 고속 스핀 연기를 할 수 있다.

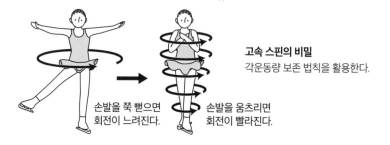

고속 스핀의 비밀
각운동량 보존 법칙을 활용한다.

손발을 쭉 뻗으면 회전이 느려진다.

손발을 움츠리면 회전이 빨라진다.

그런데 굳이 피겨스케이팅 선수가 되지 않더라도 쉽게 이것을 체험해 볼 수 있다. 회전의자에 앉아 손발을 쭉 뻗고 가볍게 바닥을 밀어 회전하는 것이다. 그런 다음에는 회전하면서 손발을 움츠려 보자. 앉아 있는 몸이 고속 스핀을 시작하게 된다.

손발을 쭉 뻗으면 느리게 회전한다.

손발을 움츠리면 빠르게 회전한다.

의자로 체험하는 고속 스핀
피겨스케이팅 선수의 느낌을 간단히 체험할 수 있다.

예2 헬리콥터의 테일 로터

많은 소형 헬리콥터는 후방부에 '테일 로터'라고 하는 보조 프로펠러가 달려 있다. 이것이 없으면 어떻게 될까? 먼저 헬리콥터가 멈춘 상태일 때 총 각운동량은 0이다. 여기서 '메인 로터'라고 부르는 주 프로펠러를 반시계 방향으로 회전시킨다. 그러면 총 각운동량을 0으로 해야 하므로 기체 본체는 시계 방향으로 회전하기 시작한다. 이를 억제하는 것이 바로 테일 로터의 역할이다.

참고로 모형 헬리콥터는 대부분 두 장의 메인 로터를 위아래로 역회전시킴으로써 기체의 안정을 유지한다.

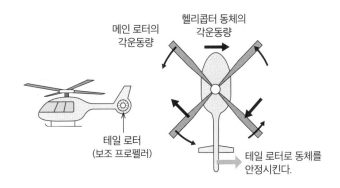

메인 로터의
각운동량

헬리콥터 동체의
각운동량

테일 로터
(보조 프로펠러)

테일 로터로 동체를
안정시킨다.

각운동량 보존 법칙

케플러 제2법칙과 각운동량

케플러 제2법칙은 '면적 속도 일정'이었다(13). 이것은 중심력에서의 각운동량 보존 법칙을 생각하면 분명하다. 아래 그림을 보자. 일정한 미소 시간 Δt에 그리는 면적은 △OPQ이고, 그 면적은 $r \times v_t \Delta t / 2$와 거의 같다. 이때 $r \times v_t$는 O의 주위 질점 P에서의 각운동량에 비례하는데, 그것은 중심력의 안이므로 보존된다. 따라서 미소 시간 Δt에 그리는 면적, 즉 면적 속도는 일정하다는 결론이 나온다.

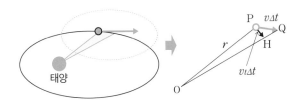

태양

P $v\Delta t$ Q

r

H

$v_t\Delta t$

O

케플러 제2법칙
중심력에서 각운동량이 일정하다. 따라서 면적 속도는 일정하다.

🖐 실전 문제

무중력인 우주선 안에서 결합한 두 자석을 어느 정도 거리를 두고 떨어뜨린다. 그 다음 정면충돌하지 않도록 살짝 처음 속도를 주면서 손을 뗀다. 이때 두 자석은 어떤 운동을 할까?

[해답] 각운동량 보존 법칙에 따라 두 자석은 회전하면서 서로 끌어당기며 점점 속도를 늘리고, 마지막에는 달라붙는다.

19 역학적 에너지 보존 법칙

― 운동 에너지와 위치 에너지의 합은 보존된다

'에너지 부족', '친환경 에너지' 등 에너지라는 단어는 쓰는 쪽도 듣는 쪽도 무엇인지 대충 알고 있는 듯하다. 하지만 막상 '에너지란 무엇인가?' 하는 질문을 받으면 쉽사리 대답하지 못한다.

일이란?

에너지를 정의할 때 필요한 단어는 바로 일이다. 물리와 화학의 세계에서 쓰는 '일'은 일상생활에서 쓰는 일과는 의미가 다르다.

일상생활에서는 '일'을 광범위한 의미로 쓰지만, 물리와 화학에서 쓰는 '일'이란 다음과 같이 단순히 정의된다(**07**).

일 = 물체의 이동 방향으로 가한 힘의 성분 × 물체가 이동한 거리

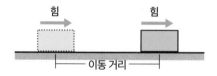

'힘 × 그 힘으로 움직인 이동 거리'를 일이라고 한다.

힘이 이동 방향의 대각선 방향으로 가해졌을 때는 그 이동 방향으로 힘을 분해해서, 분해된 힘과 이동 거리의 곱을 '일'이라고 한다.

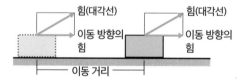

이동 방향의 대각선 방향으로 가해진 힘의 일은 다음과 같다.
이동 방향의 힘 × 이동 거리

아래 그림에서 일이 0이 아닌 것은 제일 오른쪽뿐이다. 일반적인 일의 의미로는 세 그림 다 나름대로 노력해서 일했다고 생각할 수 있지만, 물리적 의미로는 일이라고 말할 수 없다. 제일 오른쪽 그림에서 도르래로 짐을 천천히 들어 올렸을 때 사람이 한 일 W는 다음과 같다.

$$W = 중력(무게) \times 높이의 차$$

열심히 힘을 주었지만 움직이지 않는다.

들고 있는 채로 움직이지 않는다.

사람이 움직이고 물체도 이동했다.

에너지란

물리와 화학의 세계에서 어떤 물체가 지닌 에너지는 다음과 같이 정의한다.

> 에너지 = 물체가 가지고 있는 일을 할 수 있는 능력

감이 딱 오는 표현은 아니지만, 이렇게 정의한 에너지는 과학의 세계에서 가장 중요한 개념 중 하나다. 여기서는 두 가지 에너지를 위의 정의에 입각해 살펴보도록 하겠다.

운동 에너지

운동하는 물체는 운동 자체가 에너지가 된다. 아래 그림처럼 오른쪽에서 공이 굴러와 용수철이 달린 블록에 부딪혔다고 가정해 보자. 이때 블록은 용수철의 힘에 반발하면서 왼쪽으로 밀린다. 운동하는 공이 블록에 일을 한 셈이다. 운동하는 공은 '일하는 능력', 즉 에너지를 가진 것이 된다.

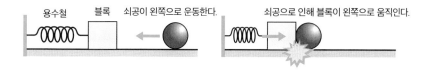

용수철 블록 쇠공이 왼쪽으로 운동한다.

쇠공으로 인해 블록이 왼쪽으로 움직인다.

이처럼 운동하는 물체가 가지는 에너지를 운동 에너지라고 한다. 이 에너지는 다음과 같은 식으로 표현할 수 있다(**16**).

질량 m, 속도 v인 물체가 가지는 운동 에너지는 $\frac{1}{2}mv^2$ 이다.

운동 에너지
$\frac{1}{2}mv^2$

위치 에너지

빗면에 공을 둔 다음 손을 놓아 보자. 공은 아래로 굴러간다. 높은 곳에 있던 물체가 운동 에너지로 변한 것이다. 이처럼 물체의 위치가 에너지가 된다. 이 것이 위치 에너지이다.

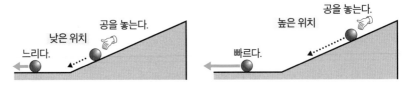

물체의 위치가 에너지가 된다. 더 높은 위치에서 공을 놓으면 공의 속도(즉, 운동 에너지)가 더 빨라지므로 물체가 높은 위치에 있을수록 위치 에너지가 더 크다.

이러한 위치 에너지는 중력이 원인이다. 또 한 가지 유명한 것은 용수철의 힘이 만드는 위치 에너지이다. 아래 그림은 용수철 쪽으로 공을 밀었다가 놓은 경우를 나타냈다. 공은 용수철에 밀려 오른쪽으로 굴러가는데, 용수철이 가진 위치 에너지가 공의 운동 에너지로 바뀌었다고 할 수 있다.

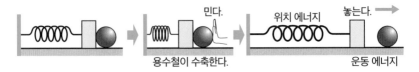

역학적 에너지 보존 법칙

운동 에너지와 위치 에너지의 합을 역학적 에너지라고 한다. 이 역학적 에너지에는 아주 흥미로운 관계가 성립한다. 마찰을 고려하지 않는다고 가정하면 다음 관계가 성립하는 것이다.

> 운동 에너지 + 위치 에너지 = 불변

이것을 역학적 에너지 보존 법칙이라고 한다.

이 법칙을 체험하고 싶으면 놀이동산에 가서 롤러코스터를 타면 된다. 위치 에너지가 운동 에너지로 변환되고, 그에 따라 반대 현상도 함께 일어난다는 것을 이해할 수 있다.

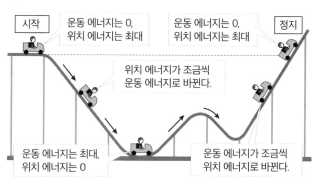

시작 | 운동 에너지는 0, 위치 에너지는 최대 | 운동 에너지는 0, 위치 에너지는 최대 | 정지

레일과 공기 등 모든 마찰을 무시하면 롤러코스터는 처음에 출발한 높이까지 다다른다.

위치 에너지가 조금씩 운동 에너지로 바뀐다.

운동 에너지는 최대, 위치 에너지는 0

운동 에너지가 조금씩 위치 에너지로 바뀐다.

실전 문제

지상 h의 높이에 질량 m인 공이 있다. 땅에서 봤을 때 이 공의 위치 에너지를 구하라. 단, 중력 가속도는 g(약 9.8m/s^2)이라고 한다(14).

[해답] 공을 받치고 천천히 들어 올려보자(속도가 있으면 운동 에너지도 고려해야 하므로). 공을 받치는 힘 W는 아래와 같다.

$$W = mg$$

높이 h만큼 들어 올리면 이 공을 받치는 힘 W는 다음의 양만큼 일한 것이 된다.

$$일 = Wh = mgh$$

따라서, 높이 h에서 공이 가진 위치 에너지는 mgh 이다.

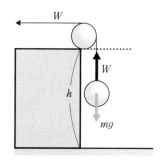

20 갈릴레이의 상대성 원리
— 아인슈타인의 상대성 이론의 출발점이 되는 중요한 원리

지구상의 자연법칙과 열차 안에서 일어나는 자연법칙, 우주선 안에서 일어나는 자연법칙은 모두 같을까? 결론부터 말하면 '갈릴레이 변환으로 이어져 있는 관성계끼리는 같다'이다.

갈릴레이 변환 공식

좌표계 O'가 좌표계 O에 대해 x축 방향으로 일정 속도 V로 이동하고 있을 때, 좌표계 O에서 본 물체의 위치 x와 좌표계 O'에서 본 물체의 위치 x' 사이에는 다음과 같은 관계가 성립한다(단, $t=0$일 때 두 좌표계는 일치한다고 가정한다). 이것을 **갈릴레이 변환**이라고 한다.

$$x'=x-Vt \cdots (1)$$

이 변환 공식이 성립하는 이유를 예로 들어 알아보자. 열차에 탄 사람 P'와 열차 플랫폼에 서 있는 사람 P가 있다. 그리고 x축을 향해 등속도 V로 달리고 있는 열차 안에 사과가 놓여 있다고 가정한다. 열차에 탄 사람 P'의 좌표계에서 사과는 위치 x'에, 플랫폼에 서 있는 사람 P의 좌표계에서 사과는 위치 x에 있다. 그리고 시각 $t=0$일 때는 아래 그림과 같이 두 좌표계의 원점 O, O'가 일치한다.

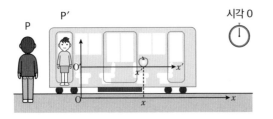

시각 O에서 두 좌표계는 x축 방향으로 겹쳐진다고 한다.

시간이 t만큼 경과했을 때 x축 방향으로(아래 그림) 보면, 다음과 같다.

$$OO' + x' = x$$

이때, 등속도 운동이므로 OO'는 Vt로 나타낼 수 있다. 이렇게 해서 변환 공식 (1)이 도출된다.

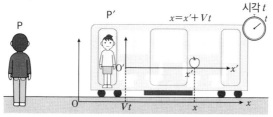

공식 (1)은 일정 속도 V로 직선 운동하는 열차 안에 있는 사람 P'와 밖에 있는 사람 P의 위치 관계와 같다. 시각 0에서 두 사람 P, P'의 위치가 일치할 때, 시각 t만큼 경과하면 OO'는 Vt가 된다. 이렇게 해서 (1)을 도출할 수 있다.

갈릴레이 변환에서 속도의 변환 공식

원점 O'가 O에 대해 일정 속도 V로 이동한다고 할 때, 좌표계 O에서 본 물체의 속도 v와 좌표계 O'에서 본 물체의 속도 v' 사이에는 (1)에 따라 다음과 같은 관계가 수학적으로 증명된다.

$$v' = v - V \cdots (2)$$

이 속도의 변환식 (2)는 17세기 때부터 이용되었다. 그 예로 '유수산(흐르는 물에서 배의 빠르기)'이라고 하는 다음의 유명한 문제를 풀어 보자.

예제 어떤 배가 길이 24㎞인 강을 내려가는 데 3시간, 같은 강을 거슬러 올라가는 데 4시간이 걸렸다. 강물이 흐르지 않을 때는 배의 속도가 얼마인지, 그리고 흐르는 강물의 속도는 얼마인지 알아보아라. 단 강물의 흐름과 배의 속도는 모두 일정하다.

[해설] 먼저 '유수산'으로 풀어 보자. 우선 속도를 계산한다.

강을 내려갈 때 배의 속도는 24÷3=8km/h, 강을 거슬러 올라갈 때 배의 속도는 24÷4=6km/h.

그러므로, 다음과 같다.

$$\begin{cases} \text{강물이 흐르지 않을 때 배의 속도는} \quad \dfrac{8+6}{2} = 7\text{km/h} \cdots (3) \\ \text{흐르는 강물의 속도는} \qquad\qquad \dfrac{8-6}{2} = 1\text{km/h} \cdots (4) \end{cases}$$

이상이 유수산으로 푸는 해법이다. 여기서 (3), (4)를 갈릴레이 식으로 나타내 보자. 강물이 흐르지 않을 때 배의 속도를 v, 흐르는 강물의 속도를 V라고 하면 속도의 변환식 (2)를 써서 배가 강을 내려갈 때와 거슬러 올라올 때 속도를 다음과 같이 쓸 수 있다.

$$v+V=8, \quad v-V=6 \cdots (5)$$

이것을 푼 것이 (3), (4)이다.

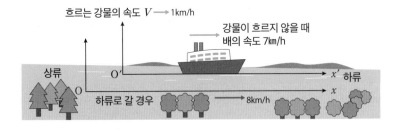

뉴턴의 운동 방정식은 갈릴레이 변환에서 불변한다

이야기를 다시 되돌려서 처음에 예로 든 그림처럼 역의 플랫폼에 사람 P가 서

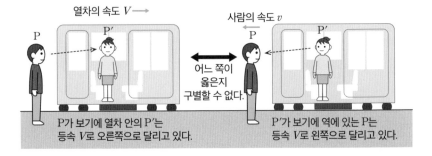

있다고 가정해 보자. 이 사람은 관성계, 즉 관성의 법칙이 성립하는 세계에 있다고 할 수 있다. 그리고 급행열차가 등속도로 역을 바로 통과한다고 할 때, 급행열차를 탄 사람 P'도 관성계, 즉 관성의 법칙이 성립하는 세계에 있다. 두 사람 P, P'는 서로를 봤을 때 누가 움직이는지 구별할 수 없기 때문이다. P'의 입장에서는 열차가 멈춰 있고, 역의 P가 움직이고 있다고 생각할 수도 있다. 이렇게 생각하면 갈릴레이 변환은 두 관성계를 이어주는 변환식이 된다.

그런데 관성계에는 우열이 없다. 앞에서 소개한 예로 말하면, 플랫폼에 서 있는 사람 P와 열차에 탄 사람 P' 중 누가 이상적인 관성계에 있는지는 구별이 불가능하다. 즉, '두 세계에서 물리 법칙은 동일'해야만 한다. 갈릴레이 변환의 말을 빌리자면, 두 관성계에서 성립하는 물리 법칙은 갈릴레이 변환에서 형태를 바꾸어서는 안 된다. 이러한 요구를 갈릴레이의 상대성 원리라고 말한다. 뉴턴의 운동 방정식 $F=ma$(**16**)는 이 요구를 만족한다.

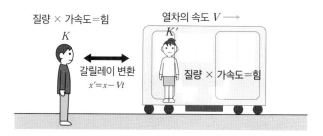

갈릴레이의 상대성 원리
갈릴레이 변환으로 이어진 관성계끼리의 세계에서 물리 법칙은 변하지 않는다.
이는 운동 방정식이 속도가 아니라 가속도로 기술되어 있기 때문이다.

🖐 실전 문제

시속 **60**㎞로 직선상을 달리고 있는 열차에 탄 승객이 공을 시속 **10**㎞로 진행 방향을 향해 던졌을 때, 열차 밖에 서 있는 사람이 보는 공의 속도는 얼마일까?

[해답] 공식 (2)에 따라, 60＋10＝ 70㎞/시

21 코리올리 법칙

― 태풍이 시계 반대 방향으로 도는 이유는?

　'북반구에서 대포를 쏘았을 때, 탄도가 표적보다 살짝 오른쪽으로 빗겨 나간 다'는 법칙이 있다. 이렇게 포탄의 방향을 바꾸는 힘은 코리올리의 힘이다. 또한 이 힘이 작용하는 것을 코리올리 법칙이라고 한다. 지금부터 코리올리의 힘에 대해 알아보자.

* 코리올리 법칙에서 코리올리는 프랑스의 과학자 코리올리(1792~1843)의 이름에서 따온 것이다.

관성력(겉보기 힘)의 복습

　코리올리의 힘을 알아보기 전에 관성력부터 복습해 보자. 코리올리의 힘은 관성력에 속하기 때문이다.

　앞에서도 말했지만 질량이 있는 물질에는 관성의 법칙이 성립한다(11). 이 관성의 법칙, 즉 그 상태 그대로 머무르고 싶어 하는 성질이 관측하는 입장에 따라 힘을 생성할 때가 있다. 이것이 관성력이다. 앞에서 들었던 예처럼 우리의 일상생활 속 현상으로 복습해 보자.

예 달리다가 급정거한 버스 안

　등속으로 직진하던 버스가 갑자기 멈추면 승객은 누가 밀지도 않았는데 앞으로 고꾸라진다. 이것이 관성력이다.

길에 서서 버스를 보는 사람에게는 관성의 법칙 때문에 앞으로 나아가려고
하는 성질이 버스 안 승객에게는 힘으로 느껴지는 것이다.

푸코의 진자를 회전시키는 것은 코리올리의 힘

지구의 자전을 확인하기 위한 것으로 '푸코의 진자'
가 유명하다(**10**). 본래 일정해야 할 진자의 진동면이
지상에서 보면 회전해 버리는 현상을 말한다. 이렇게
진동면을 회전시키는 힘의 정체는 지구의 회전이라는
사실을 앞에서 알아보았는데, 이 힘이 바로 코리올리의
힘이다.

푸코의 진자

지구의 자전이 낳은 코리올리의 힘

코리올리의 힘은 앞의 대포 이야기에서도 말했듯, 다음과 같이 표현할 수 있다.

> 지구의 자전 때문에 생기는 코리올리의 힘은 물체의 진행 방향에 대해 직각으
> 로 작용하여 물체의 운동이 북반구에서는 오른쪽으로 편향되고, 남반구에서는
> 왼쪽으로 편향된다.

의미를 알아보기 위해 지구상의 점 A(북위 60°
동경 0°)에서 정남쪽 적도상에 있는 표적을 향해
포탄을 쏘았다고 가정해 보자(공기 저항은 무시
한다). 한편, 속도는 1시간에 위도를 10도씩 이
동한다고 가정한다(단위 시간에 그림의 그물코를
위아래로 1칸 나아가는 것을 의미한다).

한 시간마다 포탄의 움직임을 쫓아가 보자.
102쪽의 그림 1A~그림 7A는 지구에서 관측자가

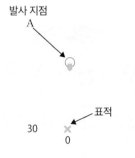

발사 지점
A

표적
30   ×
0

본 포탄의 궤적이다. 반면, 먼 우주에 정지해 있는 우주선에서 본 포탄의 움직임
은 그림 1B~그림 7B다(위쪽이 북극이고 지구는 반시계 방향으로 회전하고 있다).

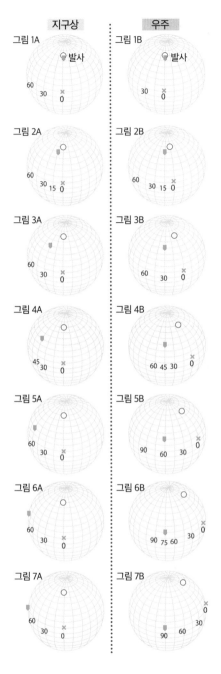

지구상	우주
그림 1A	그림 1B
그림 2A	그림 2B
그림 3A	그림 3B
그림 4A	그림 4B
그림 5A	그림 5B
그림 6A	그림 6B
그림 7A	그림 7B

지구는 회전하므로 '지구상'의 관측계에서는 포탄이 점차 서쪽으로 움직인다. 그것을 그림 1A~그림 7A가 나타내고 있다. 반면, '우주'의 정지계(관성계)에서는 포탄이 일직선으로 남하하는데, 지구는 회전한다. 그것을 그림 1B~그림 7B가 나타내고 있다. 지구상에서 봤을 때 포탄을 서쪽으로 이동시키는 겉보기 힘, 이것이 바로 코리올리의 힘이다.

그림 1A~그림 7A를 하나의 그림으로 정리해 보자. 또, 남반구의 같은 위도와 경도 지점(남위 60°, 동경 0°)에서 마찬가지로 대포를 목적지(적도상 동경 0°)를 향해 발사했을 때 포탄의 궤적도 똑같이 지구 그림에 표시했다. 아래 그림을 보면 코리올리

북반구에서는 진행 방향에 대해 오른쪽으로 편향된다.

남반구에서는 진행 방향에 대해 왼쪽으로 편향된다.

코리올리의 힘의 방향
땅 위에서 관측한 그림. 코리올리의 힘의 방향은 북반구에서는 진행 방향의 오른쪽으로 치우치고, 남반구에서는 왼쪽으로 치우침을 알 수 있다.

의 힘의 방향은 북반구에서는 진행 방향의 오른쪽에 치우치고, 남반구에서는 왼쪽으로 치우친다는 것을 알 수 있다.

태풍이 반시계 방향으로 도는 이유

저기압으로 부는 바람은 북반구에서는 반시계 방향으로 돈다. 이것 역시 코리올리의 힘으로 설명할 수 있다. 저기압은 주변보다 기압이 낮으므로 그 중심을 향해 공기가 이동하려고 하는데, 코리올리의 힘 때문에 오른쪽으로 힘을 받아 결과적으로는 아래 그림과 같이 반시계 방향으로 운동한다.

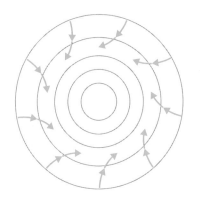

태풍으로 합쳐지는 바람
동심원은 등압선이다. 공기는 기압의 고저에 따라 중심으로 빨려 들어가는 힘을 받는데, 코리올리의 힘 때문에 진행 방향의 오른쪽으로 치우치는 힘을 받아 결과적으로는 반시계 방향으로 움직인다.

🖐 실전 문제

반시계 방향으로 등속 회전하는 매끄러운 원반의 중심에서 지면의 위쪽으로 공을 굴렸을 때, 공은 어떻게 움직이는 것처럼 보일까? 원반 위에 있는 사람과 원반 밖에 있는 사람으로 구분해 알아보자.

[해답] 다음 그림과 같다. 원반 위에서는 오른쪽으로 힘을 받는 것처럼 보인다.

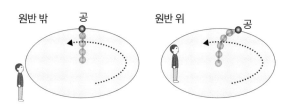

22 베르누이 정리

― 비행기가 나는 원리에 대한 설명

비행기의 날개는 왜 위가 볼록한 반원 모양일까? 비행기의 속도는 어떻게 측정할까? 이것에 대한 답은 베르누이 정리라는 기본 법칙에서 찾을 수 있다.

유선을 그려 생각해 보자

물질의 상태는 액체, 고체, 기체로 분류할 수 있다. 베르누이 정리는 그중 기체와 액체(합해서 유체라고 한다)에 관한 법칙이다.

유체는 점성이 전혀 없는 것이나 끈적끈적한 것 등 종류가 다양한데, 베르누이 정리가 대상으로 하는 유체는 점성이 전혀 없이 흐르는 성질이 있는 것이다. 이러한 유체를 완전 유체라고 한다. 베르누이 정리는 이 이상적인 유체에 성립하는 기본 법칙이다.

유체는 유선을 그리면 더 떠올리기 쉽다. 유선이란 유체에서 각 점의 접선 방향이 유체가 흐르는 방향과 같게 그은 곡선이다. 더 간단히 말하면 유선이란 흐름 중 한 점을 시간적으로 따라간 궤적이다. 그리고 그 유선들을 적당히 겹친 관처럼 생긴 것을 유관이라고 한다.

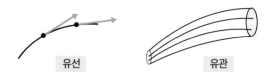

유선   유관

베르누이 정리와 에너지 보존 법칙

베르누이 정리는 에너지 보존 법칙으로 금방 도출할 수 있다. 다음 그림의 가느다란 유관의 일부 AB를 생각해 보자.

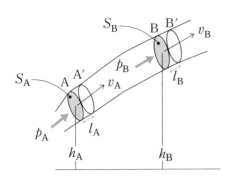

하나의 유선을 중심으로 한 가느다란 유관

AB의 양끝 단면적을 S_A, S_B라고 하고, 각 면의 '높이'를 h_A, h_B라고 한다.

그것이 아주 조금 시간이 경과한 후 A'B'로 이동했다고 하자. 그러면 AA', BB' 유관 부분의 운동 에너지와 위치 에너지의 합은 순서대로 다음과 같다.

$$\frac{1}{2}(\rho S_A l_A)v_A{}^2 + (\rho S_A l_A)gh_A, \ \frac{1}{2}(\rho S_B l_B)v_B{}^2 + (\rho S_B l_B)gh_B \cdots (1)$$

이 산출 공식을 아래 그림으로 확인해 보자.

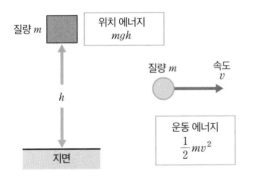

운동 에너지와 위치 에너지 공식
운동 에너지의 공식과
위치 에너지의 공식(**19**)의 m에
$\rho S_A l_A$, $\rho S_B l_B$가 들어간다.

이 찰나의 시간에 AB 양끝의 유체 속 압력은 양끝의 단면적 S_A, S_B을 각각 l_A, l_B만큼 미는 일(**07**. **19**)을 한 것이 되므로, 일한 양은 다음과 같이 나타낼 수 있다.

$$(S_A p_A)l_A, \ (S_B p_B)l_B \cdots (2)$$

에너지 보존 법칙에 따라 (1)의 에너지 차이는 유체의 압력에 의해 A 부분이 밀려나간 일과 B 부분의 유체를 밀어낸 일의 차이 (2)와 일치하므로 다음과 같은 관계식이 성립한다.

$$\left\{\frac{1}{2}(\rho S_B l_B)v_B{}^2+(\rho S_B l_B)gh_B\right\}-\left\{\frac{1}{2}(\rho S_A l_A)v_A{}^2+(\rho S_A l_A)gh_A\right\}$$
$$=(S_A p_A)l_A-(S_B p_B)l_B \cdots (3)$$

그런데 유체의 밀도가 고르고 유체에 들어간 유량과 나온 유량이 같다(도중에 머물지 않는다)고 하면, 다음이 성립한다.

$$S_A l_A = S_B l_B \cdots (4)$$

(3), (4)를 통해 다음 관계가 도출된다.

$$\frac{1}{2}\rho v_A{}^2+\rho gh_A+p_A=\frac{1}{2}\rho v_B{}^2+\rho gh_B+p_B \cdots (5)$$

A, B는 임의의 점이며, 유관은 극히 가늘다고 가정했으므로 (5)에 따라 다음 정리를 얻을 수 있다. 이것이 베르누이 정리다.

밀도 ρ의 유체가 점성이 전혀 없이 흐를 때, 유선 한 줄 위에는 다음 관계가 성립한다. v, h, p는 대상 위치에서의 유체 속도, 높이, 압력이며 g는 중력 가속도(**14**)이다.

$$\frac{1}{2}\rho v^2 + \rho gh + p = 일정 \cdots (6)$$

점도가 있는 유체에는 이 보존 법칙이 성립하지 않는다. 그러나 근사한 값으로 많은 유체에서 이 공식을 이용할 수 있다고 알려져 있다.

(6)에서 중요한 것은 유체의 속도가 빨라지면 압력이 낮아진다는 점이다. 이 사실은 유체 역학의 다양한 곳에서 응용되고 있다.

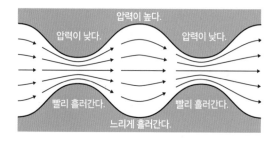

**유속이 빨라지면
압력이 낮아진다**
베르누이 정리 (6)에 따라, 유체의 속도가 빨라지면 압력은 낮아진다.

비행기가 나는 원리

베르누이 정리는 비행기가 나는 주요한 원리다. 아래 그림에서 날개의 단면을 보자. 4개의 유선이 그려져 있는데 진행 방향이 먼 A에서는 모든 유선이 공식 (6)의 '일정'한 값을 공유하고 있다. 그것이 날개로 오면 날개 뒤 B에서 동시에 합류하기 위해 위의 두 유속은 아래 두 유속보다 빨라져야만 한다. 이렇게 해서 베르누이 정리에 따라 위쪽은 압력이 내려가고 결과적으로 날개에 양력(뜨게 하는 힘)이 작용하게 된다.

양력을 받는다.

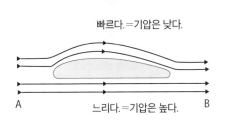

빠르다.=기압은 낮다.

A

느리다.=기압은 높다.

B

비행기가 나는 원리

날개는 단면이 위가 볼록한 반원 모양인데, 위로 가는 유체가 빠르게 흐르도록 한 것이다. 이렇게 해서 날개 아래 부분의 압력이 상대적으로 높아지고 날개에 양력이 생긴다.

공이 커브를 그리며 날아가는 이유

야구나 축구 등 구기 종목에는 공에 스핀을 걸어 공이 커브를 그리며 날아가게 하는 기술이 있다. 이것 역시 베르누이 정리로 설명할 수 있다. 아래 그림과 같이 진행 방향에 시계 방향으로 스핀을 걸면, 그림 위쪽의 유체 속도가 빨라지면서 공이 휘는 힘을 받는다.

휘는 힘을 받는다.

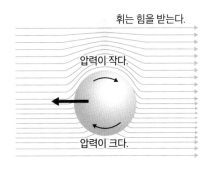

압력이 작다.

압력이 크다.

공이 커브를 그리는 이유

공의 회전을 위해 그림의 위쪽이 아래쪽보다 유체의 속도가 빨라진다. 그래서 베르누이 정리에 따라 아래 압력이 상대적으로 커지고 공이 힘을 받아 커브를 그린다.

비행기가 나는 구조는 베르누이 정리에 크게 의존하는데, 그 속도 측정 역시 마찬가지다.

날개에서 선단부는 유속이 0이 된다. 이 압력을 날개의 '전압'이라고 한다. 또 날개의 위쪽 유속은 비행 속도가 되는데, 이것을 날개의 '정압'이라고 한다. 전압과 정압에는 유체의 속도가 달라서 생기는 압력 차이가 발생한다. 이 압력을 측정하면 베르누이 정리에 따라 유체의 속도(상대적으로는 날개의 속도)를 산출할 수 있다.

이 전압과 정압의 차이에 따른 측정법을 구체화한 것이 피토관이다. 피토관은 비행기에서 절대 빼놓을 수 없는 측정기다.

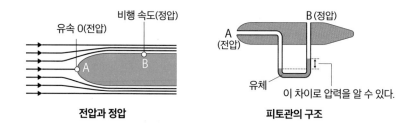

전압과 정압　　　　　**피토관의 구조**

전쟁 영화나 SF 영화를 보면 잠수함이 물속에서 나아갈 때 스크루에서 거품이 발생하는 장면이 나온다. 그리고 발사된 어뢰의 궤적에도 거품이 생긴다. 그 거품의 비밀은 베르누이 정리로 설명할 수 있다. 실제로 바닷속에는 풍부하게 거품을 낼 공기가 존재하지 않는다. 그 거품의 정체는 상온에서 '끓어오른' 수증기이다.

스크루의 고속 회전으로 주변 유체의 속도가 빨라지고, 베르누이 정리에 따라 압력이 낮아진다. 압력이 낮아지면 끓는점도 내려간다(**48**). 즉, 스크루가 고속 회전하면 끓는점은 수온 이하가 되어 버리는 것이다. 이렇게 해서 스크루 주변의 물이 끓어 수증기 기포가 발생한다. 이 현상을 유체 역학에서는 공동 현상이라고 한다.

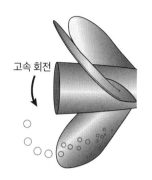

공동 현상
스크루의 고속 회전 때문에 주변 유체도 빠르게 흐른다. 그러면 베르누이 정리에 따라 압력이 낮아진다. 그 결과 바닷물의 끓는점이 내려가 상온에서도 물이 끓어 수증기가 된다. 이것이 거품의 정체다.

고속 회전

오해하기 쉬운 베르누이 정리

베르누이 정리만큼 오해를 잘 부르는 과학 법칙은 또 없을 것이다. 그 대표적인 예로 오른쪽 그림의 실험이 유명하다. 그림처럼 물이 나오는 수도꼭지에 숟가락을 갖다 대면 숟가락이 물 쪽으로 끌려간다. '이것이 바로 베르누이 정리'라고 설명하는 문헌이 많이 있는데, 그것은 오해다. 애초에 숟가락의 반대쪽에는 유선이 없다.

점성을 지닌 유체가 곡면에 닿으면 곡면을 빨아들이는 듯한 힘이 작용하는데 이것을 코안다 효과라고 한다. 숟가락이 끌려가는 것은 이 효과 때문이다.

실전 문제

적당히 크고 바닥이 깊지 않은 수조에 물을 채운다. 수면에서 깊이 h인 곳에 작은 구멍을 뚫었을 때, 구멍에서 나오는 물의 속도 v를 베르누이 정리를 이용해서 구해 보자.

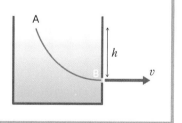

[해답] 그림과 같이 두 점 A, B가 있다고 가정한다. 공식 (6)에 따라 A에서는 $h=h$, $v=0$, B에서는 $h=0$이므로(p는 공통), $1/2\rho v^2 = \rho gh$. 그러므로 $v = \sqrt{2gh}$(이것을 토리첼리 정리라고 한다).

109

23 도플러 효과
— 구급차가 지나갈 때 사이렌의 소리가 달라지는 원인

횡단보도에서 신호를 기다릴 때 구급차가 지나가면 통과 전과 통과 후의 사이렌 소리가 다르게 들린다. 소리는 높아졌다가 낮아진다. 이것을 도플러 효과라고 한다.

소리의 높낮이가 변화하는 것은 소리의 주파수가 변한다는 뜻이다. 이 주파수의 변화 공식을 지금부터 구해 보자.

파동의 복습

준비 차원에서 먼저 파동을 복습해 보자.

파동에는 '종파'와 '횡파'가 있다. 파동의 매질이 파동의 진행 방향과 평행하게 진동하는 파동을 종파, 진행 방향과 수직으로 진동하는 파를 횡파라고 한다. 음파는 종파이고, 빛이나 전파, 수면에 전달되는 파는 횡파이다.

파동은 그것을 전달하는 매질의 각 점이 하는 주기적인 운동이다. 따라서 각 점의 위치 이동(변위)만 생각하면 종파와 횡파 모두 이론적으로는 동일하다. 그래서 보통은 그리기 쉬운 횡파로 파동 이론을 설명한다.

종파는 매질의 각 점이 진행 방향에 평행하게, 횡파는 수직으로 움직인다. 움직임(변위)만 생각하면 수학적으로 동일하므로 파동을 설명할 때는 보통 그리기 쉬운 횡파를 이용한다.

파동에는 파장, 진동수(주파수), 파동의 속도 등의 기본 요소가 있다. 파장이란 파동이 반복되는 기본 단위의 길이이다. 진동수란 단위 시간에 파동이 얼마나 반복되는지를 나타내는 양으로, 단위로는 Hz(헤르츠)를 쓴다. 파동의 속도란 단위 시간에 파동이 전달되는 거리를 뜻한다.

한 예로 진동수 10Hz(= 1초간 10회 진동)의 횡파를 떠올려 보자. 파동의 속도는 20m/s라고 한다. 이 파동을 어느 순간에 속도의 길이만큼 사진을 찍었다고 가정한다(아래 그림).

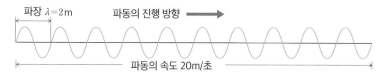

그림에도 나와 있듯이 파동의 기본 단위의 길이 λ를 파장이라고 한다. 이 예에서는 1초간 10회 진동하고 파동의 속도는 20m/s이므로 다음과 같은 관계가 성립한다.

파동의 속도 20(m/s)=파장 2(m) × 진동수 10(회/s)

이것은 일반적으로 성립하며 다음과 같이 정리할 수 있다.

파장 λ, 주파수 v가 속도 c로 전해질 때, $c=\lambda v$ … (1)

이것이 파장의 기본 공식이다.

예제1 파장 10㎝인 음파의 주파수 v를 구하라.

[해설] 음속을 340m/s라고 할 때, $v=c/\lambda=340/0.1=3400$Hz

이제 준비를 마쳤으니 본격적으로 도플러 효과의 공식을 구해 보자. 지금부터는 이야기를 구체적으로 하기 위해 소리에 대해 알아보고자 한다. 한편 음속은 c, 주파수는 ν, 파장은 λ의 기호로 표시한다.

먼저 음원이 주파수 ν_0으로 가까워졌을 경우를 생각해 보자. 아래 그림은 음원 A가 속도 v로 관측자 P에게 전달되는 모습을 1초 동안 다중 섬광 장치로 찍은 것처럼 네 개의 그림을 연속으로 그린 것이다. 1초 후에 음파는 P에 닿는다고 한다.

마지막 그림(오른쪽 그림)을 확대해보면, 음원 A와 관측자 P 사이인 AP에 포함되는 파동의 수는 원래 파동의 주파수 ν_0과 일치한다. 또, AP의 거리는 $c-v$이므로 P가 관측하는 파동의 파장 λ'은 다음과 같이 나타낼 수 있다.

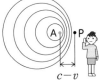

c는 음속, v는 음원의 속도. AP=$c-v$의 부분에 ν_0개의 파동 단위가 포함된다.

$$\lambda' = \frac{c-v}{\nu_0}$$

그런데 파동의 기본 공식 (1)에 따라, P가 관측하는 진동수 ν'는 다음과 같이 구할 수 있다.

$$\nu' = \frac{c}{\lambda'} = \frac{c}{(c-v)/\nu_0} = \frac{c}{c-v}\nu_0 \ \cdots \ (2)$$

음원이 멀어져갈 때는 음원 A의 속도 v의 부호를 (−)로 하면 된다는 사실은 앞의 그림을 통해 알 수 있다.

예제2 음속을 1,225km/h, 구급차의 속도를 50km/h라고 하자. 눈앞의 도로에서 구급차 사이렌 소리가 들린다고 하면, 구급차가 가까워질 때와 멀어질 때 원음의 몇 배에 달하는 주파수로 소리가 들릴까?

[해답] 공식 (2)에 따라, 가까워질 때의 주파수 ν_1', 멀어질 때의 주파수 ν_2'는 다음과 같이 구할 수 있다.

$$\nu_1' = \frac{1225}{1225-50}\nu_0 = 1.04\nu_0 \,,\; \nu_2' = \frac{1225}{1225+50}\nu_0 = 0.96\nu_0$$

가까워질 때는 약 1.04배, 멀어질 때는 약 0.96배의 주파수가 된다는 사실을 알 수 있다.

높은 주파수　　높게 들린다.　　낮은 주파수　　낮게 들린다.

가까워진다.　　멀어진다.

도플러 효과의 공식(관측자가 움직일 때)

이번에는 음원은 정지해 있고 관측자 P가 속도 u로 파동의 진행 방향으로 이동하는(음원에서 멀어지는) 경우를 생각해 보자.

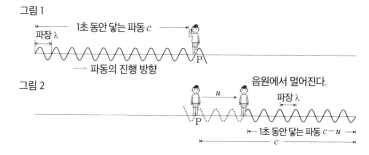

그림 1

파장 λ　　1초 동안 닿는 파동 c

　　　　파동의 진행 방향

그림 2

음원에서 멀어진다.

u　　파장 λ

P　　1초 동안 닿는 파동 $c-u$

c

그림 1은 관측자 P가 현재 있는 위치를 나타냈다. P의 왼쪽에는 관측자가 정지해 있을 때, 앞으로 1초간 관측할 것으로 예상되는 파동을 표시하였다.

그 아래에 있는 그림 2는 1초 후의 상태를 나타냈다. 관측자 P가 오른쪽으로 u만큼 이동하면, 처음에 소리를 듣기 시작해서 다 들을 때까지의 거리는 $c-u$가 된다. 관측자 P가 느끼는 파동의 진동수 ν''는 1초 동안 닿는 파장의 개수이며, 그 파장 λ은 불변하므로 다음과 같은 관계가 성립한다.

$$\nu'' = \frac{c-u}{\lambda}$$

파동의 기본 공식 (1)에 따라 λ를 소거하면, 다음과 같다.

$$\nu'' = \frac{c-u}{\dfrac{c}{\nu_0}} = \frac{c-u}{c}\nu_0 \quad \cdots \text{(3)}$$

이것이 관측자가 멀어져갈 때 주파수의 변화 공식이다.

관측자가 음원에 가까이 갈 때는 P의 속도 u의 부호를 (−)로 하면 된다는 것 또한 지금까지 말했던 과정을 통해 동일하게 도출할 수 있다.

예제3 급행열차가 역의 플랫폼을 통과했다. 역의 스피커에서 나오는 방송의 음속을 1,225km/h, 열차의 속도를 100km/h라고 한다. 열차에 탄 승객은 플랫폼에 들어갈 때와 나갈 때, 원음의 몇 배에 달하는 주파수로 역의 방송음을 들을까?

[해설] 공식 (3)에 따라 플랫폼에서 나갈 때의 주파수 ν_1'', 플랫폼에 들어올 때의 주파수 ν_2''는 다음과 같이 구할 수 있다.

$$\nu_1'' = \frac{1225-100}{1225}\nu_0 = 0.92\nu_0 \,\text{,}\, \nu_2'' = \frac{1225+100}{1225}\nu_0 = 1.08\nu_0$$

플랫폼에 들어올 때에는 약 1.08배, 플랫폼에서 나갈 때에는 약 0.92배의 주파수가 된다는 사실을 알 수 있다.

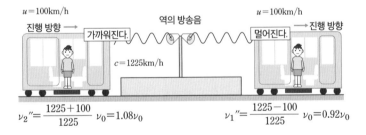

도플러 효과의 응용

도플러 효과는 실용적인 면에서 아주 중요한 물리 현상이며, 실제로 다양한 장소에서 쓰이고 있다. 그 원리는 대상에게서 전달되는 파동의 진동수를 조사하고, 공식 (2), (3)을 적용해서 대상이 움직이는 모습을 파악하는 것이다.

응용 사례1 속도 측정기

야구나 테니스 중계를 보면 화면에 공의 속도가 표시된다. 덕분에 우리는 프로 선수의 멋진 실력을 실감할 수 있다. 이것을 실현하는 장치가 바로 속도 측정기이다. 최근에는 보급형의 경우 비교적 저렴하게 살 수 있어서 청소년 야구 등에서도 유용하게 쓰이고 있다.

보급형 속도 측정기는 대부분 초음파를 보낼 때 돌아오는 반사파의 주파수 변화를 측정하여 공식 (2)에 따라 공의 속도를 산출한다.

응용 사례2 도플러 레이더

규모가 큰 공항에는 도플러 레이더라는 관측 장비가 있다. 이것은 다운버스트라고 부르는 강한 하강 기류를 측정하여 비행기의 이착륙을 안전하게 하기 위한 관측 장치다. 기류에 전파를 보내고 그 반사파의 주파수 변화를 측정하여 공식 (2)에 따라 바람의 움직임을 조사한다.

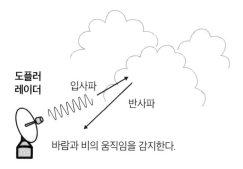

도플러 레이더
빗방울, 얼음 입자의 분포 이외에 그 움직임까지도 잡아낸다.

🖐 실전 문제

10m/s로 나아가는 관측자의 뒤쪽에서 주파수 960Hz인 소리를 내는 구급차가 20m/s의 속도로 다가오고 있다. 이때 관측할 수 있는 소리의 주파수 ν는 얼마일까? 음속은 340m/s라고 한다.

[해답] 공식 (2)와 (3)에 따라, $\nu = \dfrac{340-10}{340} \times \dfrac{340}{340-20} \times 960 = 990\text{Hz}$

24 파동의 중첩 원리

— 입자에는 없는 파동의 성질

파동은 현대 물리학에서 가장 중요한 기본 현상 중 하나인데, 이 현상의 최대 특징이 바로 '파동의 중첩 원리'이다. 이 원리에 대해 자세히 알아보자.

파동의 마루와 골

'파동의 중첩 원리'를 이야기할 때는 파동의 마루, 골, 변위라는 단어가 많이 쓰인다. 오른쪽 그림은 전형적인 파동(정현파)을 그린 것이다.

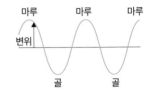

파동의 중첩 원리

파동은 그것을 전달하는 매질의 주기적인 운동이다. 그 매질의 위치 이동을 변위라고 하는데(위 그림), 변위에는 다음과 같은 법칙이 성립한다.

> **두 개의 파동이 중첩되면 그 두 변위를 합한 것이 중첩된 파동의 새 변위이다.**

예를 들어 오른쪽과 왼쪽에서 두 파동의 마루가 왔다고 생각해 보자(그림에서는 이해를 쉽게 하기 위해 파동 하나의 마루만 그렸다). 그러면 변위(이 그림의 경우는 파동의 높이)를 단순히 더한 것이 새로운 파동이 된다. 결과적으로는 그림처럼 스윽 통과해 빠져나가는 것이다. 이것을 파동의 독립성이라고 한다.

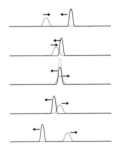

이 실험은 목욕탕에서 간단히 할 수 있다. 두 손바닥으로 수면에 가볍게 물결을 일으키면, 양쪽에서 생긴 물결(파동)이 그림

처럼 움직이는 모습을 관찰할 수 있다.

파동의 간섭

앞의 그림처럼 결과만 놓고 보면 파동은 서로 독립적으로 운동하는 것 같다. 그러나 실제로 파동이 겹쳐졌을 때는 파동의 간섭이라는 아주 중요한 성질이 나타난다. 즉, 두 파동이 겹쳐졌을 때 두 파동의 마루와 마루가 일치하면 파동의 변위가 커진다. 반면 한쪽의 마루와 다른 쪽의 골이 일치했을 때 파동의 변위는 상쇄되어 사라지고 만다. 입자에는 없는 파동만의 성질이다.

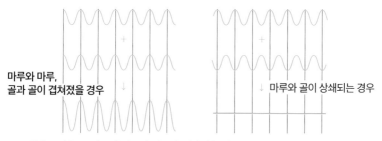

**마루와 마루,
골과 골이 겹쳐졌을 경우**

↓ **마루와 골이 상쇄되는 경우**

왼쪽 그림은 두 파동의 마루와 마루가 일치했을 경우로, 중첩의 원리에 따라 파동이 커진다. 오른쪽 그림은 마루와 골이 일치했을 경우로, 중첩의 원리에 따라 파동이 사라져버린다. 이것을 파동의 간섭이라고 한다.

간단한 파동의 간섭 실험

이번에도 목욕탕에서 할 수 있는 실험이다.

먼저 검지를 수면에 세운 다음 위아래로 천천히 움직여 보자. 오른쪽에 나타난 것처럼 아름다운 동심원 모양의 파문이 생길 것이다.

이러한 파문이 생긴 것을 확인했으면, 이번에는 오른손 검지와 중지를 벌린 후 수면에 세운다. 그리고 위아래로 움직여 보자(118쪽 위 그림의 P와 Q가 검지와 중지의 위치).

골

마루

**한 점에서 나온
동심원 모양의 파문**

다음과 같은 파문이 생길 것이다.

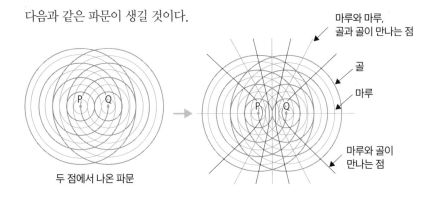

마루와 마루,
골과 골이 만나는 점

골

마루

마루와 골이
만나는 점

두 점에서 나온 파문

검지와 중지로 만든 파동의 마루와 마루, 골과 골이 겹쳐진 부분은 높은 마루와 깊은 골이 되고, 곡선으로 나타난다(수학적으로 쌍곡선이 된다). 이 곡선의 출현이야말로 파동의 간섭을 알 수 있는 증거이다.

맥놀이_파장이 긴 파동

파장이 아주 조금 다른 두 파동을 겹쳐 보자(아래 그림의 위쪽 두 개의 파동). 그러면 맨 아래 그래프처럼 파장이 긴 파동이 나타난다. 이 현상을 **맥놀이**라고 한다.

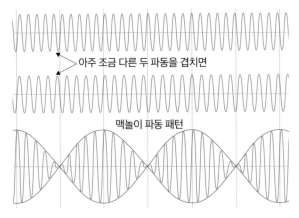

아주 조금 다른 두 파동을 겹치면

맥놀이 파동 패턴

맥놀이
진동수가 아주 조금 다른 파동을 겹치면 겉으로 봤을 때 커다란 파장(즉, 작은 진동수)을 가진 파동이 생성된다.

한편 바람이 강하게 불 때 '전깃줄에서 웅웅 소리가 나는 것'은 위의 맥놀이와는 구조가 다르다. 전깃줄이 바람에 소리가 나는 것은 소용돌이를 발생시켰기 때문이다.

라디오 방송에서 중첩은 필수불가결

AM 라디오에서는 진폭 변조라는 기술을 사용하여 음성 신호를 전파에 싣는다.

사람의 귀에 들리는 소리는 약 20Hz에서 20kHz까지인데, 파장의 기본 공식(**23**)에 따라 그대로 전파로 만들면 파장이 킬로미터 단위가 되어버리므로, 수신하기에는 너무 비현실적이다. 안테나의 길이는 파장의 절반이라는 기본 공식이 있기 때문이다.

그래서 실제 전파는 1MHz 정도의 전파와 중첩하여 합성파로 방송된다. 이렇게 하면 안테나의 길이가 실용적인 범위 내에 모여, 라디오에서 그 방송파를 수신할 수 있다.

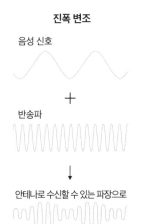

진폭 변조

음성 신호

+

반송파

↓

안테나로 수신할 수 있는 파장으로

파동의 중첩 원리

🖋 실전 문제

수면에 기름이 뜨면 햇빛이 무지갯빛으로 반사된다. 왜 그런 현상이 일어나는지 생각해보자.

[해답] 햇빛은 여러 가지 파장의 빛을 포함하고 있다. 기름막에서 튕겨나간 빛과 기름막을 통과한 후 반사된 빛이 전달되는 거리의 차이로 빛의 간섭이 일어난다. 빛의 파장에 따라 마루와 마루, 마루와 골이 되는 거리가 달라서 어떤 색은 강하게 어떤 색은 약하게, 다양한 빛이 나타나게 된다. 이것이 무지갯빛으로 보이는 원인이다. 이 현상은 빛이 파동이라는 사실의 유력한 증거다.

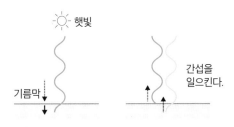

☀️ 햇빛

기름막

간섭을 일으킨다.

25 하위헌스 원리와 반사 법칙
— 파동 전파의 성질에서 빼놓을 수 없는 원리

파동은 매질을 통해 어떻게 전달될까? 네덜란드의 과학자 하위헌스는 그에 대한 본질적인 답을 1678년에 내놓았다.

파면, 평면파, 구면파

하위헌스 원리를 알려면 우선 파면, 평면파, 구면파라는 단어부터 이해해야 한다.

파동의 마루 부분, 골 부분을 이으면 직선이나 평면, 구 등의 도형이 그려진다. 그 도형을 파면이라고 한다. 파면이 평면이거나 직선인 것을 평면파, 구나 원 모양을 구면파라고 한다. 물론 그 밖의 파동도 많지만, 이 두 개가 기본이다.

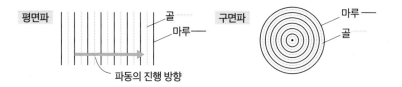

하위헌스 원리

하위헌스 원리는 다음과 같다.

> 어느 시각에 파면의 각 점에서 구면파가 발생하고, 그것이 겹쳐져 다음 시각에 새로운 파면이 만들어진다.

파동은 구면파라는 아이를 낳아 세대를 잇는다고 보는 관점이 '하위헌스 원리'이다.

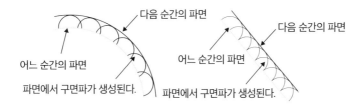

어느 순간의 파면
다음 순간의 파면
파면에서 구면파가 생성된다.
어느 순간의 파면
다음 순간의 파면
파면에서 구면파가 생성된다.

추상적이어서 이해하기 어려울 테니, 몇 가지 예를 통해 확인해 보자.

파동의 회절

첫 번째 예로 파동 앞에 작은 구멍이 뚫린 벽을 세우는 실험을 해 보자. 오른쪽 그림과 같이 파동은 작은 구멍에서 스며 나오고 그 구멍에서 구면파가 생성되어 퍼진다. 하위헌스의 설이 타당하다는 사실을 잘 알 수 있다.

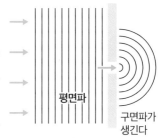

평면파
구면파가 생긴다

다음 예로, 평면파의 진행 방향에 장애물을 설치해 보자. 파동은 장애물과 만났을 때 장애물의 뒤쪽(그림자 부분)으로 돌아 들어가는 성질이 있다. 실제로 목욕탕에서 실험해 보길 권한다.

이처럼 진행하는 파동이 장애물과 만났을 때, 장애물의 뒤쪽(그림자 부분)으로 돌아 들어가는 현상을 파동의 회절이라고 한다. 앞에서 알아본 '중첩의 원리'와 마찬가지로, 입자의 운동에는 없는 파동 특유의 성질이다.

파동의 회절

이 회절 현상도 하위헌스 원리를 통해 쉽게 설명할 수 있다. 벽의 가장자리에서 새로운 구면파가 발생하기 때문이다.

문을 열고 있으면 사람이 보이지 않아도 그 사람의 목소리가 들린다. 이것역시 목소리가 공기의 파동이기 때문이다. 문에서 그 파동이 회절된 것이다.

반사 법칙

파동은 벽에 부딪히면 입자처럼 반사된다. 실제로 입사파와 벽면의 법선이 이루는 각(입사각)을 i, 반사파와 벽면의 법선이 이루는 각(반사각)을 j라고 하면, 다음 관계가 성립한다. 이것을 반사 법칙이라고 한다.

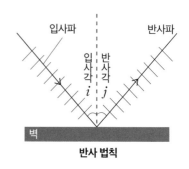

반사 법칙

> 입사각 i와 반사각 j는 같다.

참고로 빛은 파동의 성질을 가졌으므로 반사 법칙이 성립한다.

예 거울에 반사되어 보이는 사과와 진짜 사과는 반사 법칙에 따라 거울면을 중심으로 대칭을 이룬다. 거울로 사과를 볼 때, 마치 거울 속에 사과가 실재하는 것처럼 보이는 것은 반사 법칙 때문이다. 이 거울 속 사과를 실재 사과의 허상이라고 한다.

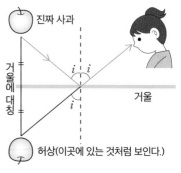

반사 법칙을 하위헌스 원리로 증명하다

반사 법칙이 성립하는 이유는 하위헌스 원리로 명쾌하게 설명할 수 있다. 123쪽의 위 왼쪽 그림처럼 입사각 i로 입사하는 평면파와 그 두 사선 α, β를 보자. 처음 벽면에 도착한 α는 하위헌스 원리에 따라 P를 중심으로 구면파를 발생시킨다. 뒤늦게 β가 Q에 도착했을 때, Q에서 그 구면파에 접선 QA를 긋는다. 파면의 정의에 따라 QA가 새로운 파면이 되어 반사된다. 이상의 모습을 그린 것이 123쪽의 맨 위 오른쪽 그림이다. 이 그림을 보면 알 수 있듯이 기하학적으로 $i=j$를 표시할 수 있다.

* △APQ와 △BPQ의 합동을 이용한다.

두 사선 α, β는 임의로 그린 것이다. 따라서 평면파 전체에서 입사각 i와 반사각 j가 같다는 것이 증명되는 셈이다.

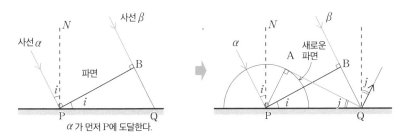

α가 먼저 P에 도달한다.

평면파에서 사선 α, β를 가정해 본다. P에 α가 도착한 후 뒤늦게 β가 Q에 도착하는데, 먼저 도착한 파동이 만드는 P를 중심으로 한 구면파의 반지름은 QB와 같다(즉, PA=QB). 이것과 새로운 파면 AQ가 구면파에 접하는 것을 이용해서 입사각 i와 반사각 j가 같다는 사실을 증명할 수 있다.

정반사와 난반사

지금까지 알아본 반사는 이상적인 벽면일 때의 반사이다. 이것을 정반사라고 한다. 그리고 이와 반대 경우로, 눈 위에서 빛이 반사되는 것처럼 반사파에 규칙성이 보이지 않을 때가 있다. 이를 난반사라고 한다. 현실에서 반사는 이 두 가지 종류의 중간 성질을 가진다.

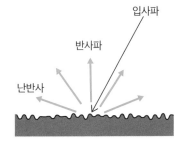

실전 문제

키 160㎝인 사람의 전신을 비추는 거울이 필요할 때, 거울의 크기는 최소 몇 ㎝가 되어야 할까?

[해답] 발끝을 보려면 반사 법칙에 따라 발끝에서 눈 높이까지의 절반에 해당하는 위치에 거울이 와야 한다. 그래서 최소한 키의 절반에 해당하는 크기의 거울이 필요하다. 따라서 거울은 최소 80㎝ 높이여야 한다.

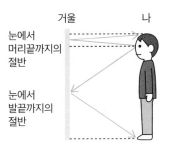

26 굴절 법칙
— 안경과 카메라 렌즈 설계의 필수 법칙

안경과 카메라 렌즈는 빛의 굴절을 이용해서 빛의 진행 방향을 휘게 하고, 빛을 조절한다. 여기에서는 '빛의 굴절'에 대해 알아보자.

굴절이란

빛은 투명하고 성질이 같은 물질 속에서는 직진하는 성질이 있다. 이를테면 공기, 유리, 물 등이다. 반면 공기와 물, 물과 유리 등과 같이 성질이 다른 물질의 경계면을 통과할 때 빛은 휘어진다. 이러한 현상을 굴절이라고 한다.

예를 들어 물이 든 컵에 젓가락을 비스듬하게 넣으면 그 젓가락은 수면을 경계로 휘어진 것처럼 보인다. 이것은 물과 공기의 경계면에서 일어난 빛의 굴절이 원인이다.

굴절 법칙

빛은 파동이라고 생각할 수 있다. 굴절이 일어날 때 빛이 휘는 각도에는 일정한 규칙이 있다. 오른쪽 그림처럼 매질 I에서 매질 II로 평면파가 굴절해서 통과한다고 가정해 보자. 입사 평면파의 사선이 경계면의 법선과 이루는 각(입사각) i와 굴절파의 사선이 경계면의 법선과 이루는 각(굴절각) r의 사인값(정현)의 비에는 다음과 같은 관계가 성립한다.

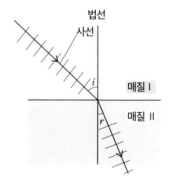

법선
사선
i
매질 I
매질 II
r

$$\frac{\sin i}{\sin r} = n_{12} \quad \cdots (1)$$

* 삼각함수 sin에 대해서는 129쪽의 [메모] 참조.

우변의 상수 n_{12}의 값은 매질 Ⅰ에 대한 매질 Ⅱ의 **굴절률**이다.

이 공식 (1)을 **굴절 법칙**이라고 한다. 특히 빛의 경우는 발견자의 이름을 본떠 **스넬 법칙**이라고 부르기도 한다.

* 스넬은 네덜란드의 과학자(1580~1626)이다. 빛이 아닌 경우에도 굴절 법칙을 스넬 법칙이라고 부를 때도 있다.

굴절 법칙, 하위헌스 원리로 증명된다

굴절 법칙이 성립하는 이유는 하위헌스 원리로 명쾌하게 설명된다. 아래 왼쪽 그림처럼 입사하는 평면파에서 경계면과 두 점 P, Q에서 만나는 사선 α, β를 그리고, 그 입사각을 i라고 하자. 먼저 경계면에 도착한 α는 하위헌스 원리에 따라 P를 중심으로 구면파를 발생시킨다. β가 Q에 도착했을 때, Q에서 그 구면파로 접선 QA를 긋는다. 파면의 정의에 따라 그 QA가 새로운 파면이 된다. 이러한 상태를 나타낸 것이 아래 오른쪽 그림이다.

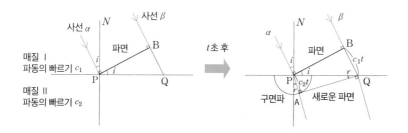

여기서 매질 Ⅰ, Ⅱ에서 일어나는 파동의 속도를 c_1, c_2라고 하고, B에서 Q로 파동이 도착할 때 걸리는 시간을 t라고 하자. 그러면 다음식이 성립한다.

$$\triangle PQB에서 \sin i = \frac{QB}{PQ} = \frac{c_1 t}{PQ} \; , \quad \triangle PQA에서 \sin r = \frac{PA}{PQ} = \frac{c_2 t}{PQ}$$

따라서, $\dfrac{\sin i}{\sin r} = \dfrac{c_1}{c_2} \; \cdots (2)$

두 사선 α, β는 임의로 그린 것이다. 따라서 평면파 전체에서 관계 (2)가 성립한다. 이렇게 해서 하위헌스 원리로 굴절의 법칙이 증명되었다.

공식 (1)과 (2)를 눈으로 비교해 보자. 굴절률이란 '매질에서 일어나는 파동 속도의 비율'이라는 것을 알 수 있다.

빛의 굴절률

이 경우 매질 I로 진공을 떠올린 다음 진공에서의 광속을 c라고 하면, 공식 (2)는 다음과 같다.

$$\frac{\sin i}{\sin r} = \frac{c}{c'} \cdots (3)$$

여기서 c'는 매질 II에서 빛의 속도다.

이 우변은 매질의 고유한 값으로 그 **매질의 굴절률**이라고 하며, 보통 n으로 표시한다. n을 이용하면 (3)은 다음과 같다.

$$\frac{\sin i}{\sin r} = n \ (단, \ n = \frac{c}{c'}) \cdots (4)$$

입사광은 진공을 통과한다고 가정했다는 사실에 주의하자. 진공 속의 빛이 가장 빠르므로 공식 (4)의 굴절률 n은 통상 1보다 커진다.

굴절률 n은 소재의 특성을 아는 데 무척 중요한 값이다. 아래에 대표적인 우리 주위 물질의 굴절률을 표로 정리하였다.

매질	굴절률 n	비고
진공	1	진공을 1로 정의
지구의 공기	1.00029	
물	1.333	
폴리카보네이트	1.59	CD, DVD의 소재
다이아몬드	2.42	굴절률이 커서 잘 빛난다.
수정	1.54	

* 굴절률은 빛의 파장에 따라 다소 차이가 있다. 광학 소재의 굴절률은 파장 589.3㎚의 빛에 대해 표시하는 것이 일반적이다.

안경용 플라스틱 렌즈의 굴절률은
1.5~1.8 정도다. 값이 클수록 얇은 렌
즈를 만들 수 있으므로 굴절률은 렌즈
의 아주 중요한 특성이다(오른쪽 그림).

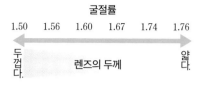

굴절의 법칙으로 일어나는 현상, 신기루

바닷가에서는 봄이 되면 태양에 따뜻해진 공기가 육지 위쪽에서 해수면 위
쪽으로 이동한다. 그래서 해수면 가까이에는 차가운 공기층이 쌓이고, 그 위에
는 따뜻한 공기층이 쌓인다. 그러면 원래 상공으로 향해야 할 빛이 차가운 공
기와 따뜻한 공기의 경계선에서 굴절되어 땅으로 돌아올 때가 있다('굴절의 법
칙'에 따라 빛은 굴절률이 큰 차가운 공기 쪽으로 휘려고 하는 성질이 있다). 그래
서 멀리 있는 광경이 다르게 보일 때가 있다. 이것이 바로 신기루다.

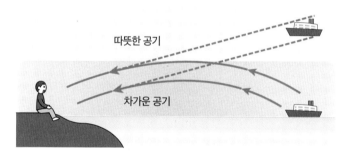

참고로 신기루는 지표면이 따뜻하고 상공이 차가운 경우에도 일어난다. 예
를 들어 '땅거울 현상'은 사막 등 무더운 곳에서, 앞쪽에 원래는 물이 없는데 물
이 있는 것처럼 보이는 신기루의 일종이다.

전반사와 광섬유

물속에서 하늘을 올려다보면 수면이 거울처럼 반사되어 밖이 보이지 않을
때가 있다. 이것을 전반사라고 한다. 이 이유도 굴절 법칙으로 설명할 수 있다.
수영장 바닥에서 수면을 올려다본다고 상상해 보자. 물의 굴절률은 1.33(126쪽
의 표)이라고 하고, 공기는 진공 상태에 가깝다고 한다. 그러면 굴절 법칙 공식

(4)는 다음과 같다.

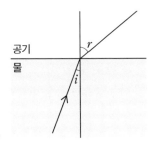

$$\frac{\sin i}{\sin r} = \frac{1}{1.33} = 0.75 \quad \cdots (5)$$

굴절률을 정의했을 때는 진공에서 물질로 빛이 통과했지만, 이 수영장 예시는 그 반대가 된다. 그래서 공식 (4)의 분모와 분자의 역할이 반대가 된다는 것에 주의해야 한다.

여기서 문제가 발생한다. 입사각 i가 커져서 sin i가 0.75보다 커지면 공식 (5)에서 sin r은 1보다 커져야 하기 때문이다. 하지만 정현(sin)의 값은 1을 넘을 수 없다(129쪽의 메모를 참조). 그래서 굴절의 공식 (5)는 의미를 잃어버리고 만다. 아래 그림을 통해 살펴보자.

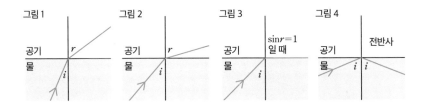

(5)로 알 수 있듯, 입사각의 정현 sin i가 0.75일 때 sin r은 1이다. 그것을 위의 그림 3이 나타내고 있다. 계산하면 입사각 i가 48.6°일 때, 그림 3의 상황이 일어난다.

이렇게 해서 그림 3의 경우보다도 입사각이 커질 때, 빛은 갈 곳을 잃고 경계면에서 반사되는 것이다. 이것이 전반사이다.

전반사 현상은 현대 정보 사회를 든든하게 뒷받침해 주고 있다. 광섬유의 기본 원리이기 때문이다.

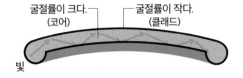

광섬유의 기본 원리
전반사를 거듭하면서 빛은 휜 광섬유 안에서도 새지 않고 전파된다.

🖐 실전 문제

바람 한 점 없이 맑은 겨울밤에 멀리 있는 열차 소리가 가깝게 들릴 때가 있다. 밤은 원래 고요하니 당연한 이야기겠지만, 또 다른 원인으로 소리의 굴절을 들 수 있다. 이때의 소리의 굴절은 어떤 구조일까?

[해답] 바람 한 점 없이 맑은 겨울밤에는 복사 냉각이 일어나 지표면이 식기 때문에 상공의 기온이 더 높아진다. 기온이 높으면 음속이 커진다. 그래서 굴절 법칙에 따라 상공으로 갈수록 소리가 멀리 퍼진다. 멀리서 나는 소리가 가까이에서 들리는 것은 이 때문이다.

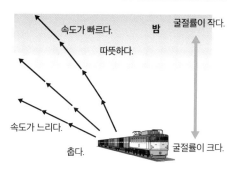

속도가 빠르다.   밤   굴절률이 작다.

따뜻하다.

속도가 느리다.

춥다.   굴절률이 크다.

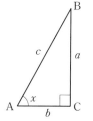

제2장 물체의 움직임을 통해 이해하는 물리 — 굴절 법칙

✏ 메모

삼각함수의 정현 sin의 복습

오른쪽 그림처럼 C를 직각으로 하는 직각삼각형 ABC가 있고, 세 변의 길이를 a, b, c라고 한다. 밑각 A의 크기를 x라고 할 때, 정현 sin x는 다음과 같이 정의할 수 있다.

$$\sin x = \frac{a}{c} \quad (0 \leq x \leq 90°) \quad \cdots \text{(i)}$$

그림으로 알 수 있듯이 빗변 c는 반드시 변 a보다 길기 때문에 이렇게 정의된 sin x의 값은 다음 식을 만족한다.

$$0 \leq \sin x \leq 1$$

단, 그림에서 $x=0°$일 때 $a=0$이라고 생각하고, 공식 (i)에 따라 다음과 같다.

$$\sin 0° = 0$$

또, 그림에서 $x=90°$일 때 $a=c$라고 생각하고, 공식 (i)에 따라 다음과 같다.

$$\sin 90° = 1$$

등가속도 운동 공식을 증명해 보자

16 운동의 제2법칙에서는 등가속도 운동에 유명한 공식을 이용했다.

---

x축을 향해 등가속도 a로 운동하는 점에 대해, 시각 t에서 일어나는 속도 v와 위치 x는 다음과 같이 나타낼 수 있다. 단, 시각이 0일 때는 원점에 정지해 있다고 한다.

$$v = at, \; x = \frac{1}{2}at^2 \cdots (1)$$

미분적분법을 이용하면 간단히 증명할 수 있지만, 여기서는 그것을 쓰지 않고 알아보기로 한다.

가속도는 시간에 따른 속도 변화율인데, 그것이 일정한 값 a이므로 시각 t의 속도 v는 다음과 같이 쓸 수 있다(오른쪽 그림).

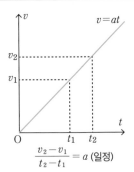

$$\frac{v_2 - v_1}{t_2 - t_1} = a \text{ (일정)}$$

$$v = at \cdots (2)$$

이렇게 해서 (1)의 제1식이 나타난다.

시각 t에서 속도 v인 물체의 미소시간 Δt의 변위는

$$v\Delta t$$

이것은 오른쪽 그래프의 직사각형 면적과 일치한다. 모든 시간에 이것이 성립하므로 미소시간 Δt의 폭을 작게 하면 오른쪽 그림의 △OAB의 면적이 시각 O에서 t까지의 변위, 즉 질점의 위치 x가 된다.

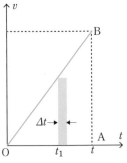

$$x = \triangle OAB \text{의 면적} = \frac{1}{2}t \times at = \frac{1}{2}at^2 \cdots (3)$$

(2), (3)으로 (1)이 증명되었다.

제3장

'전기'를
이해하면 기술의
기본이 보인다

27 쿨롱 법칙
— 전자기학의 기본 법칙

쿨롱 법칙은 현대 전자기 이론의 가장 기본적인 법칙이다. 전기의 역사를 되짚어가며 그 의미를 함께 생각해 보자.

쿨롱 법칙 발견 이전의 전기 열차

기원전 600년경, 자연 철학자 탈레스(BC 625~BC 547)는 '호박을 동물 털로 문지르면 특수한 상태가 되어 가벼운 쓰레기나 먼지를 끌어당긴다'는 사실을 발견했다. 그리고 1600년경, 영국의 과학자 길버트(1544~1603)는 전기력과 자기력의 차이를 간파하고 전기를 일렉트릭시티(electricity)라고 불렀다. 이것이 현대 전기·자기의 출발점이다. 참고로 일렉트릭시티는 그리스 어 '호박(일렉트론)'에서 유래한 말이다.

그 후로도 전기와 자기 연구는 지지부진했지만, 1746년 네덜란드의 레이던 대학에 있던 뮈스헨브루크(1692~1761)가 레이던병을 발명하여 전기를 담을 수 있게 된 뒤부터 전기 연구가 급속도로 발전했다. 레이던병은 유리병의 안과 밖에 금속 박지를 붙인 다음 안쪽 금속 박지에 정전기를 모아 담는 구조다(아래 그림).

이 병 덕분에 전기에는 양과 음이라는 두 종류가 있으며, 같은 종류의 전기

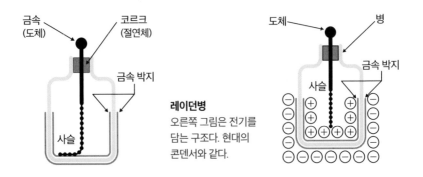

레이던병
오른쪽 그림은 전기를 담는 구조다. 현대의 콘덴서와 같다.

끼리는 밀어내고 다른 종류의 전기끼리는 끌어당긴다는 사실이 밝혀졌다. 이렇게 해서 전기에 관한 쿨롱 법칙을 발견할 토대가 마련되었다.

이번에는 눈을 돌려 자석에 대해 알아보자. 서양에서는 기원전 600년경 그리스의 마그네시아 지방에서 천연 자철석이 산출되었고, 이것이 철로 된 제품을 끌어당긴다는 사실이 밝혀졌다(자석의 영어 단어인 '마그넷(magnet)'은 이 지명에 기인한 것이라고 한다). 같은 시기에 중국에서도 자석이 발견되었는데, 그것은 남북을 가리키는 도구 나침반이 되어 서양에 전해졌고 대항해 시대를 실현하는 도구가 되었다.

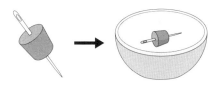

초기의 나침반
초기에는 자기화된 침을 코르크에 꽂고 물 위에 띄워서 사용했다.

자기의 연구는 전기 이상으로 더뎠다. 자기를 진짜 이해하려면 현대의 양자 역학이 필요해서 양자 역학이 탄생하기 전까지는 이해하기 어려웠을 것이다. 자기와 관련된 쿨롱 법칙을 발견하기 위한 전야는 이러한 상황이었다.

쿨롱 법칙

마찰 법칙을 알아볼 때 쿨롱의 이름이 붙은 법칙을 거론하였는데(**02**), 여기서는 그 이름을 더욱 유명하게 만들어준 법칙을 소개하고자 한다. 바로 전기는 전기끼리, 자기는 자기끼리 작용하는 힘의 법칙이다. 1787년에 발견된 이 공식은 다음과 같다.

> 두 개의 점전하에 작용하는 힘은 서로 같으며, 그 전기량(자기량)의 곱에 비례하고 그 사이 거리의 제곱에 반비례한다. 힘의 방향은 점전하끼리 잇는 직선상에 있다.

이 '거리의 제곱에 반비례한다'는 법칙(역제곱 법칙)은 뉴턴의 만유인력을 알아보았을 때도 나왔다(**14**). '거리가 멀어지면 힘이 약해진다'는 것은 일반적인 상식이다. 그 약해지는 모습이 역제곱 법칙에 따른다는 주장이다.

쿨롱 법칙을 식으로 나타내 보자. 두 개의 점전하 q, Q가 있고, 서로의 거리가 r인 위치에 있다고 가정한다. 이때 작용하는 힘의 크기 F는 다음과 같다(자기의 경우도 마찬가지다).

$$F = k\frac{qQ}{r^2} \ (k는 \ 비례 \ 상수)$$

점전하와 점자하

여기서 점전하와 점자하라는 단어의 뜻을 더 자세히 알아보자. 점전하란 전기를 띠고 크기가 한없이 작은 입자를 말한다. 이때 쿨롱 법칙은 아래 그림과 같은 이미지가 된다.

점전하

거리

전하에 관한 쿨롱 법칙
'작용하는 힘은 서로 같고, 방향은 점전하끼리 잇는 직선상에 있다'는 작용 반작용 법칙(03)의 일례.

점전하는 이상적인 모델로, 거시적인 세계에는 존재하지 않지만 이론의 이해를 도와주기 때문에 편리하다.

점자하는 점전하보다 더욱 이상적인 모델이다. 전하의 경우와 달리 자석은 N극과 S극이라는 자극이 단독으로 존재하지 않는다. 그런데 그러한 자극이 단독으로 존재한다고 가정하고 점전하와 같이 취급하는 것이다. 이때 쿨롱 법칙은 아래 그림과 같은 이미지가 된다.

점자하

거리

자하에 관한 쿨롱 법칙
점자하는 본래 단독으로 존재하지 않지만, 힘의 관계를 설명하는 데 중요한 모델이다.

큰 연구 성과의 이면에는 늘 그것을 든든하게 받쳐주는 측정기가 있다. 쿨롱 법칙을 발견하는 데 결정적인 역할을 한 측정기는 무엇이었을까? 바로 비틀림 저울이다.

비틀림 저울은 뒤에 나오는 연구에도 중요한 작용을 하니 미리 구조를 알아놓기로 하자. 대략적인 구조는 아래 그림과 같다. 그림을 보면 알 수 있듯이 전기의 아주 작은 변화를 실이 비틀리는 모습으로 표현하였다. 미소한 힘의 차이를 측정하기 위한 획기적인 저울이다. 후대의 과학자들은 이 저울 덕분에 여러 가지를 발견할 수 있었다.

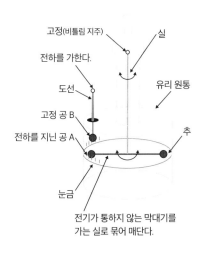

비틀림 저울
내부가 보이는 유리 원통 안에 가느다란 실로 전기가 통하지 않는 막대를 매단다. 막대기의 한쪽에는 전하를 지닌 공 A를 고정하고, 다른 쪽에는 추로 평형을 맞춘다. 그리고 또 하나의 고정 공 B를 달아 외부에서 전하를 보낸다. 전하를 띤 공 A, B 사이의 힘은 실을 비튼다. 그 비트는 정도를 유리에 새겨진 눈금으로 파악할 수 있다.

🎵 **실전 문제**

(+)전하를 띠는 두 점전하 사이에 작용하는 힘을 측정했더니 크기가 F였다. 이 두 전하의 거리를 원래의 절반으로 하면, 힘의 크기는 몇 배가 될까? 또한, 거리를 원래의 2배로 하면 힘의 크기는 몇 배가 될까?

[해답] 쿨롱 법칙에 따라 순서대로 $\frac{1}{0.5^2} = 4$배, $\frac{1}{2^2} = \frac{1}{4}$배.

28 옴 법칙

― 회로 설계의 기본 법칙

전기는 전기회로·전자회로 안에서 그 힘을 발휘한다. 회로에 따라 전기는 빛이 되기도 하고 소리가 되기도 하고 또는 인공지능이 되기도 한다. 그 회로 설계의 기본이 되는 것이 바로 옴 법칙이다. 이 법칙에 대해 알아보자.

옴 법칙이란?

옴 법칙은 1827년 독일의 물리학자 옴(1789~1854)이 발견하였다. 현대식으로 표현하면 다음과 같다.

> 도체에 흐르는 전류의 양은 도체의 양끝에 걸리는 전압에 비례하고 도체의 저항에 반비례한다.

도체란 전기가 잘 통하는 물질을 말한다. 금속이 대표적인 도체다. 그런데 옴의 법칙은 문장보다 식으로 표현하는 쪽이 더 친근하게 느껴질지도 모르겠다. 도체에 흐르는 전류를 I, 도체의 양끝에 걸리는 전압을 V, 도체의 저항을 R이라고 하면 다음과 같이 쓸 수 있다.

$$V = RI$$

옴 법칙
도체에 흐르는 전류를 I, 도체의 양끝에 걸리는 전압을 V, 도체의 저항을 R이라고 하면 다음 관계가 성립한다.
$V = RI$

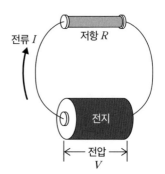

옴이 발견했다고 하는 옴 법칙의 유명한 암기법이 있다. 다음 그림과 같이

원 안에 V, R, I를 표현한 것이다.

옴 법칙 암기법

그림처럼 V, R, I를 배치한다. V에 손가락을 두면 $V=RI$, R에 손가락을 두면 $R = \dfrac{V}{I}$, I에 손가락을 두면 $I = \dfrac{V}{R}$의 관계를 금방 파악할 수 있다.

회로에서 저항은 톱니처럼 생긴 기호, 전지는 막대기 두 개를 그린 기호로 나타낸다. 아래 그림을 통해 확인해 보자.

회로의 기호

왼쪽 회로에서 옴 법칙 $V=RI$가 성립한다. 한편, 현재는 저항을 표시하는 기호로 -\/\/\- 가 아니라 ─▭─를 권장하는 추세다.

물의 흐름 모델로 알아보는 옴 법칙

옴 법칙은 전기 대신 물이 흐르는 이미지를 떠올려도 이해할 수 있다. 위의 회로를 아래 그림과 같이 물이 흐른다고 바꿔서 생각해 보자.

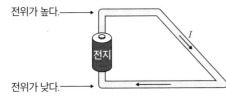

물의 흐름 모델

전지를 펌프라고 하면 전류는 물의 흐름으로, 수위는 전위로 바꿔 생각한다.

이 그림을 보면 전위의 개념을 잘 이해할 수 있다. 물은 '수위'가 높은 곳에서 낮은 곳으로 흐른다. 이 수위에 상응하는 것이 바로 전위다. 저항이 있는 회로에서는 전위가 높은 곳에서 낮은 곳으로 전류가 흐른다고 생각할 수 있다. 그리고 그 전위의 차가 전압이다.

'수위의 차'가 클수록 물은 잘 흘러간다. 수위의 차이가 큰 폭포는 수위의 차이가 작은 폭포보다 물이 거세게 흘러내린다. 마찬가지로 전위의 차이가 클수록, 다시 말해 전압이 클수록 전류는 잘 흐른다. 실제로 아래 그림처럼, 앞쪽의 그림보다 전압을 2배로 늘리면 전류 역시 2배 더 많이 흐른다. 이것이 옴 법칙의 '물의 흐름 모델'을 통한 해석이다.

전지는 낮은 전위를 높은 전위로 끌어올린다.

전압
수위의 차이가 수압을 낳듯이 전위의 차이가 전압을 낳는다. 차이가 크면 클수록 전압은 커지고 전류도 커진다.

주의해야 할 것은 전지 내부는 전위가 낮은 데서 높은 쪽으로 전류가 흐른다는 사실이다. 그래서 전지는 전기를 높은 위치로 가져가는 힘, 즉 기전력을 갖고 있다. 수류 모델에서도 마찬가지다. 물을 계속 흐르게 하려면 펌프로 물을 낮은 곳에서 높은 곳으로 끌어올려야 한다. 전지는 이 펌프와 같은 작용을 하는 셈이다.

저항의 원인

옴 법칙은 지금으로부터 200년 전에 발견했다. 지금은 옴 법칙이 성립하는 이유를 미시적인 관점에서 이해하고 있다.

먼저 도체를 만드는 금속의 구조를 알아보자. 금속이라고 하면 철, 구리 등이 대표적이다. 토스터의 니크롬선 역시 금속으로 분류된다. 이러한 금속은 주로 금속 원자로 이루어져 있다. 금속 원자는 전자를 방출하고 자신들은 (+)로 대전하여, 방출된 전자의 바다 속에서 정해진 위치에 둥둥 떠 있는다.

중요한 것은 이렇게 (+)로 대전된 금속 원자는 주변에서 열에너지를 받아 불규칙적으로 마구 진동한다는 사실이다.

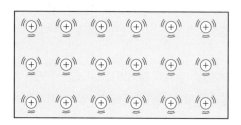

도체를 구성하는 금속 원자는 전자의 바다에 둥둥 떠 있는 상태로, 열을 흡수하여 진동한다.

여기서 금속 도체에 전지를 연결해 보자. 전지가 생성한 기전력은 도체 속의 전자에 힘을 가해 가속하게 만든다. 그런데 불규칙적으로 진동하는 금속 원자의 방해를 받아 가속하려고 해도 가속할 수 없다. 결국 도체 안에서 천천히 흐를 수밖에 없다. 이것이 저항의 원인이다.

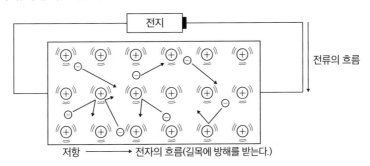

이 상태는 사람들이 바글바글한 시장에서 한 방향으로 걸어가는 사람을 떠올리면 이해가 쉽다. 붐비는 시장에서는 아무리 빨리 가려고 해도 사람들과 이리저리 부딪혀서, 결국은 천천히 갈 수밖에 없다. 실제로 도선 안을 흐르는 전자의 평균 속도는 초속 1cm에도 미치지 못한다.

🖋 실전 문제

전지에 니크롬선 R을 연결했을 때 흐르는 전류를 I라고 했다. 이 니크롬선 R 두 개를 직선으로 연결(직렬)한 경우와 나란히 연결(병렬)한 경우, 같은 전지에서 흐르는 전류량은 어떻게 다를까?

[해답] 직렬로 연결했을 때는 2배 더 흐르기 힘들어지므로 옴 법칙에 따라 흐르는 전류는 절반($=I/2$)이 된다. 병렬일 때는 아래 그림의 물의 흐름 모델로 알 수 있듯 흐르는 전류가 2배($=2I$)로 늘어난다.

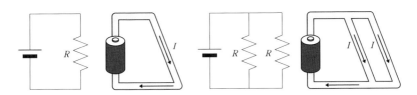

29 근접 작용의 원리
— 힘이 어떻게 전달되는지를 나타내는 기본 개념

 전기와 자기는 어떤 식으로 힘을 전달할까? 두 가지 방법을 떠올려 볼 수 있다. 하나는 전기와 자기가 서로 직접적으로 힘을 미친다는 것과 다른 하나는 공간을 매개로 해서 간접적으로 힘을 미친다는 것이다. 전자를 원격 작용의 개념, 후자를 근접 작용의 개념이라고 한다. 이 두 개념을 둘러싸고 큰 논쟁이 있었다. 뉴턴이 전자를 대표하는 학자이고, 나중에 알아볼 패러데이가 후자를 대표하는 학자다. 지금은 근접 작용 쪽에 힘이 실리는 추세다.

전기력선과 자기력선

 근접 작용을 시각적으로 보여 주는 표현 방법이 있다. 전기력선과 자기력선이다. 근접 작용을 제일 처음 주장한 사람은 패러데이다(**33**). 전기력선과 자기력선 역시 패러데이가 생각한 것이다. 패러데이는 전기와 자기의 주변 공간에 눈에 보이지 않는 고무 실 같은 것이 뻗어나가 변형되면서 힘을 상대편에 전달한다고 생각했다. 그 고무 실 같은 것을 전기력선 또는 자기력선이라고 주장했다.

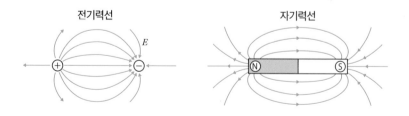

 위의 그림은 (+)전하, (−)전하 및 N극과 S극의 자하가 만드는 전기력선과 자

기력선을 그린 것이다.

전기력선과 자기력선의 특징을 정리해 보자.

---

① (+)전하와 N극에서 나오고, (−)전하와 S극으로 들어간다.
② 나오는 선과 들어가는 선의 수는 전기량과 자기량에 비례한다.
③ 각각의 선에는 장력이 작용한다(각각의 선은 최대한 짧아지려고 한다).
④ 선끼리는 척력이 작용한다(전기력선, 자기력선은 서로 멀어지려고 한다).

---

* S극과 N극은 단독으로 존재하지 않고 반드시 쌍을 이룬다.

전기와 자기의 상호 작용은 이러한 특징을 이용하면 아주 잘 설명할 수 있다. 전기력선의 경우를 아래 그림을 통해 살펴보자. (+)전하와 (−)전하가 서로 끌어당기는 것은 ③의 성질로, (+)전하와 (+)전하가 서로 밀어내는 것은 ④의 성질로 쉽게 설명이 된다.

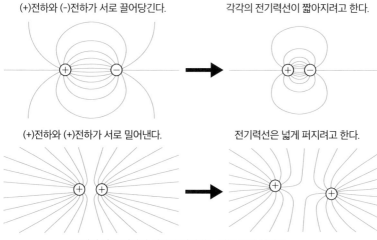

(+)전하와 (−)전하가 서로 끌어당긴다.   각각의 전기력선이 짧아지려고 한다.

(+)전하와 (+)전하가 서로 밀어낸다.   전기력선은 넓게 퍼지려고 한다.

두 개의 다른 전하가 서로 끌어당기는 것은 ③의 성질로,
두 개의 (+)전하가 밀어내는 것은 ④의 성질로 설명할 수 있다.

전기력선과 자기력선을 그리는 방법

전기력선과 자기력선은 어떻게 그릴 수 있을까? 예로 전기력선 그리는 방법

근접 작용의 원리

을 알아보자(자기력선도 방법은 같다).

먼저 달리 영향을 미치지 않을 정도로 작은 (+)전하를 준비하여 전기의 힘을 느낄 수 있는 공간에 넣는다. 그리고 그 전하가 느끼는 힘의 방향에 전하를 조금씩 움직여 나간다. 이렇게 해서 전기력선 하나를 그릴 수 있다. 느끼는 힘의 세기에 따라 선의 수를 늘리면 전체 전기력선이 완성된다.

밀도가 높으면 전기장이 크다.

점 P

전기력선 그리는 방법
힘의 방향을 따라가면 전기력선을 그릴 수 있다. 전기력선의 밀도는 아래에 나오는 전기장의 크기에 비례하도록 한다.

전기장과 자기장

전기력선과 자기력선 개념의 기본 바탕에는 공간이 '텅 빈' 것이 아니라 힘을 전하는 성질을 가진 '무언가'라는 생각이 깔려 있다. 그것을 장(또는 계)이라고 한다. 이를 전기의 경우는 전기장(또는 전계), 자기의 경우는 자기장(또는 자계)이라고 한다.

* 이 책에서는 전기장과 자기장이라는 단어를 쓴다. 나중에 중력장을 다룰 때도 언급하므로 단어를 통일하기 위해서다. 한편 공학 분야에서는 전계, 자계라는 단어를 많이 쓴다.

전기장

점전하

점전하가 만드는 전기장의 이미지
전기장과 자기장의 이미지는 전기력선, 자기력선의 이미지와 겹쳐진다.

전기력선과 자기력선을 현대적으로 해석하면 전기장과 자기장을 가시화한 것이다. 그래서 이 해석을 구체화하기 위해 다음과 같이 약속했다.

전기력선(자기력선)의 밀도는 전기장(자기장)의 크기라고 한다.

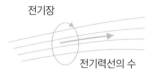
전기장
전기력선의 수

전기력선(자기력선)의 밀도는 전기장(자기장)의 크기와 일치하도록 그린다.

실전 문제

(+)전하와 그 절반인 (−)전하가 존재할 때 전기력선의 상태를 앞에서 소개한 ①~④의 원칙을 적용해 그려 보자.

[해답] 오른쪽 그림과 같다.

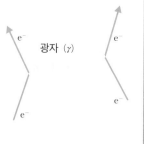

메모

전기장과 자기장의 실체

전기력선과 자기력선 개념의 기본 바탕에는 공간이란 '텅 빈' 것이 아니라 힘을 전달하는 물질을 지닌 '무언가'라는 인식이 깔려 있다. 이것을 '장'이라고 부르며, 현대물리학에서는 전기와 자기의 경우, 공간에 있는 힘을 전달하는 '무언가'가 광자라고 생각한다. 광자란 빛의 입자인데, 가상의 광자가 두 개의 전하 혹은 자하 사이를 중재하며 서로 힘을 미친다고 생각한 것이다.

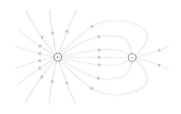
e^-
광자 (γ)
e^-
e^-
e^-

예를 들어 오른쪽 그림은 전하끼리 상호 작용하는 모습이다. 전하를 지닌 입자(오른쪽 그림은 전자)가 광자를 방출하고, 전하를 가진 다른 입자가 그것을 흡수함으로써 상호 작용하고 있다는 생각이다. 이런 그림을 파인만 도형이라고 한다.

30 장의 중첩 원리

— 두 힘은 독립적으로 전해진다는 우주의 기본 법칙

앞에서 언급했듯이 전기력선과 자기력선의 개념에서는 공간이란 '텅 빈' 것이 아니라 힘을 전달하는 성질을 지닌 '무언가'라는 전제가 있다. 그리고 이 무언가를 장이라고 하며, 전기의 경우는 전기장, 자기의 경우는 자기장이라고 한다. 여기에서 조금 더 자세히 알아보자.

전기장의 개념

전기장이 있는 공간에 작은 전하를 가져갔다고 가정해 보자. 그러면 힘이 느껴진다. 그 작은 전하가 느끼는 힘은 공간의 각 점마다 크기와 방향을 가진 화살표로 표시할 수 있다(수학에서 말하는 벡터다). 그래서 작은 전하가 어느 점에서 느끼는 힘을 그 전기량으로 나누어 얻어지는 벡터(바꿔 말하면 단위 전하에 작용하는 힘의 벡터)를 전기장이라고 정의한다. 전기장은 통상 E로 표시한다. 이 정의에 따라 그 점에 전하 q를 두면 다음과 같은 힘 F를 느낄 수 있다.

> $F=qE$ (전하가 받는 힘 = 전하량 × 전기장)

점 P에서의 전기장

점 P에서 전하 q가 받는 힘

어느 점 P의 전기장 E와 전하가 받는 힘 F

전기장 E
공간의 점 P에 아주 작은 (+)전하 q를 두고 가해지는 힘 F를 측정해서, 그 F를 q로 나눈 벡터가 전기장을 나타내는 벡터 E가 된다. 따라서 전기장 E는 그 점에서 단위 전하에 가하는 힘이 된다.

이 전기장이라는 개념은 근접 작용의 힘이 전달되는 방법을 나타내는 데 들어맞는다. 두 개의 전하가 서로 힘을 미칠 때 먼저 한쪽 전하가 주위 공간을 변질시키는데, 그 변질을 표현한 것이 전기장이다. 그리고 전기장을 통해 또 다른 전하에 영향을 미친다.

점전하가 만드는 전기장

먼저 (+)점전하가 만드는 전기장을 알아보자. 전기력선은 쿨롱 법칙(**27**)에 따라 아래 그림의 왼쪽처럼 그릴 수 있다. 따라서 그림의 점 P에 (+)전하 q를 두면 그것이 받는 힘 F는 아래 그림 가운데의 화살표가 된다. 그 화살표가 나타내는 벡터를 q로 나누어 얻을 수 있는 벡터가 전기장 E이다(아래 그림 맨 오른쪽).

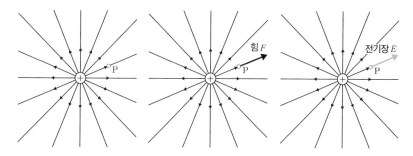

(+) 점전하가 만드는 전기장 E
쿨롱 법칙에 따라 임의의 점 P에서 작은 (+)전하 q가 받는 힘은 사방으로 퍼져나간다.
따라서 전기장 E도 그림과 같이 사방으로 퍼져나간다.

(−)점전하가 만드는 전기장도 똑같이 구할 수 있다.

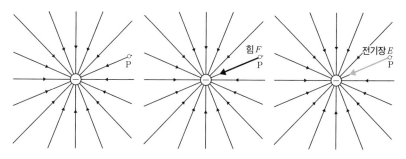

(-) 점전하가 만드는 전기장 E
쿨롱 법칙에 따라 임의의 점 P에서 작은 (-)전하 q가 받는 힘 F는 중심으로 향한다.
따라서 전기장 E도 그림처럼 중심으로 향한다.

다음으로 두 점전하가 만드는 전기장에 대해 알아보자. 실험에 따르면 다음과 같은 법칙이 성립한다. 이것을 전기장의 중첩 원리라고 한다.

> 두 전하가 만드는 전기장은 각각의 전하가 만드는 전기장의 벡터 합이다.

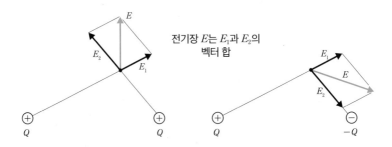

전기장 E는 E_1과 E_2의
벡터 합

두 전하가 만드는 전기장의 중첩
두 전기장의 합은 벡터로 계산할 수 있다. 두 전기장을 나타내는 양이 수학의 벡터 연산 규칙에 따른다는 것은 명확하지 않다. 그것을 법칙으로 인식한 것이 '중첩 원리'이다. 위의 그림은 같은 양의 전하를 가진 (+)와 (+), (+)와 (-)전하가 만드는 전기장의 모습을 그렸다.

전기장의 중첩 원리는 전하가 미치는 전기력의 독자성에 유래하며, 명확한 것은 아니다. 우주의 기본 법칙 중 하나다.

한편, 이 법칙은 3개 이상의 전하가 만드는 전기장에도 적용된다. 즉, 어느 시점에서 전하의 분포를 알 수 있으면 임의의 점의 전기장을 쿨롱 법칙과 벡터 합의 계산 규칙에 따라 산출할 수 있다.

전기장과 전기력선과의 관계를 확인해 보자. 전기력선 그리는 법(**29**)으로 알 수 있듯이 전기장은 전기력선의 접선 방향을 향한다. 그리고 전기력선의 밀도는 전기장의 크기와 일치한다.

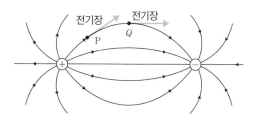

전기력선과 전기장

전기장의 방향은 전기력선의 한 점에서 그은 접선 방향과 같다. 한편, 어느 점에서 전기력선속 밀도는 그 점의 전기장의 크기와 일치한다고 약속하였다.

자기장의 중첩과 자기장

자기장 벡터도 전기장의 경우와 똑같다. 단, 자기장은 자극이 단독으로는 존재하지 않고, N극과 S극이 항상 쌍으로 나타난다는 사실이 전기장과 다른 점이다. 전기장은 통상 E를 쓰지만, 자기장 벡터는 H를 쓴다. 응용할 때는 그 상수배의 자기력선속 밀도인 B를 쓴다.

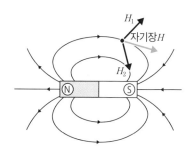

자기력선과 자기장

자기장도 전기장과 마찬가지다. 자기장 벡터 H는 자기력선의 접선 방향으로 향한다. 한편, 전기력선과 마찬가지로 어느 점에서 자기력선속 밀도는 그 점의 자기장의 크기와 일치한다고 약속하였다.

🖐 실전 문제

양이 같은 전하를 가진 두 (−)전하가 만드는 전기장의 모습을 어떻게 그리는지 알아보자.

[해답] 전기장이란 '(+) 단위 전하에 작용하는 힘'이라고 해석할 수 있다. 오른쪽 그림과 같이 점 P의 단위 전하에는 2개의 인력이 작용하므로 그 벡터의 합이 점 P의 전기장 E가 된다.

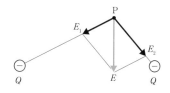

31 가우스 법칙

— 쿨롱 법칙을 근접 작용의 관점으로 파악한 법칙

쿨롱 법칙은 원격 작용의 관점으로 설명된다. 그런데 반대로 쿨롱 법칙을 근접 작용의 관점, 요컨대 장을 인식하는 방법으로 다시 설명한 것이 바로 **가우스 법칙**이다.

점전하가 만드는 전기장의 크기

(+)점전하 Q가 고정되어 있다고 생각해 보자. 이 점전하가 만드는 전기장 안에 전하 q가 놓여 있다고 한다. 그러면 쿨롱 법칙에 따라 여기에 작용하는 힘 F는 다음과 같이 나타낼 수 있다(**27**).

$F = k\dfrac{qQ}{r^2}$ (k는 비례 상수) → 변형하면, $\dfrac{F}{q} = k\dfrac{Q}{r^2}$ 이다.

점전하 Q가 만드는 전기장을 E라고 할 때 점전하 q에 작용하는 힘은 다음과 같다.

$F = qE$ → 변형하면, $E = \dfrac{F}{q}$ 이다.

따라서 점전하 Q가 만드는 전기장 E의 크기는 다음과 같이 구할 수 있다.

$E = k\dfrac{Q}{r^2}$ ··· (1) ← 왜냐하면, $E = \dfrac{F}{q} = k\dfrac{Q}{r^2}$

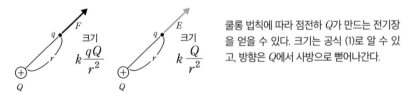

쿨롱 법칙에 따라 점전하 Q가 만드는 전기장을 얻을 수 있다. 크기는 공식 (1)로 알 수 있고, 방향은 Q에서 사방으로 뻗어나간다.

전기력선의 밀도는 전기장의 크기와 일치한다(**29, 30**). 그래서 공식 (1)은 전기력선의 밀도를 알아내는 식이기도 하다.

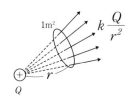

전기력선의 밀도는 전기장의 크기와 일치한다. 따라서 점전하 Q에서 거리 r만큼 떨어진 곳의 전기력선의 밀도는 공식 (1)로 알 수 있다.

점전하를 구로 감싸면

(+)점전하 Q를 중심으로 반지름이 r인 구를 그리고, 구의 표면적 전체에 몇 줄기의 전기력선이 나오는지 한번 계산해 보자. 구의 표면에 있는 전기력선의 밀도는 (1)로 알 수 있으므로, 반지름 r인 구에서 나오는 점전하 Q가 만드는 전기력선의 총수는 아래와 같다.

$$4\pi r^2 \times k\frac{Q}{r^2} = 4\pi kQ \quad \cdots (2)$$

더 쉽게 말하면 이 공식은 다음과 같이 정리할 수 있다.

점전하 Q에서 나오는 전기력선의 총수는 $4\pi kQ$개이다. $\cdots$ (3)

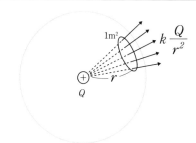

(+)점전하 Q를 중심으로 반지름 r인 구를 그린다. 그러면 점전하 Q에서 나오는 전기력선의 총수는 $4\pi kQ$개라는 사실을 알 수 있다 (k는 공식 (1) 의 상수).

전기력선을 유선으로 해석

오른쪽 전기력선 그림을 보고 '솟아 나오는 물'을 떠올리는 독자도 많을 것이다. 그래서 물의 이미지를 통해 위의 정리 (3)을 해석해보고자 한다. 점전하 Q가 놓인 장소에서 물이 퐁퐁 솟아오른다고 상상하는 것이다.

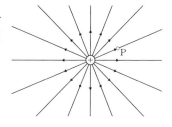

그 양은 정리 (3)에서 주어진 매초 $4\pi kQ$라고 가정한다. 솟아 나오는 점을 중심으로 반지름 r인 구를 떠올린 다음, 그 구면의 단위 면적당 물이 배어 나오는 양을 매초 E라고 한다.

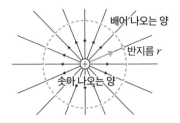

매초 $4\pi kQ$의 물이 솟아 나오는 샘을 반지름 r인 구로 감싼다. 그리고 그 구면의 단위 면적에서 배어 나오는 물의 양을 매초 E라고 한다.

그러면 이 구면에서 단위 시간에 '배어 나오는 물의 총량'은 '솟아 나오는 물의 양'과 같으므로 다음과 같은 관계가 성립한다.

구면에서 배어 나오는 물의 총량 $= 4\pi r^2 \times E = 4\pi kQ$($=$솟아 나오는 물의 양).

여기서 다음 식을 얻을 수 있다.

구면의 단위 면적당 배어 나오는 양 $E = k\dfrac{Q}{r^2}$

이것은 공식 (1)과 같다. 따라서 물이 솟아 나오는 모델과 쿨롱 법칙은 수학적으로 같은 값이라는 사실을 알 수 있다.

지금까지는 (+)전하로 생각해 보았다. (−)점전하가 만드는 전기력선의 경우는 흡수하는 입구가 있는 물의 흐름과 같다(오른쪽 그림). '내부에서 외부로 나가는 전기력선'을 '외부에서 내부로 들어오는 전기력선'이라고 생각하면 앞서 말한 물의 이미지를 적용할 수 있다.

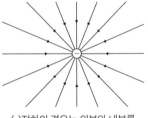

(-)전하의 경우는 외부와 내부를 반대로 하면 된다.

가우스 법칙

정리 (3)은 구면을 생각해서 얻어낸 성질이다. 그러나 물의 모델로 알 수 있듯 어떤 폐곡면에서든 정리 (3)의 성질은 성립한다. 모든 폐

곡면에서 단위 시간에 솟아 나오는 양과 배어 나오는 양은 같기 때문이다. 그리고 전기장의 중첩 원리(30)에 따르면 이것은 점전하에만 한한 것이 아니다. 그래서 정리 (3)은 다음과 같이 일반화할 수 있다. 이것이 가우스 법칙이다.

> 폐곡면 S의 내부에서 외부로 나가는 전기력선의 총수는 폐곡면 S 내부의 총 전하량에 비례한다.

가우스 법칙의 응용

예제 전하 밀도 σ에서 대전한 콘덴서 안 전기장의 크기 E는 σ에 비례한다는 것을 알아보자.

[해설] 콘덴서란 2개의 금속판이 마주 보는 구조의 전자 부품이다(오른쪽 그림). 그림처럼 전기를 모으는 특성이 있다. 대칭성에 따라 전기력선은 그림과 같이 나열된다. 콘덴서의 면적을 S_0이라고

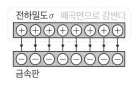

전하밀도 σ 폐곡면으로 감싼다.

금속판

하고, 그림과 같은 폐곡면으로 감싸면 가우스 법칙에 따라 k를 상수로 하여,

$S_0 \times E = kS_0\sigma$ ($S_0 \times E$는 전기력선의 총수, $S_0\sigma$는 총 전하량).

따라서, $E = k\sigma$.

전기장의 크기는 쌓인 전기량의 밀도 σ에 비례하는 것을 알 수 있다.

👆 실전 문제

긴 도선에 똑같이 대전한 전하(전하 밀도는 ρ)가 만드는 전기장의 크기 E는 도선에서의 거리 r에 반비례한다는 사실을 알아보자.

[해답] 전기장은 오른쪽 그림과 같이 된다. 도선을 중심으로 반지름 r인 원통을 덮는다. 단위 길이에 대해 가우스 법칙을 적용하면, 다음과 같다.

$2\pi r \times E = k\rho$ (k는 비례 상수)

따라서, $E \propto \dfrac{1}{r}$ 이 되고, r에 반비례한다.

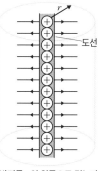

반지름 r인 원통으로 덮는다.

32 앙페르 법칙
— 전류에서 자기가 생성된다는 대발견을 공식으로 만들다

1800년대에 획기적인 발명이 있었다. 바로 볼타 전지다(**52**). 볼타 전지가 발명되면서 인류는 처음으로 안정화된 전류를 가질 수 있게 되었다. 이후, 전기·자기 연구는 비약적인 발전을 거두었다.

외르스테드의 발견

덴마크의 과학자 외르스테드(1777~1851)는 볼타 전지를 이용해 백금선에 전류를 흘려보내는 실험을 하다가 우연히 근처에 놓여 있던 자침이 아주 살짝 흔들리는 것을 발견했다(1820년). '전류가 자기를 낳는다'는 이 대발견은 전기와 자기를 통일해서 연구하는 전자기라는 개념의 출발점이 되었다.

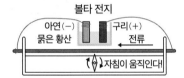

외르스테드의 실험
볼타 전지를 이용해서 도선에 전류를 흘리면 자침이 움직인다는 사실을 발견했다. 전자기학의 문을 연 위대한 발견이었다.

앙페르 법칙

외르스테드의 실험에 자극을 받은 프랑스의 앙페르(1775~1836)는 전류의 자기 작용과 관련해 다양한 실험을 했고, 앙페르 법칙을 발견했다. 이를 현대식으로 바꾸면 다음과 같다.

> **전류는 그 주위에 오른나사의 진행 방향으로 자기장을 발생시킨다. 닫힌 고리를 따라 그 자기장을 모두 합하면 고리 안을 통과하는 전류의 크기에 비례한다.**

어려운 내용이므로 그림과 예시를 통해 그 의미를 알아보도록 하자.

앙페르의 오른나사 법칙과 오른손 법칙

앞에서 '전류는 그 주위에 오른나사의 진행 방향으로 자기장을 발생시킨다'고 하였는데, 이를 오른나사 법칙이라고 한다. 아래 그림을 자세히 살펴보자.

오른나사 법칙
전류의 방향이 아래를 향할 때 만들어지는 자기력선은 오른쪽으로 감긴다. 이는 오른나사를 조일 때 드라이버의 회전 방향과 일치한다.

드라이버를 써본 적이 없는 사람은 다음 그림과 같은 오른손 법칙을 쓰면 된다.

오른손 법칙
전류의 방향으로 엄지가 향하도록 도선을 오른손으로 쥐었을 때, 쥐는 방향이 자기력선의 방향이 된다.

코일 안의 자기장

앙페르의 오른나사 법칙을 이용하면 원형 전류가 만드는 자기장, 그리고 코일이 만드는 자기장의 방향을 알 수 있다.

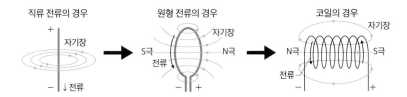

원형 도선이나 코일에 발생하는 자기의 방향에 대해서도 오른나사 법칙 혹은 오른손 법칙을 적용할 수 있다는 사실에 주의하기 바란다.

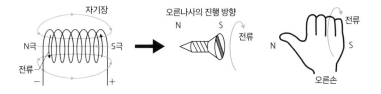

이번에는 앙페르 법칙에서 후반 부분의 의미를 직선 전류를 예로 들어 살펴보자. 직선 전류는 그 대칭성에 따라 아래 그림과 같은 원형의 자기장을 형성한다.

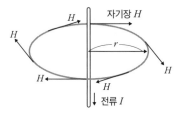

직선 전류가 만드는 자기장
원주상에서 자기장의 크기 H는 일정하며,
자기장의 방향은 접선 방향이 된다.

이 그림의 반지름 r인 원을 앙페르 법칙에서 말하는 '고리'라고 하고, 그 원 위에서 발생하는 자기장 H를 앙페르 법칙에 따라 구해 보자.

법칙의 후반부에서 아래와 같이 말한다.

'닫힌 고리를 따라 그 자기장을 모두 합한다.' ⋯ (1)

이 말은 원 위의 접선 방향인 자기장의 크기와 원을 이루는 선소의 길이를 곱한 것을 원 전체적으로 더했다는 의미이다.

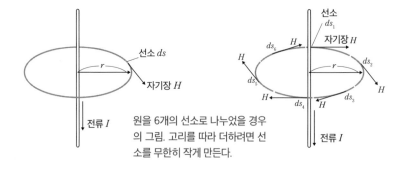

원을 6개의 선소로 나누었을 경우의 그림. 고리를 따라 더하려면 선소를 무한히 작게 만든다.

그러면 (1)에서 '합한다'는 다음과 같이 수식으로 나타낼 수 있다.

$$Hds_1 + Hds_2 + Hds_3 + \cdots = H(ds_1 + ds_2 + ds_3 + \cdots)$$

수식의 괄호 안은 원을 이루는 선소의 합이므로 반지름 r의 원주 $2\pi r$이 된다. 따라서, 다음과 같이 나타낼 수 있다.

표현 (1)의 '합' $= H \times 2\pi r$

앙페르 법칙의 후반부는 이것이 '전류의 크기에 비례한다'고 주장한다. 따라서 전류의 크기를 I라고 하면 다음과 같이 표현할 수 있다.

$$H \times 2\pi r = kI \text{ (} k \text{는 비례 상수)}$$

이렇게 해서 직선 전류에서 거리 r인 점의 자기력선 크기 H를 구할 수 있었다. 유명한 공식이니 결과를 정리해 보자.

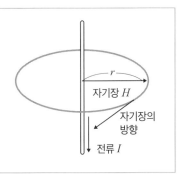

직선 전류 I가 만드는 자기장은 직선을 중심으로 한 원의 접선 방향을 향한다. 그 크기 H는 원의 반지름을 r이라고 하고 다음 식으로 구할 수 있다.

$$H = k\frac{I}{2\pi r} \text{ (} k \text{는 비례 상수)}$$

이상이 앙페르 법칙의 의미, 그리고 앙페르 법칙을 써서 구한 직선 전류가 만드는 자기장의 크기 공식이다.

실전 문제

아래 왼쪽 그림과 같이 직선 전류가 흐를 때, 만들 수 있는 자기력선은 오른쪽 A, B 중 어느 쪽일까?

[해답] 그림 B(오른나사 법칙, 또는 오른손 법칙)

33 패러데이의 전자기 유도 법칙

— 발전기로 전기를 일으키는 구조

현대의 편리한 생활은 대부분 전기의 힘에 의존하고 있다. 그 전기는 발전기를 통해 만든다. 그리고 발전기의 구조를 뒷받침해 주는 것이 바로 전자기 유도 법칙이다. 1831년, 패러데이(1791~1867)가 발견한 이 법칙은 '패러데이의 전자기 유도 법칙'이라고도 한다.

전자기 유도 법칙이란?

'전자기 유도 법칙'이라고 하면 어렵게 들리지만, 그 실험은 간단하다. 전지를 넣으면 움직이는 장난감의 모터에 전류 침(테스터기)을 연결하고 손가락으로 돌려 보자. 침이 움직이면서 전류가 생기는 것을 알 수 있다(테스터기는 대형마트나 인터넷에서 만 원 정도면 살 수 있다). 이 전기를 만드는 원리가 '전자기 유도 법칙'이다. 화력, 수력, 원자력 발전기의 구조이기도 하다.

그 모터의 구조를 오른쪽 그림으로 나타내었다. N극과 S극 사이에 구리로 된 고리(코일)가 배치되어 회전하는 구조다(여기서는 코일을 한 번만 감았다).

이 단순한 구조를 통해 전기가 생성되는 과정을 살펴보자.

고리 안에는 N극에서 S극으로 향하는 자기력선이 관통하고 있다. 그 관통하는 자기력선의 총량을 자속(자기력선 속)이라고 한다. 전자기 유도 법칙은 이 '자속'이라는 단어로 다음과 같이 표현할 수 있다.

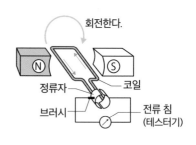

> 자속이 시간에 따라 변화하면 기전력이 생긴다. 그 크기는 자속의 시간 변화에 비례한다.

기전력이란 전기를 흘리는 힘을 뜻하는데, 이렇게 생긴 기전력을 유도 기전력이라고 한다. 또 이 힘 때문에 생기는 전류를 유도 전류라고 한다. 그 응용 사례를 살펴보자.

변압기(트랜스)의 원리

전봇대를 보면 변압기(트랜스)가 달려 있다. 발전소가 보내는 고압 전류를 가정용인 작은 전압으로 변환해 주는 장치다. 이 변압기를 뒷받침해 주는 원리가 '전자기 유도 법칙'이다.

변압기의 구조는 매우 간단하다. 철심에 두 종류의 코일을 감는 것이 전부이다.

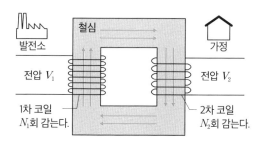

1차와 2차에서 자속(자기력선속)의 양은 코일을 감은 횟수의 비 $N_1:N_2$이다. 그러면 전자기 유도 법칙에 따라 가정 쪽 기전력은 발전소 쪽 전압 V_1의 N_2/N_1배가 된다. 교류가 쓰이는 것은 이렇게 변압이 간단하기 때문이다.

발전소에서 보내는 교류 전류는 1차 코일에 흘러 철심에 자기력선을 만든다. 그 자기력선은 철심을 1회 돌고 가정으로 이어지는 2차 코일을 관통한다. 전류는 교류이므로 자기력선은 시간에 따라 바뀌어 흐른다. 그러면 2차 코일 안에서 전자기 유도 법칙이 작용한다. 2차 코일은 1차 코일보다 감은 횟수가 적으므로 코일을 관통하는 자기력선의 총량(자속)은 1차 코일보다도 적고 그만큼 유도 기전력이 작아진다. 이런 식으로 고압 전류가 저압으로 변환된다.

전자기 유도와 비접촉형 IC카드

　전자기 유도 법칙은 현대 정보화 사회의 다양한 분야에서 활용되고 있다. 그중 대중교통에 이용하는 IC카드를 예로 들어 살펴보자.

　IC카드는 개찰기에 설치된 해독 장치와 정보를 전자기 작용으로 주고받는 원리인데, 신기하게도 안에 전지가 없다. 전지 대신 도입한 것이 바로 전자기 유도 법칙이다.

　이 카드 안에는 안테나가 코일 형태로 설치되어 있다. 개찰기에서 자기가 나오는데, 그곳에 카드를 대면 코일 속 자속이 변화하면서 전자기 유도 법칙에 따라 전기가 발생하는 것이다. 이 전기를 이용해서 IC칩을 움직여, 인증 및 정보 교환 등이 이루어진다.

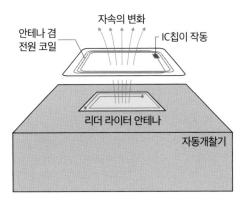

IC 카드의 구조
카드의 코일 안에 자속이 변화하여 전기가 생긴다. 이것을 전원으로 이용해서 IC칩을 작동한다. 이 코일을 안테나로 하여 정보를 교환한다.

　승차용 IC카드와 같이 발전 기능을 이용한 IC칩은 최근 수요가 급속도로 늘어나는 추세다. 요즈음 화제인 IoT(Internet of Things, 사물인터넷)는 이러한 IC칩으로 물류를 관리하는 것을 염두에 두고 있다.

전기와 자기는 불가분의 관계

　앙페르 법칙(**32**)은 '전기가 흐르면 자기가 발생한다'는 사실을 나타낸다. 전자기 유도 법칙은 '자기가 변화하면 전기가 발생한다'는 사실을 나타낸다. 이처럼 전기와 자기는 앞과 뒤, 음과 양처럼 불가분의 관계다. 그래서 둘을 합해 전자기라고 한다.

힘들었던 전자기 유도 법칙의 발견!

패러데이가 전자기 유도 현상을 발견한 것은 전류의 자기 작용이 발견되고 약 10년 후인 1831년의 일이다. 현재 많은 해설서에는 아래 그림과 같이 자석과 원통형 코일이 그려져 있고, 그 코일 쪽으로 자석을 가까이 가져갔다 떼었다 하면 전자기 유도 법칙을 확인할 수 있다고 나와 있다. 그런데 이렇게 간단한 실험으로 발견 가능했다면 10년 남짓한 시간이 필요하지도 않았으리라.

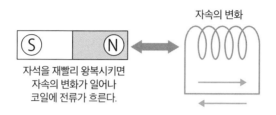

자속의 변화

자석을 재빨리 왕복시키면
자속의 변화가 일어나
코일에 전류가 흐른다.

패러데이가 활약한 시대는 자석의 자기력이 약했고 전류계의 감도 역시 낮았다고 한다. 또한 전지도 지금처럼 안정적이지 않았다. 패러데이의 일기를 보면 전자기 유도를 발견하기까지 겪은 고생이 엿보이는 다양한 실험이 기록되어 있다.

🖐 실전 문제

다음 중에서 전자기 유도를 이용하지 않은 가전제품이 하나 있다. 무엇인가?

(1) 스마트폰   (2) 마이크   (3) 니크롬선을 이용한 전열기구

[해답] (3) 전파나 소리를 취급하는 제품은 대부분 전자기 유도 법칙을 이용한다. 니크롬선을 이용한 전열기구는 일반적으로 전자기 유도 법칙을 활용한 제품이 거의 없다.

34 렌츠 법칙
— 자기 부상 열차의 원리에도 응용한 법칙

안정적인 시스템 속에서는 어떤 작은 변화가 일어났을 때 그 변화가 커지는 방향으로 일이 진행되면 곤란하다. 예컨대 직원이 저지른 가벼운 실수가 항상 더 큰 사건으로 발전해 버리는 회사는 금방 무너질 것이다. 그것은 우주에서도 마찬가지다. 어떤 변화가 일어나면 그 변화를 없애려는 작용이 일어나야 한다. 그것을 전자기의 세계에서 표현한 것이 렌츠 법칙이다.

렌츠 법칙

렌츠 법칙은 다음과 같다. 전자기 유도 법칙에서 나온 유도 기전력이 어느 방향으로 발생하는지를 알 수 있다.

> **유도 기전력은 자기의 변화를 방해하는 방향으로 생긴다.**

앞에서 말했듯 변화가 일어나면 그것을 억제하기 위한 새로운 변화가 생긴다는 것이 렌츠 법칙이다. 자기의 변화에 가세하도록 새로운 자기의 변화가 유도된다면 자연은 질서를 유지할 수 없다.

렌츠 법칙
유도 기전력이 만든 전류는 자기의 변화를 거스르는 방향으로 흐른다는 것이 렌츠 법칙이다. 그런 방향으로 힘이 작용하지 않으면 자연은 안정을 유지할 수 없다.

다음 예를 통해 이 법칙의 의미를 확인해 보자.

예1 코일과 테스터기를 접속한 회로가 있다. 코일에 N극을 가까이 가져가면 코일 속 자기력선이 늘어나기 때문에 그것을 줄이는 방향으로 전류가 흐른다(아래 왼쪽 그림). 반대로 코일에서 N극을 멀리 떨어뜨리면, 코일 속 자기력선이 줄어들기 때문에 그것을 늘리는 방향으로 전류가 흐른다(아래 오른쪽 그림).

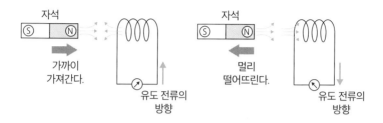

예2 아래 그림과 같은 회로가 있다. 왼쪽은 스위치가 켜진 순간의 상태다. 이 때 렌츠 법칙에 따라, 들어오는 전류를 막는 기전력이 일어난다. 오른쪽 그림 은 켜져 있던 스위치가 꺼진 순간의 상태다. 이때는 렌츠 법칙에 따라, 전류를 계속 흐르게 하려는 기전력이 일어난다.

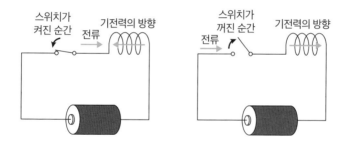

전기 계량기의 구조

집 벽에 달려 있는 전기 계량기(정식 명칭은 '전력량계')를 보면 뱅글뱅글 도는 원반이 달려 있다. 그 정체가 무엇인지 알아보자.

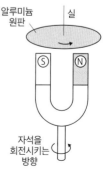

제일 먼저 다뤄볼 것은 아라고 원판이다. 아라고 원판 은 실에 매단 평범한 알루미늄 원판 밑에서 자석을 회전 시키면 원판이 자석에 끌려 회전하기 시작하는 현상을 말한다. 쇠로 된 원판이라면 당연하겠지만, 자석과 별로 상관없는 알루미늄 원판이 어떻게 자석의 영향을 받는 것일까? 이 현상은 렌츠 법칙으로 설명 가능하다.

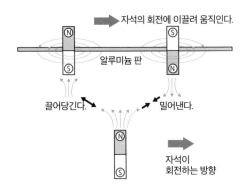

자석의 회전에 이끌려 움직인다.

알루미늄 판

끌어당긴다. 밀어낸다.

자석이
회전하는 방향

아라고 원판 구조
자석의 앞쪽에는 척력, 뒤쪽에는 인력이
생기는 것처럼 렌츠 법칙에 따라 전자석
이 생성된다. 이 전자석의 힘 때문에 아
라고 원판이 회전하는 것이다. 참고로 아
라고는 프랑스의 과학자이며 이 원판은
1824년에 발견하였다.

아라고 원판에서 자석의 N극이 움직이는 쪽은 원판 상의 자기력선이 증가하
므로 렌츠 법칙에 따라 그것을 감소시키려고 하는 전류가 발생하고, 가까이에
N극 전자석이 생성된다. 같은 이유로 뒤쪽에는 반대인 S극 전자석이 생긴다.
이렇게 해서 회전하는 자석의 N극에 끌리는 듯한 힘이 원판에 발생하는 것이
다.(자석의 S극이라도 마찬가지다.)

집 벽에 설치된 전기 계량기도 같은 구조다. 미터기 안에서 뱅글뱅글 돌아가
는 금속판은 알루미늄으로 되어 있다. 다만, 전기 계량기에서는 회전하는 자
석 대신 코일을 알루미늄 판의 위아래에 배치하였다. 그리고 사용 전력에 비례
하게 타이밍을 달리 해서 전류를 코일로 흘려보내, 회전 자석 역할에 해당하는
전자석을 만든 것이다.

자기 부상 열차의 부상 원리

또 하나, 렌츠 법칙이 이용된 유명한 예를 들어보겠다. 바로 자기 부상 열차
의 부상 원리다. 이 열차의 선로 측벽에는 두 종류의 코일이 설치되어 있다. 하
나는 추진용, 다른 하나는 부상·안내용이다. 각각 그 목적에 맞는 이름을 붙
여 **추진 코일, 부상·안내 코일**이라고 한다. 여기서는 후자인 부상·안내 코일에
초점을 맞춰 알아보도록 하자.

부상·안내 코일은 반대 방향으로 감긴 2개의 코일이 8자 모양으로 설치되
어 있다. 여기를 고속열차가 통과하면 열차에 있는 강력한 자석이 만드는 자기
에 의해 전자기 유도 법칙이 발생해, 부상·안내 코일에 전류가 흐르게 된다.

위 코일과 아래 코일은 반대 방향으로 감겨 있으므로 렌츠 법칙에 따라 역방향인 전자석이 형성된다. 그래서 위 코일은 열차의 자석과 서로 끌어당기고 아래 코일은 반발하도록 설계하면, 열차가 위쪽으로 끌려 올라가게 된다. 이것이 부상의 원리다.

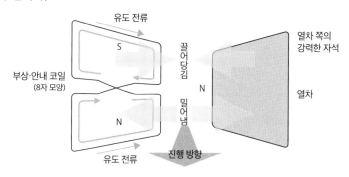

부상·안내 코일은 반대 방향으로 감긴 2개의 코일이 8자 모양으로 설치되어 있다. 렌츠 법칙 때문에 열차의 자석이 가까워지면 차체를 들어 올리도록 힘이 작용한다. 또, 열차가 벽에 접근하면 원래대로 돌아오는 작용을 하기 때문에 안내 코일도 된다. 그야말로 눈부신 발명이다.

실전 문제

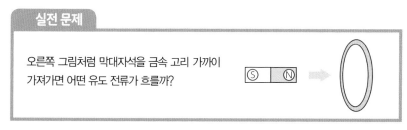

오른쪽 그림처럼 막대자석을 금속 고리 가까이 가져가면 어떤 유도 전류가 흐를까?

[해답] 고리 안쪽에는 자기력선이 증가하므로 그것을 없애려는 전류가 흐른다. 그래서 '오른나사 법칙(32)'에 따라 아래 그림과 같이 유도 전류가 고리 안을 흐르게 된다.

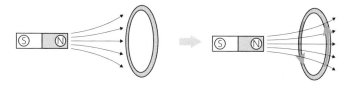

35 맥스웰 방정식
― 전자기학 지식을 정리하고 발전시키다

1800년대 초에 전지가 실용화된 덕에 전자기학은 비약적인 발전을 거두었다. 그리고 다양한 법칙과 정리가 난립하는 결과로 이어지기도 했다. 이 혼돈을 정리하고 통합한 사람은 영국의 물리학자 맥스웰(1831~1879)이다. 맥스웰은 그 전까지의 지식을 다음 **맥스웰 방정식**으로 집대성하였다.

$$(\ i\ )\ \ \mathrm{rot}E = -\frac{\partial B}{\partial t}\ \text{(패러데이 법칙)}$$

$$(ii)\ \ \mathrm{rot}H = J + \frac{\partial D}{\partial t}\ \text{(앙페르 법칙과 변위 전류항)}$$

$$(iii)\ \mathrm{div}B = 0\ \text{(자기홀극은 존재하지 않는다.)}$$

$$(iv)\ \mathrm{div}D = \rho\ \text{(쿨롱 법칙)}$$

E는 전기장, H는 자기장, J는 전류를 나타낸다. 또 D는 '전속 밀도', B는 '자속 밀도'를 가리키며 통상 다음과 같은 관계가 있다.

$$D = \varepsilon E,\ B = \mu H\quad (\varepsilon,\ \mu\text{는 물질의 고유 상수})$$

방정식 속의 rot, div는 수학의 미분 연산 기호다.

맥스웰 방정식에 대한 구체적인 설명은 다른 책에 양보하고, 여기서는 맥스웰 방정식의 각 식에 담긴 의미를 알아보기로 한다. 각 방정식 옆에 표시했듯이 방정식 (i)은 자기의 변동이 전기를 만들어낸다는 '패러데이 전자기 유도 법칙'(**33**), 방정식 (ii)는 전류가 흐르면 자기가 생긴다는 '앙페르 법칙'(**32**), 방정식 (iv)는 전하가 전기장을 만든다는 '쿨롱 법칙'(**27**)을 수학의 미분법으로 표현한 것이다.

그럼 남은 방정식 (iii)의 의미를 알아보자.

맥스웰 방정식 (iii)의 의미

지금까지 살펴보았던 전기장, 그리고 전류가 만드는 자기장의 모습을 전기력선과 자기력선으로 나타내면 이렇다.

(+)점전하가 만드는 전기장   **직선 전류가 만드는 자기장**   **원형 전류가 만드는 자기장**

전기장의 경우에는 전기력선의 '발산'을 발견할 수 있다. 반면 자기장은 '발산'이 없다. 전기장에서 전기력선이 발산하는 것은 (+)전하와 (−)전하가 실재하기 때문이다. 하지만 자기장의 경우 자기력선의 발산이 일어나지 않는 것은 전하에 상응하는 '자하'가 존재하지 않음을 뜻한다. 이것이 방정식 (iii)의 의미이다.

자기홀극은 존재하지 않는다

자석의 자기력선을 살펴보자. 아래의 왼쪽 그림을 보면 전기에 (+)전하와 (−)전하가 있듯 자기에도 N극과 S극의 단독 자하가 존재하는 것처럼 보인다.

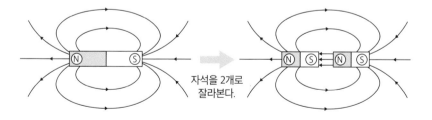

자석을 2개로
잘라본다.

그런데 왼쪽 자석을 2개로 나누면 놀랍게도 새로운 N극과 S극이 나타난다 (오른쪽). 이러한 과정을 계속 반복해도 결과는 같아서, 결국 단극인 N극과 S극(이것을 자기홀극 혹은 모노폴이라고 한다)을 얻을 수는 없다. 자기력선에는 발산도 수렴도 없는 것이다. 그런 의미에서 방정식 (iii)을 '자기홀극은 존재하지 않는다'고 말한다.

＊현대적 의미에서는 자기홀극의 존재를 완전히 부정하지는 않는다.

맥스웰이 발견한 '변위 전류'

처음에 맥스웰이 그 전까지의 전자기학을 정리했다고 말했는데, 정리만 한 것이 아니라 그 역시 중요한 발견을 했다. 맥스웰 방정식 (ii)를 살펴보자.

$$(\text{ii}) \quad \text{rot} H = J + \frac{\partial D}{\partial t}$$

이것은 '전류 J가 자기장 H를 생성한다'라는 앙페르 법칙에서 유래하였는데, 우변에서 J 옆에 D(전기장 E에 비례하는 양)의 시간 변동항 $\frac{\partial D}{\partial t}$이 붙어 있는 모습을 확인할 수 있다. 이를 변위 전류라고 한다. 이 변동항이 바로 맥스웰이 한 위대한 발견이었다. '전기장의 시간적 변화는 자기장을 만들어낸다'는 사실을 나타낸다.

맥스웰은 이렇게 어려워 보이는 항을 어떻게 발견할 수 있었을까? 맥스웰의 방정식 (i)로 유추해 보자.

$$(\text{i}) \quad \text{rot} E = -\frac{\partial B}{\partial t}$$

패러데이 법칙과 앙페르 법칙으로 유추할 수 있듯이 전기와 자기는 불가분의 관계여서, 대등하게 취급받는 것을 좋아한다. 그래서 이 방정식 (i)의 우변을 모방하여 방정식 (ii)의 우변에 변위 전류 $\frac{\partial D}{\partial t}$을 달았다고 한다. 이것이 위대한 발견인 이유는 전자파 발견의 예언으로 이어지기 때문이다.

맥스웰의 '전자파' 예언

맥스웰 방정식을 다시 보자. E는 전기장, H는 자기장, J는 전류를 나타낸다. D와 B는 E, H에 비례하는 양이다. 진공 상태를 떠올려 보자. 이때 전류는 존재하지 않지만 맥스웰 방정식은 시간적인 변화만 있으면 전기장 E, 자기장 H가 일어난다는 사실을 나타낸다. 즉, 전류가 없는 공간에서도 전기장 E, 자기장 H가 전달된다는 뜻이다. 이렇게 해서 맥스웰은 1864년에 전자파의 존재를 이미 예언하였다.

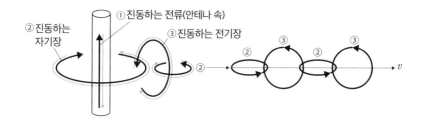

맥스웰은 공간에서도 맥스웰 방정식이 성립한다면 전기장이 변화하면 자기장이 생기고(위의 그림 ②), 그 자기장이 변화하면 전기장이 생긴다(위의 그림 ③)고 상상하고, 전자파의 존재를 예언했다. 최초의 자기장 변화는 안테나의 진동 전류(위의 그림 ①)에서 만들어진다.

이 예언은 1888년 독일의 헤르츠(1857~1894)가 실험으로 확인하였다.

✍ 실전 문제

교류 전류는 콘덴서 안을 통과할 수 있다. 이 사실을 통해, 맥스웰의 '전기장의 시간적 변화는 자기를 낳는다'라는 개념을 설명해 보자.

[해답] 아래 그림과 같이 설명할 수 있다.

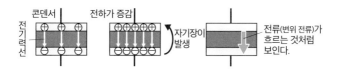

콘덴서에 충전 도중, 전하의 증감 때문에 전기장 E는 시간에 따라 변화한다. 회로 밖에서 보면 전류가 흐르는 것 같으므로(변위 전류), 콘덴서 주변에도 자기장이 발생할 것이다. 그러면 콘덴서의 전극 사이에는 실제로 전류가 흐르지 않아도 전기장의 변동이 자기장을 낳는다.

36 플레밍 법칙

— 자기가 전류에 미치는 힘의 방향에 대한 공식

플레밍은 대학에서 전자기 유도 강의를 할 때, 학생들이 전류와 힘의 방향의 관계를 잘 틀리자 당혹스러워하며 손가락을 이용해서 외우는 방법을 고안하였다. 이것이 플레밍 법칙이다. 새로운 물리 법칙의 발견은 아니지만, 후세의 학생들에게는 무척 고마운 법칙이다.

앙페르 힘

플레밍 법칙을 이야기하기에 앞서 지금까지 다루지 않았던 '앙페르 힘'(앙페르 법칙이 아니다)부터 알아보자.

도선에 전류를 흐르게 하면 자기장이 발생한다. 전류가 흐르면 도선이 자석으로 변하는 것이다. 그때 두 개의 자석 사이에는 힘이 작용한다. '그렇다면?' 하고 생각한 앙페르는 전류가 흐르는 도선과 자석 사이, 전류가 흐르는 두 개의 도선 사이에도 힘이 작용한다는 것을 실험을 통해 확인하였다. 이렇게 해서 앙페르는 자석이 만드는 힘과 전류가 만드는 힘이 완전히 똑같다는 사실을 알아냈다. 도선의 전류가 자석이나 다른 전류로부터 받는 힘을 앙페르 힘이라고 한다.

앙페르가 실험으로 알아낸 아래 그림은 자석과 직선 전류, 직선 전류와 직선 전류 사이에 작용하는 힘의 방향을 나타낸 것이다.

① 자석과 도선일 때 ② 전류가 같은 방향일 때 ③전류가 반대 방향일 때

모터의 구조

168쪽의 아래에 있는 그림 ①의 힘을 이용하면 직류 모터를 만들 수 있다. 전류를 자석이 만드는 자기장 안에서 흐르게 하면 아래 그림과 같은 힘이 발생하여 도선을 회전시킬 수 있기 때문이다. 직류 모터는 '앙페르 힘'으로 회전하는 셈이다.

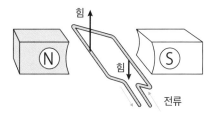

간단한 직류 모터의 구조
자기장은 N에서 S로 향하지만, 168쪽의 ①에 대입하면 그림의 힘을 얻을 수 있다. 이것이 회전력이다. 한편 방향은 알기 어렵다.

앙페르 힘의 방향과 유도 전류의 방향

168쪽의 전류와 힘의 실험 그림에 자기장의 방향(자기력선의 방향)을 추가로 넣어 보자. 자기장과 전류, 작용하는 힘의 방향이 서로 직각이 됨을 알 수 있다. 위에서 소개한 모터의 내부에도 이것과 같은 방향의 힘이 작용하고 있다.

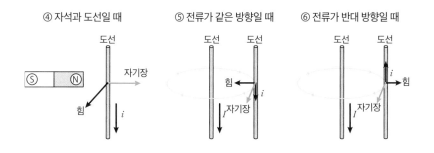

④ 자석과 도선일 때   ⑤ 전류가 같은 방향일 때   ⑥ 전류가 반대 방향일 때

이번에는 **33**에서 다룬 전자기 유도로 발생하는 유도 전류의 방향을 알아보자. 위에서 모터의 축을 돌리면 전기가 발생한다. 그때 축을 시계 방향으로 돌려 보자. 렌츠 법칙에 따라 유도 전류의 방향과 도선의 운동 방향, 자기장의 방향은 170쪽 그림과 같이 된다. 이것이 발전기 내에서 전자기 유도로 발생하는 유도 전류의 방향의 특징이다.

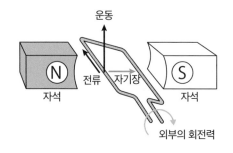

간단한 발전기의 구조
렌츠 법칙에 따라 전류는 위에서 봤을 때 오른쪽으로 회전하듯이 흘러야만 한다. 이때 전류의 방향, 코일의 운동 방향, 자기장은 그림과 같다. 역시 방향을 알아보기 어렵다.

플레밍의 〈왼손·오른손〉 법칙

여기서 플레밍이 학생들에게 가르쳤을 때의 고민을 이해할 수 있다. 모터를 다룰 때와 발전기를 다룰 때, 이야기가 비슷해서 설명하기 까다롭기 때문이다. 그래서 플레밍은 다음과 같이 정리했다. 이것이 바로 플레밍의 왼손 법칙과 오른손 법칙이다.

> 모터는 왼손 엄지와 검지, 중지를 수직으로 세우고 순서대로 '힘', '자기장', '전류'의 방향이라고 생각한다. 발전기는 오른손 엄지와 검지, 중지를 수직으로 세우고 순서대로 '도선이 움직이는 방향', '자기장', '유도 전류'의 방향이라고 생각한다.

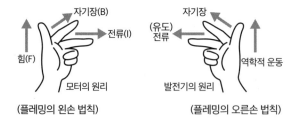

(플레밍의 왼손 법칙)　　　　　(플레밍의 오른손 법칙)

플레밍 법칙을 〈전·자·력〉으로 기억하기

플레밍 법칙은 문제는 확실히 정리해 주었지만, 설명을 기억하기가 어렵다는 단점이 있다. 그런데 '수금지화목토천해'처럼 앞글자만 따서 외우거나, 앞글자를 조합해 문장을 만들어 외우면 기억하기 쉽다. 여러 가지 방법이 있는데, '

발전기는 오른손으로 돌려라. 방향은「전자력」으로 하라'라고 외워 보자.

먼저 '발전기는 오른손으로 돌려라'라고 하면 오른손 법칙과 왼손 법칙을 구별할 수 있다. 발전기는 '오른손 법칙'이다(왼손잡이는 주의!).

그리고 '방향은「전자력」으로 하라'는 손가락과 물리량의 대응을 표현하였다. '전'은 전류, '자'는 자기장, '력'은 역학적 운동을 나타내며 중지, 검지, 엄지 순서로 대응시키면 된다.

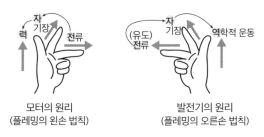

모터의 원리
(플레밍의 왼손 법칙)

발전기의 원리
(플레밍의 오른손 법칙)

외우는 방법
중지에서부터 엄지 방향으로 '전', '자', '력'이라고 외운다. 엄지는 항상 역학적인 양을 나타낸다는 것에 주의하자.

하나 더 참고로 말하면 플레밍의 왼손 법칙은 'FBI'라고 외우는 영어식 암기법도 유명하다(**37**).

🖐 실전 문제

오른쪽 발전기에서 N극을 오른쪽, S극을 왼쪽에 배치한다. 이때, 중간에 있는 도선을 오른쪽(시계 방향)으로 돌리면 전류는 어떻게 흐를까?

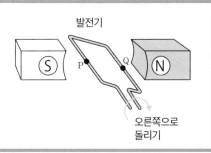

발전기

오른쪽으로 돌리기

[해답] 발전기이므로 '오른손 법칙'을 이용한다. 예를 들어 도선에서 점 P의 위치에서는 자기력선의 방향이 왼쪽, 역학적인 운동은 위쪽 방향이다. 그러므로 '전', '자', '력'을 오른손 중지부터 엄지까지 할당하면, 지면의 뒤쪽에서 앞쪽으로 전류가 흐른다(Q의 위치에서 전류는 반대로 지면의 앞쪽에서 뒤쪽으로 흐른다).

37 로런츠 힘
— 움직이는 하전 입자가 자기장에서 받는 힘의 법칙

32에서는 전류가 자기장에서 받는 힘을 성분이나 성질로 알아보았다. 지금부터는 정량적인 면으로 이야기를 해보자.

앙페르 힘

도선의 전류가 자석이나 다른 전류로부터 받는 힘을 앙페르 힘이라고 한다 **(36)**. 그 방향에 대해 '플레밍의 왼손 법칙'이 성립하는데, 구체적인 크기까지는 아직 다루지 않았다. 지금부터 그 힘의 크기를 알아보자.

> 자기장 안에 있는 길이 l인 도선을 흐르는 전류가 자기장에서 받는 힘의 크기 F는, 전류를 I라고 할 때,
>
> $$F = kIB_\perp l \ (k는\ 단위에\ 따라\ 결정되는\ 비례\ 상수) \cdots (1)$$
>
> 단, $B_\perp$는 전류에 대한 자기장의 수직 성분이다.

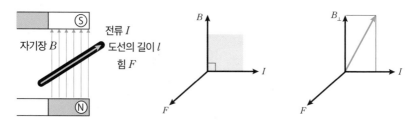

자기장이 고른(크기 B) 공간 속의 길이 l인 도선이 받는 힘은 전류 I가 자기장에 수직일 때 $kIBl$이라고 쓸 수 있다. 수직이 아닐 때에는 $B_\perp$를 자기장의 전류에 수직인 성분으로 하여, $kIB_\perp l$으로 나타낸다.

이 그림에서 나타나듯 왼손 엄지부터 FBI라고 하면 방향을 기억할 수 있다. FBI는 미국 연방 조사국의 약칭인데, 영화나 뉴스 등에서 흔히 나오므로 귀에 익숙한 단어일 것이다.

플레밍의 왼손 법칙과 FBI
36에서도 다루었지만, 특히 공식 (1)을 이용할 때 잘 쓰인다. FBI라고 외우면 기억하기 쉽다. 참고로 F는 force(힘)의 머리글자다.

로런츠 힘

앙페르 힘의 공식 (1)은 거시적 세계에서 봤을 때 전류가 자기장에서 받는 힘을 나타낸 것이다. 그 전류를 구성하는 하전 입자 하나하나가 받는 힘을 식으로 표현한 것이 아래의 로런츠 힘이다.

> 속도 v로 움직이는 전하 q의 입자가 자기장에서 받는 힘은 방향이 플레밍의 왼손 법칙에 따르고 크기 F는 다음과 같이 나타낸다.
> $$F = kqvB_\perp \ (k는 \ 단위에 \ 따라 \ 결정되는 \ 비례 \ 상수) \cdots (2)$$
> 단, $B_\perp$는 입자의 운동 방향에 대한 자기장의 수직 성분이다.

* 플레밍의 왼손 법칙을 쓸 때, 전하 q가 (+)이면 qv는 전류 I의 방향과 일치한다. 하지만 (-)일 때에는 전류 I와 반대 방향이 된다. 한편, 이 힘 (2)에 쿨롱력을 가한 것을 로런츠 힘이라고 하는 문헌도 있다.

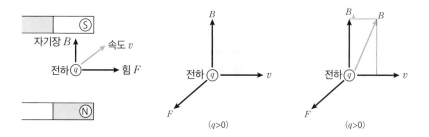

자기장이 있는 공간에서 속도 v로 운동하는 전하 q를 가지는 입자가 받는 힘이 로런츠 힘. 위의 그림은 $q > 0$인 경우($q < 0$이면 힘은 반대 방향). 운동 방향이 자기장 B에 수직이면 $kqvB$로 쓸 수 있다. 수직이 아닐 때에는 $B_\perp$를 입자의 운동 방향에 수직인 자기장 성분이라고 하고, $kqvB_\perp$로 쓸 수 있다.

로런츠 힘은 운동 방향에 수직으로 작용하고, 공식 (2)의 크기를 가진다. 그리고 다음과 같은 특징이 있다.

(Ⅰ) 하전 입자의 궤도를 휘게 하지만 속도의 크기를 바꾸지는 않는다.

(Ⅱ) 속도에 비례해 커진다.

이 성질을 잘 이용한 것이 옛날 텔레비전의 주역이었던 브라운관이다. 이 성질을 이용해서 전자를 제어하였다.

또한, 이 힘이 없어서는 안 되는 장치가 바로 입자 가속기이다. 입자 가속기는 전자와 양성자 등의 입자를 고속으로 충돌시켜, 소립자를 발생시키고 그 성질을 조사하는 실험 장치다. 최근에는 X선을 만들어 물질의 구조와 조성을 살펴보는 데도 이용되고 있다.

아래 그림은 사이클로트론이라는 고전적 입자 가속기의 원리도이다. 얇은 금속 원통을 정확히 둘로 나누어 진공 상태에 둔다. 위아래로는 고른 자기장을, 두 반통 사이에는 고주파 전압을 건다. 이 안에 하전 입자를 비추면, 로런츠 힘을 받으면서 하전 입자가 가속을 시작한다.

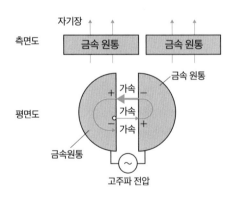

사이클로트론의 구조
얇은 금속 원통을 그림과 같이 반으로 자르고 고른 자기장 안에 둔다. 중앙에서 날아간 전자는 원통 안에서 로런츠 힘 때문에 원운동을 하는데, 좌우 원통의 경계에서 전압에 의해 가속된다. 이렇게 해서 전자는 점차 원운동의 반경을 넓히며 가속한다. 그것을 표적으로 삼아 충돌해서 소립자를 생성할 수 있다.

지구에는 태양으로부터 빠른 속도로 날아온 하전 입자가 내리쬐고 있다. 바로 태양풍이다. 태양풍의 일부는 175쪽의 그림과 같이 지구의 자기장에 붙잡혀 빠른 속도를 유지하며 대기의 분자와 충돌한다. 그때 운동 에너지가 빛으로 변환된다. 이것이 오로라다. 이렇게 태양에서 온 고속 입자가 지구의 자기장에 붙잡히는 원인이 바로 174쪽에서 말한 로런츠 힘의 특징 (Ⅰ), (Ⅱ)이다. 속도는 유지되고, 속도와 수직 방향으로 힘이 작용하기 때문에 하전 입자는 나선 운동을 하며 지구로 향하는 것이다.

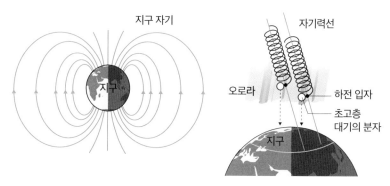

오로라의 구조

태양에서 온 하전 입자는 로런츠 힘 때문에 지구 자기장을 따라 나선을 그리며 고속으로 떨어진다. 그것이 대기와 충돌하며 공기의 원자와 분자를 들뜬상태로 만든다. 들뜬상태에서 원래대로 돌아올 때 발하는 빛이 오로라다.

* 들뜬 상태는 양자론에서, 원자나 분자에 있는 전자가 바닥상태에 있다가 외부 자극에 의해 일정한 에너지를 흡수해 좀 더 높은 에너지 준위로 이동한 상태를 말한다.

👆 **실전 문제**

위의 그림을 보면서 오로라가 적도 위에는 나타나지 않는 이유를 생각해 보자.

[해답] 적도 위에서는 지구의 자기장(위의 왼쪽 그림) 때문에 태양에서 온 고속 입자가 지구 바로 앞에서 방향을 전환하여, 적도 위의 대기와는 충돌할 수 없다.

38 줄 법칙
― 전기 에너지가 열로 변환될 때의 변환 법칙

19세기 초, 사람들은 아직 열의 정체를 알지 못했다. 당시 지배적인 생각은 **열소**설이었다. 열소는 열 현상을 일으킨다고 가정하는 어떠한 '물질'로, 다른 물질과 결합해서 숨어 있다가 따로 떨어져 열로 나타난다고 생각했다. 참고로 열소는 **칼로릭**(caloric)을 번역한 것이며, 열량의 단위인 '칼로리'의 어원으로 현대에 남아 있다.

줄 법칙

그러한 시대에 영국의 과학자 줄(1818~1889)은 전류가 만드는 열을 정량적으로 측정하였다(오른쪽 그림). 그리고 전류가 강할수록, 또 흐르는 시간이 길수록 수온이 높아진다는 사실을 발견했다. 나아가 전열선이 얇을수록, 길이가 길수록 온도가 올라간다는 사실까지 알아냈다. 줄은 이 결과를 식으로 만들어 1840년에 발표했다. 그것이 아래에 나오는 **줄 법칙**이다. 여기서 발생하는 열을 **줄열**이라고 한다.

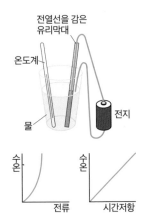

발생하는 열량 ∝ (전류)²×저항×시간 (∝는 비례를 뜻한다) ⋯ (1)

줄의 실험

줄의 재능은 '줄 법칙'의 발견에만 머물지 않았다. 이번에는 177쪽 위 그림과 같은 실험 장치를 만들어 수온의 상승을 알아냈다. 즉, 물체가 낙하하면 그 중력이 한 일이 열로 변한다는 것이다.

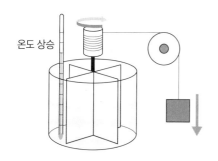

온도 상승

줄의 실험
추가 내려가면 수온이 상승한다. 중력이
한 일이 열로 변환되는 셈이다. 단, 천천히
운동하도록 장치를 만드는 것이 중요하다.

간단한 실험이지만, 당시로서는 무척 충격적인 발견이었다. 처음에도 말했
듯 당시에는 '열은 열소가 맡고 있다'는 생각이 지배적이었기 때문이다. 이 실
험에서는 열소가 들어갈 여지가 없다. 물체의 낙하라는 '물리적 일'이 열을 만
들었기 때문이다.

* 일에 대해서는 **07**, **19**를 참조하기 바란다.

전기 때와 마찬가지로, 줄은 또 실험 결과를 정량화하여 다음 관계식을 찾아
냈다. 이것을 열의 일당량이라고 한다.

1칼로리 = 4.2J

여기서 J은 '물리적인 일'의 양의 단위로 '줄'이라고 읽는다(**07**). 이 단위 J은
과학자 줄의 이름에서 가져온 것이다.

'물리적인 일'과 열은 이 값을 이용해서 서로 환산된다. '역학적인 일'과 열이
대등하게 취급된다는 점은 인류가 열이란 무엇인가를 이해하는 데 아주 중요
한 한걸음이 되었다.

열과 역학적인 일은 등가

전압이란 전기를 흐르게 하는 압력이다(**28**). 물이 흐를 때의 수위 차와 같다고 생각하면 된다. 수력 발전으로 예를 들면 수위가 높은 곳에서 낮은 곳으로 이동할 때 물이 일을 한다. 전기도 마찬가지로, 전위가 높은 곳에서 낮은 곳으로 이동할 때 일을 한다. 물이 하는 일량은 수량과 수위 차, 그리고 흐르는 시간에 비례한다. 마찬가지로 전기의 일량은 전기량과 전압, 흐르는 시간에 비례한다.

$$일량 \propto 전기량 \times 전압 \times 시간$$

그런데 전기량은 전류에 비례하고, 전압은 옴 법칙에 따라 '저항×전류'로 나타낸다(**28**). 이를 정리하면,

$$일량 \propto 전류 \times (저항 \times 전류) \times 시간 = (전류)^2 \times 저항 \times 시간$$

이것을 열로 환산하면, 줄 법칙 (1)이 나온다. 따라서 줄 법칙은 옴 법칙으로도 구할 수 있는 셈이다.

앞에서도 말했지만, 전기가 흐르면서 발생하는 열을 '줄열'이라고 한다. 토스터나 스토브의 열로 응용된다.

그럼 지금부터 그 열의 원인을 알아보자. 애초에 열이란 무엇일까? 예를 들어 표준국어사전에는 다음과 같이 어렵게 뜻풀이가 되어 있다.

계(系)를 뜨겁게 해주는 것. 계에 열이 가해지면 계를 구성하는 원자와 분자들의 무질서한 열 운동이 활발하게 되어 온도가 올라간다.

이 내용을 이해할 수 있는 사람은 분명 상당한 이과 전공자일 것이다. 일상생활에서는 종종 온도와 열을 구별하지 않고 사용하기도 한다. '감기에 걸려 열이 높다'라는 표현도 위화감 없이 잘 쓰지 않는가.

그런데 과학의 세계에서는 열과 온도를 뚜렷하게 구별한다. 온도란 물질을 구성하는 원자·분자의 평균 운동 에너지의 지표이다. 예를 들면 고체의 물질을 구성하는 원자·분자는 가만히 정지해 있는 것이 아니라 정해진 위치를 중심으로 항상 격렬하게 진동한다. 그 분자·원자 하나하나의 평균 운동 에너지가 온도로 표현되는 것이다.

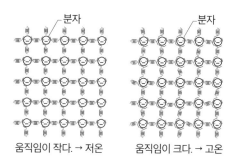

움직임이 작다. → 저온   움직임이 크다. → 고온

고체의 구조는 원자와 분자가 용수철로 연결된 이미지를 떠올리면 된다. 온도가 낮을 때, 구성 원자와 분자는 별로 움직이지 않는다. 온도가 높으면 정해진 위치에서 격하게 흔들리며 움직인다.

온도가 낮은 상태를 높은 상태로 바꾸는 것이 바로 '열'이다. 이렇게 생각하면 줄열의 정체를 이해할 수 있다. 도선에 전류를 흐르게 하면 이동하는 전자가 도체 안 원자·분자와 충돌한다. 그때 도선의 구성 원자와 분자가 진동하면서 도선의 온도가 올라간다.

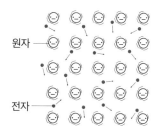

원자

전자

도선 속의 모습
도선 속을 흐르는 전자는 원자·분자와 충돌해 그것들을 진동시킨다. 마치 어떤 사람이 반듯하게 줄 서 있는 사람들 사이를 달리면서 이리저리 부딪쳐, 정렬을 어지럽히는 모습과 같다고 할 수 있다. 이 이미지는 옴 법칙에서도 알아보았다.

👆 **실전 문제**

질량 **50**kg인 사람이 **3m** 높이의 계단을 오르면 중력은 약 **1,470**줄의 일을 하는 셈이다. 일에서 열로 변환하는 효율이 **100%**일 때, 이 사람은 몇 칼로리를 소비한 것이 되는가?

[해답] 1칼로리＝4.2줄이므로, 1470÷4.2＝350칼로리이다.

가전제품으로 배우는 전기와 자기

우리가 흔히 쓰는 가전제품은 전기와 자기를 공부하는 데 최상의 교재다. 오븐으로 빵을 구울 수 있는 것도 줄열 덕분이고, 냉장고 모터가 돌아가는 것 역시 앙페르 힘 혹은 로런츠 힘 때문이다.

그런데 최근 20년 동안 보급된 가전제품은 대부분 그 구조를 이해하기 어려운 것이 많다. 이를테면 전자 조리기(IH조리기, 인덕션이라고도 한다)가 그 일례다.

전자기 유도 법칙은 코일에만 작용하는 것이 아니다. 예컨대 일반적인 금속판에 자석 N극을 가까이 가져가 보자. 그러면 금속판 위의 가상 고리 안에서 자기력선이 증가하고, 전자기 유도 법칙이 작용하면서 자기력선의 변화를 제거하기 위해 유도 전류가 흐른다. 이를 와전류라고 한다.

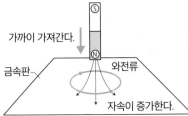

자석을 가까이 가져가면 가상의 원에 유도 기전력이 발생하여 유도 전류가 흐른다. 그것이 바로 와전류이다.

자석을 고주파 교류 전류가 만드는 전자석으로 바꿔 보자. 와전류는 왼쪽, 오른쪽으로 방향을 아주 빠르게 전환하기 때문에 전기 저항으로 인해 열(줄)이 발생한다. 이것을 열원으로 쓰는 것이 전자 조리기이다. 원리를 알면 전자 조리기로 만든 찌개가 더욱 맛있어질 것이다.

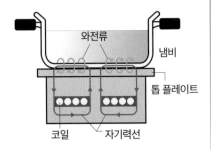

제4장

기체, 액체, 고체의 상태를 탐구하는 법칙

39 질량 보존 법칙
— 화학 반응의 전후에 질량이 불변한다는 법칙

물질이란 무엇인가를 두고 고대 그리스 때부터 다양한 발상이 나왔다. 그리고 19세기 초, 돌턴의 원자설과 아보가드로의 분자설이 발표되었다. 이를 포함해 다양한 발견을 위한 노력들이 있었는데, 그 중 하나가 바로 질량 보존 법칙이다.

질량 보존 법칙

염화 나트륨 10g을 물 100g에 녹여 보자. 수용액의 질량은 얼마가 될까? 답은 110g이다. 현대에서는 당연하게 여기는 이 귀납을 법칙화한 것이 바로 **질량 보존 법칙**이다.

염화 나트륨 10g + 물 100g = 110g

> **화학 변화와 상태 변화의 전후에 전체 질량은 변하지 않는다.**

질량 보존 법칙의 진가

위의 염화 나트륨과 물 실험은 지나치게 단순하기 때문에 이 법칙의 진가를 알아차리기 어렵다. 그런데 화학 반응이 일어나 겉모습이 크게 변화했다면 어떨까? 예를 들어 나무토막 10g을 불에 태웠다고 가정해 보자. 대개는 이 화학 반응이 끝난 뒤에 나무토막은 가벼워졌을 것이라고 예상한다. 실제로 18세기

후반 사람들은 대부분 그렇게 믿었다.

프랑스의 과학자 라부아지에(1743~1794)는 다음과 같은 실험을 통해 연소 전후에 질량 변화가 일어나지 않는다는 사실을 발견했고, '질량 보존 법칙'을 발표했다. 1772년, 즉 프랑스 혁명(1789년)의 전야, 그리고 조선에서는 영조가 과거 시험에 탕평과를 시행한 해였다.

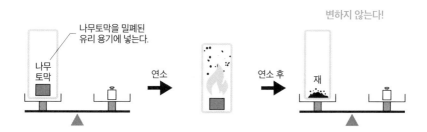

라부아지에의 실험
라부아지에는 밀폐된 유리 용기 안에서 연소 실험을 했다. 그 당시에는 연소와 공기의 관계가 해명되지 않았지만, 이러한 실험을 통해 점차 화학 반응의 구조가 밝혀지게 되었다. 그런데 실제 라부아지에의 실험에서는 나무토막이 아닌, 금속 주석을 대상으로 했다.

연소란?

'연소란 무엇인가?'라는 질문은 기원전부터 인류를 고민에 빠트렸다. 예컨대 고대 그리스의 아리스토텔레스는 '불의 원소'를 가정하여 연소 현상을 설명하려고 했다. 그리고 '자연은 물, 공기, 흙, 불로 이루어져 있다'는 사원소론을 제창, 원소의 성질(온랭건습)을 바꾸면 원소를 변환시킬 수 있다고 주장하였다. 이 설은 그 후 1,700년이 넘도록 신봉되었고, 금이 아닌 물질로 금을 만들어낼 수 있다는 '연금술'의 발상이 되었다.

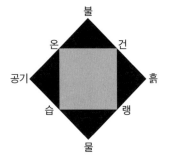

아리스토텔레스의 사원소론
아리스토텔레스는 '자연은 물, 공기, 흙, 불로 이루어져 있다'는 사원소론을 제창하고, 원소의 성질(온랭건습)을 바꾸면 원소를 변환할 수 있다고 주장하였다.

　시대가 지나 프랑스혁명이 일어난 무렵에는 플로지스톤설이 인기를 끌었다. '연소란 플로지스톤이라는 물질의 방출 현상'이라는 주장이다. 예컨대 나무가 불에 타는 현상은 '나무가 불에 타면 플로지스톤이 달아나고, 플로지스톤의 껍데기 재만 남는다'고 보는 것이다.

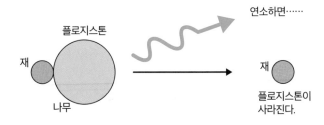

플로지스톤설
플로지스톤이란 그리스 어로 '불꽃'이라는 뜻에서 유래하였다. 18세기 초, 독일의 슈탈(1660~1734)이 명명하였다. 슈탈은 플로지스톤은 가연성 물질이나 금속 등에 포함되어 있으며, 타기 쉬운 물질은 많은 양의 플로지스톤으로 구성되어 있다고 생각했다. 그리고 연소는 플로지스톤이 방출되고 재만 남는 현상으로 보았다.

　라부아지에는 이러한 정성적 설명에 만족하지 못하고, 정량적 실험을 통해 연소 현상을 이해하려고 하였다. 그리고 금속을 공기 중에서 태우면 탄 후에 무게가 더 늘어난다는 사실을 깨닫고, '탈 때 공기 중의 뭔가가 금속으로 들어왔다'고 여겼다. 라부아지에는 그 기체를 꺼내는 데에도 성공하여 그 기체에 '산소'라는 이름을 붙여 주었다. 이렇게 정량적으로 물질의 변화를 알아보는 근대 화학의 기초를 구축한 공적 때문에 라부아지에는 '근대 화학의 아버지'라는 명예를 얻었다. 하지만 그러한 업적에도 불구하고, 1794년 프랑스 혁명의 혼란에 휩쓸려 단두대에서 처형당하고 만다.

아인슈타인이 부정한 질량 보존 법칙

그런데 질량 보존 법칙은 엄밀히 말하면 성립하지 않는다. 예를 들어 태양은 '수소가 연소하여 헬륨이 된다'고 하는데(이를 핵융합 반응이라고 한다), 그때 다음과 같이 질량이 감소(질량 결손)한다.

핵융합 반응의 질량 결손
질량이 약 0.7% 감소한다.

그 이유는 질량 m이 다음 변환식에 따라 에너지 E로 바뀌었기 때문이다. 이는 아인슈타인이 도출한 유명한 공식이다(**67**).

$$E=mc^2 \ (c는 \ 광속 \fallingdotseq 30만 \ 킬로미터/초)$$

참고로 원자력 발전소에서 쓰이는 우라늄 연료(우라늄 235)는 1kg 중 0.7g의 질량이 에너지로 바뀐다.

우라늄 235의 질량 결손
약 0.07%의 질량이
에너지로 바뀐다.

이것을 무기로 따져본다면 단순히 생각해서 수소 폭탄이 우라늄 폭탄보다 10배 큰 위력을 가지게 된다.

실전 문제

주석을 공기 중에서 태웠을 때, 주석의 질량이 늘어났다. 질량 보존 법칙이 성립하지 않는다고 말할 수 있을까?

[해답] 말할 수 없다. 공기 중의 산소와 결합하여, 그만큼 질량이 늘어났기 때문이다.

40 일정 성분비 법칙과 배수 비례 법칙

— 돌턴의 원자설이 탄생하는 계기를 마련하다

지금까지 물질이 원자와 분자로 이루어졌다는 사실을 당연하다는 듯 생각했다. 그런데 물질이 원자와 분자로 이루어져 있다는 사실을 인류가 알게 된 것은 불과 200년 정도 전이다. 아주 먼 옛날에는 그렇게 생각하지 않았다. 이 부분에 대해 자세히 알아보자.

일정 성분비 법칙(질량의 비)

아래과 같이 마그네슘 연소 실험을 해보자. 마그네슘의 질량을 바꿔 가며 마그네슘과 화합하는 산소의 질량을 조사하는 것이다.

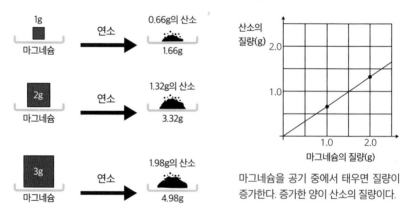

마그네슘을 공기 중에서 태우면 질량이 증가한다. 증가한 양이 산소의 질량이다.

실험 결과는 오른쪽 그래프와 같다. 이를 통해 알 수 있는 사실은 마그네슘과 그것과 화합하는 산소의 질량비는 일정하다는 것이다. 이를 **일정 성분비 법칙**(정비례 법칙이라고도 한다)이라고 한다. 일반적으로는 다음과 같다.

> **한 화합물을 이루는 성분 원소의 질량비는 항상 일정하다.**

이 법칙은 프랑스의 화학자 프루스트가 발견하여 1799년에 발표했다. 이 발견은 지금은 상식이 된 '물질이 원자로 이루어져 있다'는 이론을 증명하는 실험의 선구가 되었다.

배수 비례 법칙

영국의 과학자 돌턴(1766~1844)은 1803년, 배수 비례 법칙이라고 하는 다음 법칙을 발견하였다.

> 두 종류의 원소가 화합해서 두 종류 이상의 화합물을 만들 때, 이 화합물 사이에서는 한쪽 원소의 동일 질량과 결합하는 다른 원소의 질량이 항상 간단한 정수비가 된다.

예로 탄소 화합물에 대한 두 가지 사례를 알아보자. 둘 다 배수 비례 법칙이 성립한다.

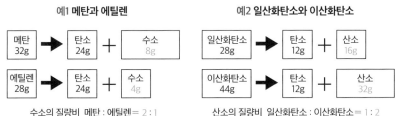

예1 메탄과 에틸렌

메탄 32g → 탄소 24g + 수소 8g

에틸렌 28g → 탄소 24g + 수소 4g

수소의 질량비 메탄 : 에틸렌 = 2 : 1

예2 일산화탄소와 이산화탄소

일산화탄소 28g → 탄소 12g + 산소 16g

이산화탄소 44g → 탄소 12g + 산소 32g

산소의 질량비 일산화탄소 : 이산화탄소 = 1 : 2

배수 비례 법칙
메탄 32g을 분해하면 탄소 24g과 수소 8g이 되고, 에틸렌 28g을 분해하면 탄소 24g과 수소 4g이 나온다. 같은 탄소 24g에 대해, 메탄은 수소가 8g이고 에틸렌은 수소가 4g, 즉 8:4=2:1이 되어 간단한 정수비가 된다. 일산화탄소와 이산화탄소도 마찬가지다.

돌턴은 이 배수 비례 법칙을 확인한 후, 드디어 '원자설'에 대한 확신을 굳혔고 그 사실을 발표하였다.

돌턴의 원자설

지금까지 알아본 '질량 보존 법칙', '일정 성분비 법칙', '배수 비례 법칙'에 따라, 그리스 시대부터 계승해 온 원자론의 개념을 구체화한 인물이 바로 돌턴이다. 돌턴은 1803년 돌턴의 원자설이라는 논문을 발표했다. 대략적인 내용은 다음과 같은데, 지금 우리에게는 상식으로 자리 잡은 이론이다.

- 모든 물질은 원자로 이루어져 있다.
- 원자는 나누거나 쪼개지거나 사라지지 않는다.
- 같은 종류의 원자는 질량 및 성질이 같으며 다른 종류의 원자는 서로 다른 질량과 성질을 가진다.
- 화합물은 여러 종류의 원자가 모여 만들어진 것이다.

그리고 그로부터 5년 뒤, 돌턴은 원자를 표시하기 위하여 독특한 원형 기호를 고안했다.

돌턴의 원소 기호	⊙	⊖	●	○	⊿	⊕	⊂
현대의 원소명	수소	질소	탄소	산소	인	황	마그네슘
현대의 원소 기호	(H)	(N)	(C)	(O)	(P)	(S)	(Mg)

돌턴은 이러한 원소 기호를 이용해서 화합물의 형태(흔히 말하는 분자식)를 표현하였다. 현대 과학의 기준으로 보면 잘못된 부분도 있지만, 의도는 충분히 전해지는 표현이다.

돌턴의 원자설은 '질량 보존 법칙', '일정 성분비 법칙', '배수 비례 법칙'을 아주 훌륭하게 설명해 준다. 그런데 그것으로는 설명할 수 없는 사실이 발견되었다. 바로 '기체 반응 법칙'이다(**41**).

돌턴의 원자설의 역사적 의의

돌턴의 원자설은 '질량 보존 법칙', '일정 성분비 법칙', '배수 비례 법칙'을 설명할 수 있다. '질량 보존 법칙'은 원자가 분해되지 않으니 당연하고, '일정 성분비 법칙' 역시 원자끼리 서로 결합하므로 당연하다고 할 수 있다. 이를테면 186쪽에서 알아본 마그네슘 실험에서는 마그네슘 원자 1개와 산소 원자 1개가 반응하므로, 반응하는 물질의 질량 비율이 항상 일정하다는 사실은 분명하다.

마그네슘   산소   산화마그네슘

마그네슘의 연소

또한, '배수 비례 법칙'도 원자 1개에 1개 단위의 원자가 결합해서 화합물을 만들기 때문에 성립은 명백하다.

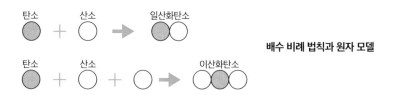

탄소   산소   일산화탄소

배수 비례 법칙과 원자 모델

탄소   산소   이산화탄소

돌턴 이전에도 고대 그리스의 데모크리토스부터 시작된 원자론이 존재했지만 그것은 관념적인 이론이었다. 실험 사실에 근거한 돌턴의 원자설은 과학적인 원자론을 세웠다는 점에서 그 의의가 크다고 할 수 있다.

🖐 실전 문제

물(분자식 H_2O)을 돌턴의 원자 기호로 표현해 보자.

[해답] 물 ⊙◯⊙

🖊 메모

원소와 원자

원소와 원자의 차이는 구분하기 어렵다. 원소는 물질을 구성하는 기본적인 성분으로, 각 원소에 따라 특유의 성질과 반응을 나타낸다. 그 원소의 실체가 원자다. 예를 들면 산소는 원소로 그 특성을 나타내는데, 실체는 각각 8개의 양성자와 중성자, 전자로 이루어진 산소 원자다.

41 아보가드로 법칙
— 물질을 실제로 구성하는 것은 원자가 아닌 분자

완전하다고 생각했던 돌턴의 원자설에도 난점이 있었다. 그것을 극복한 사람이 이탈리아의 과학자 아보가드로(1776~1856)이다. 아보가드로가 발견한 '아보가드로 법칙'에 대해 알아보자.

기체 반응 법칙

돌턴이 원자설을 발표(1803년)한 때로부터 몇 년 후, 프랑스의 과학자 게이뤼삭(1778~1850)은 기체 반응 법칙이라는 새로운 법칙을 발견하였다.

> 화학 반응에서 두 종류 이상의 기체가 반응할 때, 같은 온도 · 같은 압력에서는 반응하는 기체의 부피와 생성되는 기체의 부피 비가 간단한 정수비를 이룬다.

예를 들어 수소의 연소 실험을 살펴보자. 수소를 연소시키면 반응 결과 수증기가 생성되는데, 이때 다음 그림과 같은 반응이 일어난다. 수소와 산소가 화합할 때 부피 비는 2:1이며, 생성되는 수증기는 2인 부피를 가진다.

수소의 연소 실험
수소 2부피, 산소 1부피의 비율로 연소시키면 수증기 2부피가 된다.

이처럼 기체의 반응에 대해서는 같은 온도, 같은 압력일 때 항상 간단한 정수비를 이룬다. 발표 당시에 사람들은 돌턴의 원자설을 보강한다고 받아들였는데, 당사자 돌턴은 이 실험 결과에 당혹스러워했다.

　수소의 연소 실험을 예로 들어 설명했는데, 이것을 돌턴의 원자설로 알아보자. 당시에는 '같은 온도·같은 압력·같은 부피인 기체는 같은 수의 원자가 존재한다'는 사실이 실험을 통해 알려져 있었다.

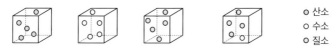

　　　　　　　　　　　　　　　　　　　　　　○ 산소
　　　　　　　　　　　　　　　　　　　　　　○ 수소
　　　　　　　　　　　　　　　　　　　　　　○ 질소

어떤 기체든 같은 온도·같은 압력·같은 부피 속에는 같은 수의 원자가 존재한다.

　그러면 수소와 화합하는 산소의 부피 비가 2:1이라는 사실을 돌턴의 원자설로 설명하면 사실과 모순이 발생한다(아래 그림).

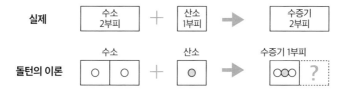

　이렇게 이론과 실험 사이에 괴리가 생기자 돌턴은 고민에 빠졌다. 그때 등장한 것이 아보가드로 법칙이다.

아보가드로는 현재 아보가드로 법칙으로 불리는 다음 가설을 제안했다.

> **같은 온도, 같은 압력일 때 같은 부피인 기체는 기체의 종류와 상관없이 같은 수의 분자를 포함한다.**

　중요한 것은 아보가드로가 분자라는 단어를 썼다는 사실이다. 아보가드로는 물질의 성질을 정하는 기본 단위가 '분자'이고, 분자는 원자로 구성되어 있다고 생각했다.

앞의 수소 연소 실험을 예로 들어 알아보자. 수소와 산소는 각각 2개의 수소 원자, 2개의 산소 원자가 결합한 '분자'로 이루어져 있다고 생각하면 아래 그림처럼 앞뒤가 맞아 떨어진다는 사실을 알 수 있다.

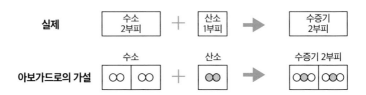

아보가드로의 가설
수소와 산소가 2개의 같은 원자로 이루어져 있는 분자라고 생각하면,
실제 사실을 잘 설명할 수 있다.

아보가드로의 주장은 당초 '가설'이라고 불렸지만, 이 모델이 다양한 현상을 훌륭하게 설명해 준다는 사실이 밝혀져 지금은 아보가드로 법칙이라고 부른다. 또한 분자에 초점을 맞추어, '물질의 성질을 결정하는 기본 단위가 분자다'라는 것을 아보가드로의 분자설이라고 한다.

아보가드로 상수

수소 분자 2g은 0℃ 1기압일 때 22.4리터의 부피를 가진다. '모든 기체는 종류에 상관없이 같은 온도, 같은 압력일 때 같은 부피인 기체는 같은 수의 분자를 포함한다'는 아보가드로 법칙을 인정한다면 다른 기체도 0℃ 1기압일 때 22.4리터의 부피에 같은 수의 분자가 포함되어 있을 것이다.

그래서 수소 분자 2g이 0℃ 1기압일 때 22.4리터에 포함되어 있는 분자 수를 아보가드로 상수라고 하고, 6.02×10^{23}개라고 알려져 있다. 이 수의 단위를 몰이라고 한다. 연필 12개를 1타라고 부르듯, 원자와 분자를 아보가드로 상수만큼 모은 수를 1몰이라고 하는 것이다.

* 현재는 질량수가 12인 탄소 12g에 포함된 탄소 원자의 개수를 아보가드로 상수라고 정의한다.

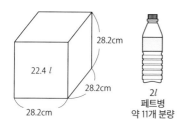

2*l*
페트병
약 11개 분량

0℃ 1기압일 때 22.4리터에 포함된 원자 또는 분자 수가 1몰과 일치한다. 한편, 0℃ 1기압(1.013×10^5Pa)을 표준 상태라고 한다.

✍️ 실전 문제

질소와 수소를 1:3의 부피 비로 혼합해 화학 반응을 일으키면, 암모니아 2부피가 생긴다. 이 예를 이용해서, 돌턴의 원자설과 아보가드로의 분자설의 차이를 설명하고, 아보가드로의 분자설 쪽이 사실을 잘 설명할 수 있다는 것을 알아보자.

[해답] 아래 그림과 같다.

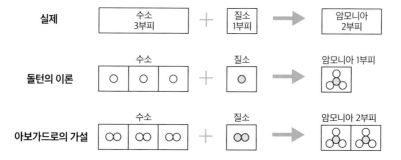

🖊️ 메모

단원자 분자

아보가드로는 '기체는 원자가 결합한 분자로 이루어져 있다'고 생각했는데, 이것도 현대에서는 수정이 필요한 주장이다. 비활성 기체라고 부르는 헬륨, 네온, 아르곤 등의 존재가 밝혀졌기 때문이다. 이러한 기체들은 원자 한 개로 이루어져 있다. 그래서 논리적 모순을 없애기 위해 이들을 단원자 분자라고 한다.

42 보일 법칙과 샤를 법칙

― 기체 과학의 출발점이 된 법칙

 공기라는 개념을 알게 된 것은 그리 먼 옛날의 이야기가 아니다. 그리고 공기 연구야말로 현대에서 다양한 열 응용의 출발점이 되었다.

보일 법칙

 산에 오르면 과자 봉지가 빵빵하게 부풀어 오른다는 사실은 이미 잘 알려져 있다. 아일랜드의 과학자 보일(1627~1691)은 1661년 이를 정량적으로 실험했고, 밀폐된 기체에 다음과 같은 법칙이 성립한다는 사실을 발견하였다.

> **온도가 일정할 때 기체의 압력 p는 부피 V에 반비례한다. 즉, pV＝일정**

* 이 책에서는 압력의 단위로 이해하기 쉬운 1기압(1,013헥토파스칼)을 주로 쓴다.

 예를 들어 뚜껑이 위아래로 움직이는 원통형 밀폐용기에 1기압 4리터의 기체를 넣는다. 그리고 위에서 힘을 가했을 때 부피와 그 용기 안의 압력을 알아본다. 실험 결과, 온도가 같다면 아래 그래프처럼 반비례가 된다. 이것이 **보일 법칙**이다.

보일 법칙
압력을 두 배로 하면 기체의 부피는 절반으로 줄어든다.

보일 법칙의 미시적 의미

보일 법칙을 미시적인 세계에서 해명하려고 하면, '공기의 압력이란 무엇인 가?'라는 문제에 부딪힌다. 그 해명에 인류는 많은 시간을 들였는데, 결론은 압력의 근원은 '무작위로 운동하는 기체 분자가 벽에 부딪혔을 때 생기는 단위면적당 힘'이다. 공을 벽에 던지면 벽이 힘을 받는데, 그것이 압력의 근원이다.

공기의 부피를 작게 만들면 그만큼 공기의 밀도가 올라가고, 벽에 부딪히는 분자 수도 증가한다. 그러면 벽이 받는 압력도 늘어난다. 이를 정량적으로 표현한 것이 보일 법칙이다.

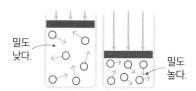

뚜껑의 압력이 커져 공기의 부피가 줄어들면 그만큼 공기의 밀도가 높아지고, 벽에 부딪히는 분자의 수는 증가한다. 그러면 압력도 늘어난다.

샤를 법칙

빵 봉지를 뜯지 않고 전자레인지에 돌리면 빵 봉지가 팽창한다. 이 사실을 1787년에 프랑스의 샤를(1746~1823)이 정량적으로 조사해서 다음과 같이 샤를 법칙으로 법칙화하였다.

> 압력이 일정한 밀폐된 기체가 있다고 할 때, 기체의 부피는 온도가 1℃ 올라갈 때마다 0℃일 때 부피의 1/273만큼씩 증가한다.

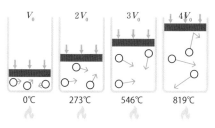

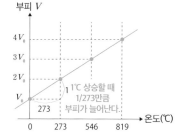

샤를 법칙
온도가 증가하면 정비례하여 부피도 증가한다.

샤를 법칙의 미시적 의미

 앞에서도 말했듯 공기의 압력이란 무작위로 운동하는 기체 분자가 벽에 부딪힐 때 생기는 단위면적당 힘이다. 분자의 속도를 늘리면 벽이 받는 힘도 커진다. 그런데 공기의 온도를 올리면 그만큼 공기의 분자는 더욱 활발하게 날아다니게 되어, 결과적으로 벽에 더 세게 부딪힌다. 이렇게 온도를 올리면 압력이 늘어나, 공기를 팽창시키는 힘이 작용하는 것이다.

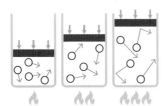

공기의 온도를 올리면 공기 분자가 더 빠른 속력으로 날아다녀, 벽 혹은 피스톤에 세게 부딪힌다. 이렇게 온도를 올리면 공기는 팽창한다.

절대 온도

 앞에서 소개한 샤를 법칙 그래프를 다시 한번 살펴보자(오른쪽). 이 직선 그래프는 다음과 같이 나타낼 수 있다.

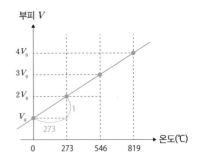

$$V = \frac{V_0}{273} \ (t + 273) \ \cdots (1)$$

 위 식에서 V_0은 0℃일 때 기체의 부피.
 여기서 온도계의 눈금을 바꿔 보자. 섭씨 눈금에 273을 더한 새 눈금을 새기고, 그것을 새로운 온도 T(단위 K)라고 한다.

$$T = t + 273 \ \cdots (2)$$

* K는 절대 온도 연구를 심화한 영국의 과학자 켈빈의 머리글자다.

섭씨온도 t와 절대 온도 T는 다음 관계와 같다.
$$T = t + 273$$

그러면 샤를 법칙 (1)은 다음과 같이 간단해진다.

$$V = \frac{V_0}{273}T \quad \text{(여기서 } V_0\text{은 0℃일 때 기체의 부피)} \cdots (3)$$

(2)처럼 눈금이 매겨진 온도를 절대 온도라고 하며, 단위는 K를 쓴다. 이 절대 온도를 이용하면 샤를 법칙을 '부피는 절대 온도에 비례한다'고 간략히 표현할 수 있다.

절대 온도(절대 0도)와 이상 기체

샤를 법칙 (3)을 그래프로 나타내 보자. $T=0$일 때 공기의 부피가 0이 되어 버린다. 현실적으로 공기는 보일 법칙, 샤를 법칙을 완전하게는 만족하지 못한다. 그래서 이 두 가지 법칙을 완전히 만족하는 공기를 가정해, 이상 기체라고 이름 붙였다. 농도가 희박한 공기는 이상 기체에 가까워진다고 한다.

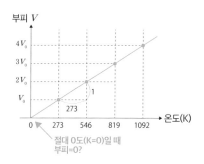

절대 0도(K=0)일 때 부피=0?

☞ 실전 문제

0℃ 1기압인 1㎥의 농도가 희박한 공기를 생각해 보자. 1기압에서 이 공기를 100℃가 되도록 따뜻하게 하면, 부피는 몇 ㎥가 될까? 또, 0℃는 그대로이고 부피만 2배로 늘리면, 공기의 압력은 어떻게 될까?

[해답] 샤를 법칙 (1)에 따라, 100℃일 때 부피는 373/273m³(=1.37m³), 보일 법칙에 따라 부피가 2배일 때 압력은 0.5기압이다.

43 보일-샤를 법칙

— 보일 법칙과 샤를 법칙을 통합하다

보일 법칙과 샤를 법칙을 통합해 보자. 이렇게 하면 열역학의 가장 기본 공식인 이상 기체의 상태 방정식(**44**)을 이끌어낼 수 있다.

보일 법칙과 샤를 법칙 복습

보일 법칙과 샤를 법칙을 복습해 보자.

> - (보일 법칙) 온도가 일정할 때, 기체의 부피 V는 압력 p에 반비례한다.
>   식으로 표현하면, $pV = $일정 ··· (1)
> - (샤를 법칙) 압력이 일정할 때, 절대 온도 T인 기체의 부피 V는
> $V = \dfrac{V_0}{273} T$ (V_0은 0℃일 때 기체의 부피) ··· (2)

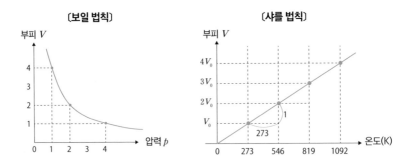

〔보일 법칙〕　　　　　　〔샤를 법칙〕

주의해야 할 점은 절대 온도로 측정되었다는 것이다. 즉, 일상생활에서 이용하는 온도를 섭씨온도 t(℃)라고 하면, 보일과 샤를 법칙에서는 다음 변환 공식과 같이 절대 온도 T(K)를 적용한다(**42**).

$$T = t + 273$$

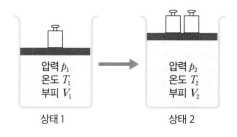

기체의 온도는 절대 온도로 측정한다
물리와 화학 분야는 대부분 기본적으로 절대 온도로 측정한다.

샤를 법칙의 변형

샤를 법칙 (2)는 다음과 같이 변형할 수 있다.

$$\frac{V}{T} = \frac{V_0}{273} = \text{일정}$$

다음과 같이도 바꿔 쓸 수 있다.

(샤를 법칙)　$\dfrac{V}{T}$ = 일정 … (3)

보일-샤를 법칙

보일 법칙과 샤를 법칙을 하나의 식으로 정리해 보자.

밀폐용기 속에 기체가 들어 있고, 부피·압력·온도가 순서대로 V_1, p_1, T_1이라고 한다. 그 기체의 압력과 온도를 변화시켜, 부피·압력·온도가 순서대로 V_2, p_2, T_2로 변했다고 하자.

압력 p_1
온도 T_1
부피 V_1

상태 1

압력 p_2
온도 T_2
부피 V_2

상태 2

이때 200쪽의 그림처럼 이 변화를 2단계로 나눌 수 있다. 부피·압력·온도를 V_1, p_1, T_1에서 V_2, p_2, T_2로 직접 변화시키는 것이 아니라 부피·압력·온도가 V_M, p_2, T_1이라는 '중간 상태'의 단계를 거치게 하는 것이다.

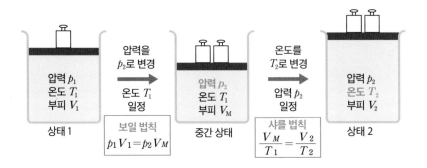

이때 그림을 보면 알 수 있듯이 첫 번째 단계에서는 보일 법칙 (1)이, 두 번째 단계에서는 샤를 법칙 (3)이 성립하므로, 다음 관계식이 성립한다.

1단계: $p_1 V_1 = p_2 V_M$

2단계: $\dfrac{V_M}{T_1} = \dfrac{V_2}{T_2}$

두 식을 좌변은 좌변끼리, 우변은 우변끼리 곱하고, 양 변을 V_M으로 약분하면, 다음 식이 나온다. $p_1 V_1 \dfrac{V_M}{T_1} = p_2 V_M \dfrac{V_2}{T_2}$, $\dfrac{p_1 V_1}{T_1} = \dfrac{p_2 V_2}{T_2}$

요컨대 어떤 기체의 압력과 온도를 변화시켜도, 압력×부피/온도는 일정한 셈이다. 이것이 다음의 보일-샤를 법칙이다.

밀폐된 기체의 부피·압력·절대 온도를 순서대로 V, p, T라고 하면

$$\dfrac{pV}{T} = 일정$$

예제 1기압 27℃에 있는 기체 1ℓ가 있다. 이 기체를 127℃, 2기압으로 하면 부피 V는 얼마나 될지 알아보자.

[해설] 위에 소개한 보일-샤를 법칙 공식을 이용한다. 27℃, 127℃는 순서대로 절대 온도로 300K(=27+273), 400K(=127+273)이다.

그러므로 $\dfrac{1\times1}{300}=\dfrac{2\times V}{400}$, 따라서 $V=\dfrac{1\times1}{300}\times\dfrac{400}{2}=\dfrac{2}{3}$ 이다.

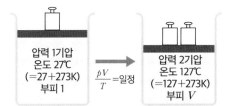

변화 전후의 $\dfrac{pV}{T}$ 는 일정하다. 이것이 바로 보일-샤를 법칙이다.

🖐 실전 문제

1기압 27℃에 있는 기체 1ℓ 가 있다. 이 기체를 높은 산 정상으로 옮기면 부피는 얼마가 될까? 이때, 정상의 온도는 0℃, 기압은 0.65이다.

[해답] 보일-샤를 법칙 공식을 이용한다. 27℃, 0℃는 순서대로 절대 온도로 300K(=27+273), 273K이다.

그러므로 $\dfrac{1\times1}{300}=\dfrac{0.65\times V}{273}$, 따라서 $V=\dfrac{273}{300\times0.65}=1.4\ell$ 이다.

✏ 메모

돌턴의 분압 법칙

'혼합 기체의 전체 압력(전압)은 각 성분 기체가 혼합 기체와 같은 온도 · 같은 부피일 때 나타나는 압력(분압)의 합과 같다'는 법칙이다.

돌턴의 분압 법칙
전압은 분압의 합이다.

이를테면 같은 온도에서 0.3기압인 질소 1리터와 0.5기압인 산소 1리터를 1리터들이 용기에 모두 넣으면, 그 혼합 기체의 압력은 0.3+0.5=0.8기압이 된다.

44 이상 기체의 상태 방정식

— 근대 분자 운동론의 출발점이 되는 기본 방정식

거시적으로 볼 때, 물질의 상태는 압력, 부피, 온도로 결정된다. 이들은 각각 독립적이지 않고 일정한 관계식을 만족한다. 그것이 바로 상태 방정식이다. 여기에서는 그 기본이 되는 '이상 기체의 상태 방정식'에 대해 알아보자.

기체의 상태 방정식

n몰인 기체에 보일-샤를 법칙의 공식(**43**)을 대입해 보자. 0℃ 1기압에서 n몰인 기체는 22.4n리터가 된다(**41**). 그러므로 보일-샤를 법칙에 따라,

$$\frac{pV}{T} = \frac{1 \times 22.4n}{273} = 0.0821n$$

이렇게 해서 다음 식을 얻을 수 있다.

$$pV = nRT \ (R = 0.0821) \cdots (1)$$

여기서, n은 기체의 몰 수, R은 압력을 기압으로, 부피를 리터로 측정했을 때의 값이다. 이 상수 R을 기체 상수라고 한다.

이 식을 만족하는 기체를 이상 기체라고 하며, 방정식 (1)을 이상 기체의 상태 방정식이라고 한다.

예제 1기압 27℃인 기체 1ℓ가 있다. 이 기체에는 몇 몰의 분자가 존재할까?

[해답] n을 구해야 할 몰 수로 정한다. 상태 방정식에 대입하면
$$1 \times 1 = n \times 0.0821 \times (273 + 27)$$
이므로, $n = 0.04$몰이 나온다.

이상 기체의 상태 방정식 도출

이상 기체의 상태 방정식 (1)을 분자의 개념으로 이해하기 위해, 이 방정식을 도출해 보자.

먼저 온도 T일 때 분자 1개의 운동을 생각해 본다. 이 분자는 외부에서 열에너지를 받아 용기 안을 날아다닌다. 그러면 '열역학' 분야에서 다음과 같은 결과를 얻을 수 있다.

분자 1개의 운동은?

> **분자 1개가 한 방향으로 움직일 때 운동 에너지의 평균은 T에 비례한다.**

이것을 에너지 등분배 법칙이라고 한다. 여기서 T는 절대 온도다. 이에 따라 어느 방향으로 움직이는 분자의 평균 속도를 v라고 하면, 운동 에너지 공식(**16**)에 따라 다음 식을 얻을 수 있다.

어느 방향으로 움직이는 운동 에너지 $-\dfrac{1}{2}mv^2 \propto T$ (m은 분자의 질량) $\cdots$ (2)

이 분자 1개가 아래 그림과 같이 가로·세로·높이가 1m인 상자에 갇혀 있다고 가정하고, 오른쪽 벽에 부딪히는 분자의 상태를 알아보자.

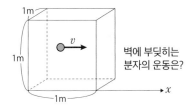

벽에 부딪히는 분자의 운동은?

1개의 분자

절대 온도 T일 때 가로·세로·높이 1m 상자에 들어간 1분자가 있다. 분자가 움직이는 방향이 그림의 x축 쪽이라고 할 때, 그에 수직인 오른쪽 벽이 분자에게 받는 압력을 생각해 본다. v는 x축 방향으로 나아가는 분자의 평균 속도이다.

빠르게 날아오는 공을 손으로 잡으면 느리게 날아오는 공보다 큰 힘을 받는다는 사실은 경험으로도 잘 알고 있을 것이다. 그렇다면 다음 결론을 이해할 수 있다.

> **벽이 분자 1개로부터 받는 힘은 분자의 속도에 비례한다.**

벽이 분자 1개로부터 받는 힘을 F라고 하면, x축 방향으로 나아가는 평균 속도 v인 분자로부터 다음과 같은 힘을 받게 된다.

$$F \propto v \cdots (3)$$

여기서 분자가 1초 동안 오른쪽 벽에 부딪히는 횟수는 얼마일까? 빠르면 빠를수록 충돌도 많아질 테니, 충돌횟수는 분자의 평균 속도 v에 비례한다고 할 수 있다.

$$충돌횟수 \propto v \cdots (4)$$

(3), (4)에 따라 오른쪽 벽이 분자 1개로부터 1초 동안 받는 힘의 합은

오른쪽 벽이 분자 1개로부터 1초 동안 받는 힘의 합 $\propto v^2 \cdots (5)$

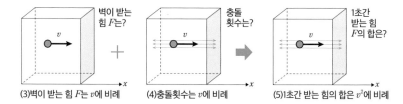

(3)벽이 받는 힘 F는 v에 비례   (4)충돌횟수는 v에 비례   (5)1초간 받는 힘의 합은 v^2에 비례

이것을 (2)와 조합하면 다음 식을 얻을 수 있다.

벽이 분자 1개로부터 1초 동안 받는 힘의 합 $\propto T \cdots (6)$

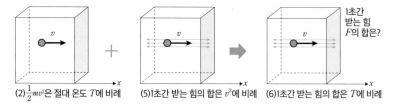

(2)$\frac{1}{2}mv^2$은 절대 온도 T에 비례   (5)1초간 받는 힘의 합은 v^2에 비례   (6)1초간 받는 힘의 합은 T에 비례

이번에는 상자 안에 N_1개의 분자가 들어 있다고 가정해 보자. 그러면 벽이 받는 힘의 총합, 즉 압력 p는 다음과 같이 표현할 수 있다.

압력 $p \propto$ 벽이 모든 분자로부터 1초간 받는 힘의 합 $\propto N_1 T \cdots (7)$

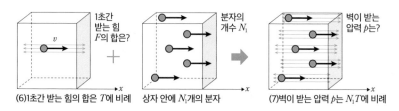

(6)1초간 받는 힘의 합은 T에 비례   상자 안에 N_1개의 분자   (7)벽이 받는 압력 p는 $N_1 T$에 비례

(7)은 가로·세로·높이 1m인 상자 안에 N_1개의 분자가 들어 있는 경우를 알아본 것이다. 이것을 부피 V인 용기에 N개의 분자가 들어 있다고 하면, $N=N_1V$이므로 (7)에서 다음과 같은 식을 얻을 수 있다.

$$압력 \ p \propto \frac{N}{V}T, \ 즉 \ pV \propto NT$$

분자수 N은 몰 수에 비례하므로 그 몰 수를 n이라고 하고, 비례 상수를 R로 두면 다음과 같다.

$$pV=nRT \cdots (1) \ (앞에 나온 공식)$$

이렇게 해서 이상 기체의 상태 방정식, 즉 보일–샤를 법칙이 성립하는 기체 방정식을 도출하였다.

방정식의 도출로 알 수 있는 사실

이상 기체의 상태 방정식 (1)을 이끌어내는 과정에서 우리는 이상 기체의 조건을 이해할 수 있다. 분자 1개의 움직임 (6)을 단순히 합해서 나온 것이 (7)이다. 따라서 이상 기체란 분자끼리 주고받는 영향을 전혀 고려하지 않는 기체인 셈이다.

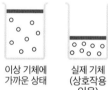

이상 기체에 가까운 상태

실제 기체 (상호작용 있음)

이 조건으로 알 수 있듯이 '고온에서 농도가 희박한 기체'라면 이상 기체의 상태 방정식의 조건을 충족한다. 고온에 농도가 희박할 때 기체 분자의 움직임이 빠르다면, 분자의 상호작용은 무시할 수 있기 때문이다.

이상 기체란 분자끼리 서로 간섭하지 않는 고독한 분자가 모여 형성된 기체를 의미하는 셈이다.

실전 문제

기체 상수 R을 국제단위로 구해 보자. 국제단위에서 부피는 m^3로, 1기압은 $1.013 \times 10^5 N/m^2$으로 산출한다(N은 힘의 단위 뉴턴(**16**)).

[해답] 식 (1)에 1몰 $22.4l=22.4 \times 10^{-3}m^3$과 $1atm=1.013 \times 10^5 N/m^2$을 대입하면,

$$R = \frac{1.013 \times 10^5 \times 22.4 \times 10^{-3}}{273} = 8.31$$

45 헨리 법칙

― 탄산음료를 만드는 기본 법칙

물고기가 물속에서 호흡할 수 있는 것은 물에 녹아 있는 산소를 아가미로 빨아들이기 때문이다. 또 탄산음료 캔의 뚜껑을 따면 탄산가스가 확 빠져나오는데, 이 역시 물에 탄산가스(이산화탄소)가 녹아 있기 때문이다. 이처럼 액체는 기체를 녹이는 성질을 가지고 있다. 액체에 녹는 기체의 양과 관련된 법칙이 헨리 법칙이다.

기체의 용해도

헨리 법칙을 다루기 전에 '기체의 용해도'에 대해 먼저 알아보자. 이는 이해하기가 까다로운데, 온도와 압력이라는 두 가지 환경 변화에 따라 값이 달라지기 때문이다. 또한, 용해도를 나타내는 방법에도 여러 가지가 있어 혼란스럽다. 액체 1㎖에 녹는 기체의 부피를 20℃ 1기압의 상태로 환산한 값으로 나타내는 경우가 많은데, 자료를 볼 때는 반드시 확인이 필요하다.

아래 그림은 물 1㎖에 녹는 3가지 기체에 대해, 온도와 녹는 양(20℃ 1기압인 상태로 환산)을 나타낸 그래프다. 이 그래프를 보면 알 수 있듯이 일반적으로 온도가 높으면 용해도는 작아진다.

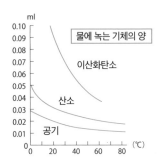

용해도는 온도가 높을수록 감소한다
물에 녹는 기체의 양인 세로축은 물에 녹은 기체를 20℃ 1기압 상태로 환산한 값이다.

헨리 법칙

지금부터 알아볼 헨리 법칙은 온도가 일정하다는 사실을 전제로 한다.

온도가 일정할 때 기체는 고압일수록 액체에 잘 녹는다. 이것을 정량적으로 표현한 것이 헨리 법칙이다. 1803년 윌리엄 헨리(1775~1836)가 발견하였다.

> 일정량의 액체에 녹는 기체의 질량은 그 기체의 압력에 비례한다.

앞에서 다룬 '기체의 용해도'를 넣으면 다음과 같이 간략하게 표현할 수 있다.

> 기체의 용해도는 압력에 비례한다.

다음 그림의 구조를 보면 헨리 법칙이 성립하는 이유를 알 수 있다. 암모니아와 같이 화학 반응을 일으켜 물에 잘 녹는 기체는 헨리 법칙의 정밀도가 떨어진다.

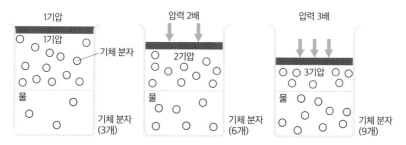

헨리 법칙의 미시적 해석
기체는 열운동하는 입자의 모임이며, 기압이 높아지면 높아진 만큼
액체에 파고들어 녹는 양을 늘린다.

탄산음료 캔의 뚜껑을 땄을 때 탄산가스(이산화탄소)가 확 빠져나오는 현상의 비밀은 이 헨리 법칙으로 설명할 수 있다. 탄산음료의 캔에는 2~3기압이 가압된 탄산가스가 들어 있다. 헨리 법칙에 따라, 지상보다 몇 배 더 많은 양의 탄산가스가 들어 있는 셈이다. 뚜껑을 따면 1기압으로 돌아오므로, 많은 양의 탄산가스가 한꺼번에 밖으로 빠져나오는 것이다.

맥주 거품도 헨리 법칙 때문
맥주 캔에는 2~3기압이 더해진 탄산가스가 들어 있다. 정상 기압으로 돌아오면 가압된 양만큼 녹아 있던 탄산가스가 방출되어 거품이 올라온다. 높은 산에 올라가 맥주 캔을 따면 거품이 더 잘 올라오는 것도 같은 이유다.

헨리 법칙의 다른 표현

위에서 소개한 헨리 법칙과 보일 법칙인 '기체의 부피는 압력에 반비례한다'를 조합하면 헨리 법칙은 다음과 같이 바꿔 말할 수 있다.

> **일정량의 액체에 녹는 기체의 부피는 압력에 관계없이 일정하다.**

압력을 두 배로 하면 기체는 두 배 녹지만, 부피는 절반이 되기 때문이다. 따라서 겉보기에 부피는 변하지 않는다.

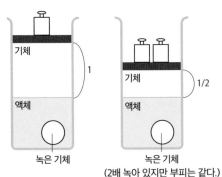

녹은 기체의 부피는 압력과 상관없다
압력을 2배로 하면 기체도 2배 녹아, 환산하면 부피는 2배가 된다. 하지만 보일 법칙에서 압력이 2배이면 부피는 절반으로 줄어든다고 했다. 따라서 녹은 기체의 부피는 변하지 않는다.

이렇게 헨리 법칙은 다양한 표현이 있다. 그것이 학습을 혼란스럽게 만드는 이유 중 하나다.

혼합 기체의 헨리 법칙

지상의 공기는 부피가 산소 1에 질소 4 정도 비율의 혼합 기체다. 이 혼합 기체에서 산소가 물에 얼마나 녹아 있는지 알아보고 싶을 때에는 다음 법칙이 도움이 된다.

> **일정량의 액체에 녹는 기체의 질량은 그 기체의 분압에 비례한다.**

앞에서 소개한 헨리 법칙 중 '압력'이라는 단어를 '분압'으로 바꾸었을 뿐이다.

혼합 기체를 구성하는 기체의 '분압'이란, 전체 중에 그 기체가 맡은 압력을 뜻한다(43). 예를 들면 지상의 공기 중 산소의 분압은 1/5기압이다. 그래서 산소가 물에 녹는 양은 1/5기압의 압력일 때 용해도를 생각하면 된다.

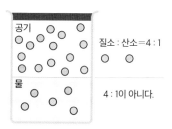

질소 : 산소=4 : 1

4 : 1이 아니다.

헨리 법칙은 분압으로 성립

1기압에서 물에 녹아 있는 공기 중 산소의 양을 알아보고 싶을 때는 산소의 분압이 1/5기압이라는 사실을 이용한다. 주의해야 할 점은 물에 녹는 기체의 양이 기체의 종류에 따라 달라진다는 것이다. 공기 중 질소와 산소의 분압 비가 4:1이라고 해서 물속의 질소와 산소의 비가 4:1은 아니다(산소는 질소보다 약 2배 더 잘 녹는다).

실전 문제

물 1㎖에 녹아 있는 공기(부피 비율이 산소 1 : 질소 4인 혼합 기체) 속의 산소가 1기압 25℃에서는 몇 ㎖가 될지 구해 보자. 단, 25℃에서 산소는 물 1㎖당 0.03㎖ 녹는다.

[해답] 혼합 기체의 헨리 법칙에 따라, 아래와 같다.

$$0.03 \times \frac{1}{5} = 0.006 \text{㎖}$$

46 반트호프의 삼투압 법칙
— 목욕탕에 오래 있으면 손이 쪼글쪼글해지는 이유

목욕탕에 오래 있으면 손이 쪼글쪼글해진다. 목욕탕의 물이 피부에 스며들어 피부가 불어나기 때문이다. 이러한 현상은 지금부터 알아볼 '삼투압 법칙'을 잘 나타내 준다.

반투막이란?

반투막이란 일정 크기 이하의 분자만 투과시키는 막을 말한다. 동물과 식물의 세포막에는 반투막 성질이 있다. 예를 들면 물 분자만 투과시키고 염분은 보내지 않는 성질을 가지고 있다.

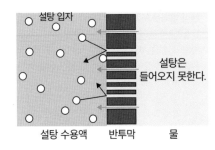

설탕 입자

설탕은 들어오지 못한다.

설탕 수용액 　반투막 　물

반투막
생물의 세포막은 이 성질을 이용해 체내 물질의 농도를 조절한다. 쉽게 구할 수 있는 셀로판지 역시 이러한 특성을 지녔다.

위의 그림처럼 반투막에는 작은 구멍이 아주 많이 뚫려 있는데, 이 구멍이 들여보낼 분자를 선별한다. 물 같은 용매 분자는 이 막을 자유로이 통과할 수 있지만, 용질인 큰 분자나 큰 이온은 통과할 수 없다.

삼투압이란?

지금부터는 수용액을 생각해 보자. 삼투압이란 농도가 낮은 쪽에서 높은 쪽으로 물이 이동하는 압력을 말한다. 211쪽의 위 그림은 진한 설탕물과 물 사이를 반투막으로 막은 것이다. 이때 물은 반투막을 통과해 설탕물로 이동하려고 한다. 물이 이동하면서 나타나는 압력이 바로 삼투압이다.

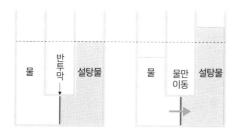

삼투압

수용액에서 삼투압이란 농도가 낮은 쪽에서 높은 쪽으로 물이 이동하는 압력을 말한다.

삼투압이 생기는 구조

삼투압이 생기는 구조를 알아보자. 위의 그림을 보면 용기에 왼쪽에는 물, 오른쪽에는 설탕 수용액을 넣고 반투막으로 구분해 두었다.

반투막 양쪽의 물 분자와 설탕 분자는 열운동 때문에 그 막을 통과하려고 한다(이를 확산이라고 한다). 하지만 크기가 큰 설탕 분자는 반투막의 구멍이 작아 통과할 수 없다. 그만큼 오른쪽의 물 분자는 왼쪽으로 갈 기회를 잃는다. 상대적으로 물 분자는 왼쪽에서 오른쪽으로 이동하기 쉽고, 오른쪽에서 왼쪽으로는 이동하기 어려워진다. 이 차이가 삼투압의 원리이다.

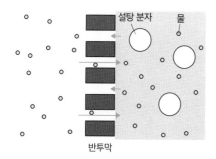

삼투압의 원리는 확산의 차이

반투막의 좌우에서 분자가 확산하려는 속도는 같다. 그러나 설탕 분자는 몸집이 크기 때문에 오른쪽에서 왼쪽으로 갈 수 없다. 그만큼 물 분자는 오른쪽에서 왼쪽으로 이동할 기회를 잃는다. 이러한 기회의 불균등이 삼투압의 원리이다.

반트호프의 삼투압 법칙

삼투압의 크기를 구하는 법칙이 있다. 예를 들어 용질 n몰이 녹아 있는 묽은 수용액이 있고 그 부피를 V리터라고 하자. 온도는 절대 온도 T로 한다. 그 용질이 전해질*이 아니라면, 한쪽이 순수한 물일 때 삼투압 P(기압)는 다음 식으로 나타낼 수 있다.

* 전해질이란 소금 등과 같이 물에 녹아 이온으로 분해되는 물질을 일컫는다.

$$PV = nRT \text{ } (R\text{은 상수로 약 } 0.0821)$$

이 식을 **반트호프의 삼투압 법칙**이라고 한다.

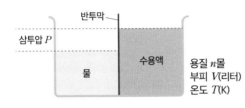

반투막
삼투압 P
수용액
물
용질 n몰
부피 V(리터)
온도 T(K)

반트호프의 삼투압 법칙
여기서 말하는 삼투압 P는 한쪽을 순수한 물로 했을 때 얻을 수 있는 압력을 뜻한다.

이 방정식은 이상 기체의 상태 방정식과 일치한다. 이는 묽은 용액이 모델이라는 점과 관련이 있다. 아래 그림을 보자. 왼쪽 그림은 수용액 속에 용질이 떠 있는 상태인데, 거기서 물 표시를 없애보면(오른쪽 그림), 이상 기체의 상태와 똑같은 것을 알 수 있다.

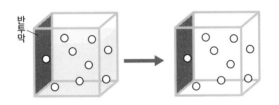

반투막

수용액에서 물을 보이지 않게 하면 이상 기체의 상태와 똑같다.

이상 기체의 압력은 기체가 벽에 부딪히는 빈도에 비례하는데, 삼투압 역시 벽에 부딪히는 용질의 빈도에 비례하므로 같은 식이 되는 것이다.

예제 기온 37℃에서 포도당(분자량* 180) 5.24g을 물에 녹여 100㎖로 만든 용액의 삼투압을 구하라.

* 분자량이란 그 분자를 1몰 모았을 때의 질량이다.

[해설] 앞의 공식에 다음 값을 대입한다.

$$V = 100㎖ = 0.1ℓ$$

$$n = 5.24/180 = 0.029 \text{ 몰}$$

$$T = 273 + 37 = 310K \text{ (절대 온도)}$$

이것을 $PV = nRT$ 공식에 대입하면,

$$P = nRT/V$$

$$= 0.029 \times 0.0821 \times 310/0.1 = 7.4(기압) (≒7500헥토파스칼)$$

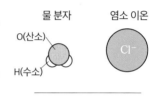

포도당 5.24g
부피 100㎖
기온 37℃

전해질과 수화

삼투압은 전해질(예를 들면 소금)에서도 생겨난다. 분해(이온화라고 한다)해서 용질의 몰 수가 늘어나는 만큼 큰 삼투압을 얻을 수 있다.

예를 들어 소금은 나트륨과 염화 이온이 결합한 것인데, 각 이온의 크기는 물 분자와 거의 같다. 그런데 어떻게 삼투압 현상을 일으킬 수 있을까? 그 이유는 물 분자의 특성 때문이다. 물 분자는 전기를 띤 것에 달라붙는 성질이 있다. 이것을 수화라고 한다. 그래서 이온은 물 분자와 붙어 크기가 커지면서 반투막 구멍을 통과하지 못한다.

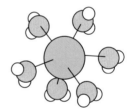

Cl⁻ 근처 물 분자의 배치

🖐 실전 문제

민달팽이에 소금을 뿌리면 크기가 작아지는 이유는 무엇일까?

[해답] 소금은 민달팽이의 표면에 달라붙어 진한 소금물이 되고, 세포막을 사이에 두고 액체와의 사이에 삼투압이 발생해 소금물 쪽으로 체내의 물이 이동하기 때문이다.

47 화학 평형 법칙
— 화학 평형을 설명해 주는 기본 법칙

컵에 든 물에 설탕을 듬뿍 넣는 실험을 했다고 생각해 보자. 잘 휘저어도 설탕은 일부분이 녹지 않고 컵 바닥에 남는데, 그대로 내버려 두면 더 이상 아무런 움직임도 보이지 않는다. 이렇게 외부에서 봤을 때 안정적인 상태를 화학 평형 상태, 또는 짧게 평형 상태라고 한다. 외부에서 보기에는 재미없는 현상이지만, 그 속에는 무척 흥미로운 미시적 비밀이 숨어 있다.

미시적 관점으로 들여다본 화학 평형

평형 상태를 미시적 관점으로 들여다보면 컵 안의 분자가 가만히 있는 것이 아니라는 사실을 알 수 있다. 분자는 대기로부터 열에너지를 받아들여 끊임없이 움직인다. 뭉쳐진 설탕 분자가 물에 녹거나, 물에 녹아 있던 설탕 분자가 덩어리로 돌아간다. 화학 평형이란 이러한 상태를 말한다.

설탕 수용액

다 녹지 않고 남은 설탕

○=설탕 분자

평형 상태
녹고 남은 설탕은 끊임없이 교체된다.

평형 상태를 나타내는 기호로는 ⇌를 쓴다.

설탕(고체) ⇌ 설탕(용해)

우리가 잘 알 만한 평형 상태의 또 다른 사례로 전지의 내부를 들 수 있다. 전지는 전류가 흐르지 않으면 안에서 아무런 화학 반응도 일어나지 않을 것이라고 생각하기 쉽다. 하지만 사실은 그렇지 않다. 전극 가까이에서는 끊임없이 분자의 교체가 이루어지고 있다.

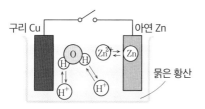

볼타 전지의 내부

전지의 예로 볼타 전지를 살펴보자. 겉으로는 변화가 없어도 전극 가까이에서는 아연이 이온이 되기도 하고 전극으로 돌아가기도 한다. 또, 수용액에서는 물 분자가 수소 이온을 방출하거나 혹은 그 반대가 일어난다.

화학 평형과 반응 속도

이렇게 겉으로는 변화가 없어도 내부에서는 활발하게 움직이는 현상을 어떻게 이해하면 좋을까? 이때 등장하는 것이 반응 속도라는 개념이다. 이것을 다음 평형 상태의 식으로 살펴보자.

$$A \rightleftharpoons B$$

이것은 A에서 B로 가는 반응 속도와 B에서 A로 가는 반응 속도가 같다는 뜻이다. 좌우 변화의 속도가 같으면 겉으로는 아무것도 변화하지 않는다.

평형 상태와 반응 속도

평형 상태 $A \rightleftharpoons B$란 $A \rightarrow B$와 $A \leftarrow B$의 반응 속도가 똑같다는 뜻이다.

평형 상태 $A \rightleftharpoons B$에서 오른쪽으로 가는 변화를 정반응, 왼쪽으로 가는 변화를 역반응이라고 한다. 이 단어들을 이용하면 평형 상태는 다음과 같이 표현할 수 있다.

> **평형 상태란 정반응과 역반응의 반응 속도가 같은 상태를 말한다.**

이것이 평형 상태에 대한 현대의 해석이다.

반응 속도의 시간 변화

평형 상태 $A \rightleftharpoons B$를 시간의 경과에 따라 추적해 보면 216쪽 위 그림과 같다.

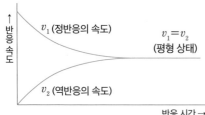

시간에 따른 반응 속도의 모습
평형 상태가 될 때, 반응 A ⇄ B에서 오른쪽 방향의 반응(정반응) 속도는 처음에는 빠르지만 점차 역반응과 같아진다.

앞에서 들었던 설탕 수용액의 사례로 생각해 보자. 처음에 설탕은 잘 녹지만 (정반응) 점차 농도가 높아지며 물 분자와의 접촉이 줄어들어 녹는 속도가 느려진다. 농도가 높아진 설탕끼리는 서로 충돌해 덩어리로 돌아가는(역반응) 속도가 빨라진다. 이렇게 해서 정반응의 속도가 감소하고 역반응의 속도가 늘어나, 최종적으로는 양쪽의 속도가 같아져 반응이 멈춘 것처럼 보이는 상태(평형 상태)가 된다.

화학 평형 법칙

화학 반응이 평형 상태에 있을 때, 다음의 중요한 법칙이 성립한다.

다음과 같은 평형 상태의 화학 반응을 생각해 보자.

$$aA + bB \rightleftharpoons cC + dD$$

이때 다음 관계가 성립한다.

$$\frac{[\text{C}]^c [\text{D}]^d}{[\text{A}]^a [\text{B}]^b} = K \ (K\text{는 평형 상수})$$

이 법칙을 화학 평형 법칙(또는 질량 작용의 법칙)이라고 한다. [A], [B], [C], [D]는 물질 A, B, C, D의 몰 농도다. 1리터 속에 물질이 몇 몰 있는지를 나타낸다.

중요한 것은 평형 상수 K가 온도에만 관여한다는 사실이다. 따라서 온도가 일정하면 언제든지 쓸 수 있는 공식이다.

예1 질소(N_2)와 수소(H_2)로 암모니아(NH_3)를 생성하는 화학 반응을 생각해 보자. 이것은 다음 화학 반응식과 같이 평형 상태를 유지한다.

$$N_2 + 3H_2 \rightleftarrows 2NH_3$$

그러면 온도가 일정할 때 다음 식이 성립한다.

$$\frac{[NH_3]^2}{[N_2][H_2]^3} = K \ (일정)$$

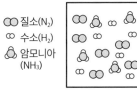

○○ 질소(N_2)
○○ 수소(H_2)
⬡ 암모니아(NH_3)

평형 상태일 때, $\dfrac{[NH_3]^2}{[N_2][H_2]^3}$ 는 일정.

👆 **실전 문제**

아세트산(CH_3COOH)과 에탄올(C_2H_5OH, 즉 에틸알코올)로 아세트산에틸($CH_3COOC_2H_5$)을 만들 수 있다. 아세트산에틸은 접착제의 성분으로 유명하다. 이 반응은 다음과 같다.

$$CH_3COOH + C_2H_5OH \rightleftarrows CH_3COOC_2H_5 + H_2O$$

이 실험에서 반응의 평형 상수는 4.0이라고 한다. 아세트산 2.0몰과 에탄올 3.0몰을 혼합해서 평형 상태가 되었을 때, 아세트산에틸은 몇 몰이 되는지 구하라.

[해답] 화학 평형 법칙에 따라, $\dfrac{[CH_3COOC_2H_5][H_2O]}{[CH_3COOH][C_2H_5OH]} = 4.0$

생성된 아세트산에틸을 x몰, 용기의 부피를 V라고 하면,

$$[CH_3COOH] = \frac{2.0-x}{V} , \quad [C_2H_5OH] = \frac{3.0-x}{V}$$

$$[CH_3COOC_2H_5] = \frac{x}{V} , \quad [H_2O] = \frac{x}{V}$$

위의 화학 평형 공식에 대입하면, $\dfrac{x/V \cdot x/V}{(2.0-x)/V \cdot (3.0-x)/V} = 4.0$

이것을 정리하면, $3x^2 - 20x + 24 = 0$

$0 < x < 2.0$의 조건에서 이것을 풀면, $x ≒ 1.6$몰이다.

48 라울 법칙과 끓는점 오름

— 분자의 확산 구조를 보여 주는 법칙

요리할 때 펄펄 끓는 물에 소금이나 설탕을 넣으면 끓던 물이 일시적으로 잠 잠해진다. 이는 라울 법칙 때문이다.

동적 평형과 증기 압력

라울 법칙을 알아보기 전에 준비 단계로 동적 평형이라는 현상부터 살펴보자. 어렵게 들리는 단어지만, 밀폐 용기에 액체를 넣은 채 방치한 상태를 가리킬 뿐이다.

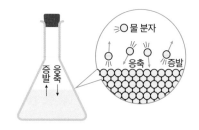

동적 평형
기체와 액체가 같이 있으면서 평형 상태가 된 상태를 말한다. 그림은 밀폐된 플라스크 안에 물이 들어 있는 예를 든 것이다.

바깥에서 보면 아무런 변화도 없다. 그러나 원자·분자 수준으로 보면 매우 활발하다. 기체 부분(기체상)과 액체 부분(액체상)의 경계에서는 끊임없이 분자가 교체되고 있다. 즉, 기체상과 액체상이 평형 상태(47)인 것이다. 액체에서 기체로 변하는 속도와 기체에서 액체로 변하는 속도가 같으므로, 거시적 세계에서는 정지한 상태로 보인다. 이것이 '동적 평형'이다.

기체상에 있는 분자는 열운동을 하며 날아다니므로 당연히 압력을 만든다. 이것을 포화 증기 압력(줄여서 증기압)이라고 한다. 포화 증기 압력은 온도에 따라 변하는데, 그것은 포화 증기압 곡선(줄여서 증기압 곡선)으로 나타낼 수 있다.

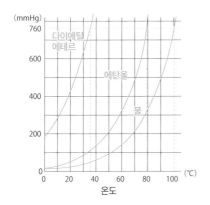

증기 압력 곡선
증기압은 동적 평형일 때 기체상에 있는 기체의 압력으로, 증기 압력이 1기압을 넘으면 외부 공기 1기압을 밀어내고 끓기 시작한다. 그것이 점선 부분이다.

증기 압력 내림

이야기를 간단히 하기 위해 구체적인 사례를 들어 보자. 동적 평형 상태인 물에 설탕을 조금 넣으면 물의 증기 압력(수증기 압력)이 내려간다. 이 현상을 증기 압력 내림이라고 한다.

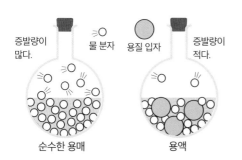

구체적인 예
물을 용매, 설탕을 용질이라고 할 때, 설탕의 존재는 물이 기체상에서 확산할 확률을 내려 증기압을 내린다. 이것이 증기 압력 내림의 구조이다.

증기 압력 곡선으로 이 효과를 살펴보자. 물에 설탕을 조금 넣으면 증기 압력 곡선은 오른쪽으로 이동한다. 여기서 물을 용매, 설탕을 용질로 바꾸면 그대로 일반화할 수 있다.

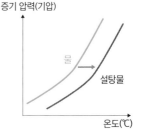

라울 법칙

조금 더 구체적으로 살펴보기 위해 물과 설탕의 예를 계속 들어보자. 설탕의 양이 적으면 다음 법칙이 성립한다.

> **수용액의 증기 압력 내림은 용액 속 설탕의 몰수의 비율과 물의 증기압의 곱이다.**

이것을 라울 법칙이라고 한다.
이 법칙은 묽은 용액이라면 많은 수용액에서 성립한다. 물을 용매, 설탕을 용질로 바꾸면 그대로 일반화할 수 있다.

* 라울은 프랑스의 화학자(1830~1901).

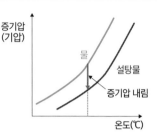

> **예제** 1기압 100℃에서 물 1kg에 설탕(분자량 342)을 1g 넣었을 때 물의 증기압은 얼마나 내려갈까?

[해설] 설탕 1g은 1/342=0.0029몰. 물 1kg의 몰수는 1000/18=55.6몰. 1기압 100℃일 때 증기압은 1(기압)이므로, 내려가는 증기압의 값(증기 압력 내림)은

$$1 (기압) \times 0.0029/(55.6+0.0029) = 0.000052 (기압).$$

앞에서 '끓는 물에 설탕을 넣으면 물이 일시적으로 잠잠해진다'는 예를 들었는데, 이제 그 이유를 이해할 것이다. 하지만 위의 예로 알 수 있듯이 1g 정도라면 그 효과는 미미하다.

끓는점 오름

예제에서는 라울 법칙을 이용해서 1기압일 때 설탕을 넣으면 물의 증기압이 얼마나 내려가는지 알아보았다. 그런데 용질이 섞이면서 물의 증기압은 내려갔지만, 물의 끓는점은 상승하는 것을 확인할 수 있다. 이 현상을 끓는점

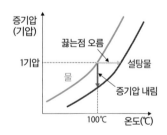

오름이라고 한다. 끓는점이 얼마나 오르는지는 다음과 같다.

> **용액의 끓는점 오름 온도는 질량 몰 농도*에 비례한다.**

이렇게 해서 얻을 수 있는 끓는점 오름 온도를 '끓는점 오름도'라고 한다.

* 질량 몰 농도란 용매 1kg당 용질의 몰수를 말한다.

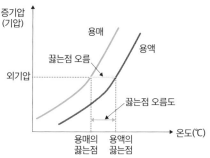

끓는점 오름과 끓는점 오름도
용매와 용질의 분자수 비가 오름도를 결정하는
것은 라울 법칙과 같은 구조이다.

실전 문제

1기압에서 물 1kg에 비휘발성 비전해질 물질을 0.01몰 녹인 수용액의 끓는점은 100.05℃
이었다. 물 1kg에 이 물질을 0.02몰 녹인 수용액의 끓는점은 몇 ℃인가?

[해답] 이 물질 0.01몰의 끓는점 오름도는 0.05. 끓는점 오름도는 용질의 몰수에 비례하므로, 0.02
몰을 녹이면 끓는점 오름도는 2배인 0.10. 따라서 끓는점은 100＋0.10＝100.10℃이다.

메모

어는점 내림
물에 불순물을 섞으면 끓는점이 올라간다. 마찬가지로 물에 불순물을 섞으면 어는점이
내려간다. 이것을 어는점 내림이라고 한다. 예를 들면 겨울철에 빙판길이 되는 것을 막기
위해 제설제를 뿌린다. 제설제의 성분은 소금과 염화칼슘으로, 물의 어는점이 내려가는
효과를 노린 것이다.

49 열역학 제1법칙

— 변화 전후에 에너지의 총량은 불변한다

19에서 역학적 에너지에 대한 에너지 보존 법칙을 알아보았는데, 역학적 에너지만 보존되는 것은 아니다. 열에너지, 내부 에너지를 모두 포함해서 보존된다.

열에너지

증기 기관차는 석탄으로부터 열을 얻어 물을 끓이고 그 증기의 힘으로 열차를 움직인다. 열은 일(**07, 19**)을 만들어내는 셈이다. 이런 의미에서 열은 곧 에너지라고 할 수 있다.

증기 기관의 원리
열은 일을 할 수 있다. 즉, 에너지가 되므로 열에너지라고 한다.

열은 에너지의 한 형태이며 다른 에너지로 변할 수 있다는 사실은 추운 겨울날에 손을 비비면 체감할 수 있다. '손을 비비는' 운동 에너지가 열에너지로 변환된 것이다.

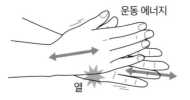

일이 열로 바뀐다!

내부 에너지

223쪽 위 그림의 모델로 상세히 알아보자. 이 모델은 열에너지를 일로 바꾸는 기계인 열기관 중 하나다.

열이 통하지 않는 원통 안에 이상 기체가 들어 있고, 열이 통하지 않는 피스톤이 공기가 새지 않게 원통 안을 마찰 없이 자유로이 왕복할 수 있도록 만들어졌다.

먼저 피스톤을 고정하고 원통 안 공기를 가열해 보자.

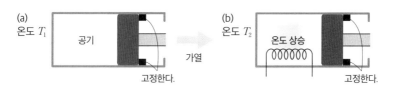

(a) 온도 T_1　　공기　　고정한다.　　가열

(b) 온도 T_2　　온도 상승　　고정한다.

겉으로는 아무런 변화도 일어나지 않는다. 단순히 안에 있는 공기가 데워졌을 뿐이다. 역학적으로 생각하면 에너지 보존 법칙은 성립하지 않는 것처럼 보인다. 여기서 내부 에너지가 등장한다. 가해진 열에너지가 원통 안 공기의 내부에 축적되었다고 여기는 것이다. 이렇게 해서 에너지 보존 법칙이 지켜진다고 보는 셈이다.

내부 에너지도 엄연한 에너지

내부 에너지가 '에너지'라는 것을 확인하기 위해, 위 그림 (b)의 피스톤을 손으로 계속해서 밀면서 고정핀을 제거해 본다. 손이 힘을 느낄 것이다(상태 (c)). 손으로 민 상태에서 힘이 느껴지지 않을 때까지 피스톤을 자유롭게 움직여 보자. 그러면 피스톤은 오른쪽의 어느 지점까지 이동한다(상태 (d)). 피스톤은 손에 일을 한 셈이다. 이렇게 해서 내부 에너지가 일을 하는 능력을 가졌다는 사실을 알 수 있다.

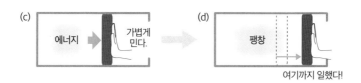

(c) 에너지　　가볍게 민다.

(d) 팽창　　여기까지 일했다!

'에너지'란 일을 하는 능력이라고 정의할 수 있다(**19**). '내부 에너지'라고 부를 자격이 충분하다는 사실이 확인된 셈이다.

열역학 제1법칙

다양한 실험을 통해 내부 에너지 U의 증가는 외부에서 주어진 일 W, 외부에서 가해진 열 Q의 합이라는 사실을 확인하였다. 역학적 에너지 보존 법칙(**19**)에 열까지 포함한 에너지 보존 법칙이 성립하는 것이다. 이것을 **열역학 제1법칙**이라고 한다. 식으로 쓰면 다음과 같다.

> **내부 에너지 U의 증가 = 외부로 한 일 W + 외부에서 가한 열 Q**

에너지는 인류가 이룬 최대 발견 중 하나다. 에너지라는 개념을 통해 우리는 운동, 열, 전기의 다양한 변화 형태를 통일해서 설명할 수 있게 되었다.

에너지라는 개념을 통해 자연 현상의 변화를 통일해서 이해할 수 있다.

내부 에너지의 정체

앞의 원통 실험에서 내부 에너지의 정체는 무엇일까?

지금까지 여러 차례 알아보았듯이 기체란 원자와 분자가 자유롭게 날아다니는 상태다. 기체는 액체와 고체처럼 일정한 모양과 부피가 없이 어떻게 날아다닐 수 있을까? 그 이유는 **운동 에너지**를 가지고 있기 때문이다. 이 운동 에너지가 바로 이상 기체의 내부 에너지의 정체이다. 열을 받으면 기체 전체의 운동 에너지가 증가하고, 원자와 분자의 운동 속도가 빨라진다(223쪽 그림의 상태 (b)). 운동 속도가 빨라지면 피스톤에 부딪히는 원자와 분자의 기세가 세져서 압력이 증가한다. 그 압력이 피스톤을 밀어, 외부로 일을 하는 능력이 된 것이다(223쪽 그림의 상태 (c)).

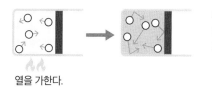

피스톤 안 기체의 상태
열을 얻으면 원자와 분자의 운동이 활발해지고 온도가 올라간다.

열을 가한다.

제1종 영구 기관

영원한 에너지를 얻는 것은 인류의 오랜 꿈이었다. 그래서 아래 그림 같은 발상을 내놓은 사람이 있었다. 물을 모세관 현상으로 끌어올리고, 그 물을 밖으로 내보내 아주 작은 물레방아를 돌린다는 발상이다. 이 물레방아로 발전하면 외부에서 에너지나 일을 가하지 않아도 영원히 전기 에너지를 얻을 수 있다. 이러한 열기관을 제1종 영구 기관이라고 한다.

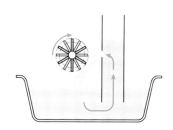

제1종 영구 기관
모세관 현상으로 무한히 계속 돌아가는 물레방아. 이 물레방아로 발전하면 영원한 에너지를 얻을 수 있어서 에너지 문제를 해결할 수 있다.

그러나 열역학 제1법칙(에너지 보존 법칙)이 있으므로 이러한 장치를 만드는 것은 불가능하다.

✍ 실전 문제

223쪽의 그림 (c) 상태에서 피스톤의 단열성을 없애고 원통 안의 공기를 외부 공기와 같은 온도로 했을 때, 피스톤은 어느 지점에서 정지할까?

[해답] 주어진 열의 영향이 전부 밖으로 나갔으므로 다시 (a) 상태로 돌아온다.

50 열역학 제2법칙
— 엔트로피가 증가한다는 자연 법칙

열을 포함한 에너지 보존 법칙이 열역학 제1법칙이었다. 그런데 이 법칙은 '대상이 되는 전체 에너지는 불변한다'는 사실을 말했을 뿐, 어느 방향으로 변화하는지에 대해서는 다루지 않았다.

예컨대 물이 든 컵에 잉크를 한 방울 떨어뜨렸다고 생각해 보자. 잉크 방울은 시간이 지날수록 점차 퍼진다. 그런데 열역학 제1법칙만 따져 보면 그 반대 현상, 즉 퍼진 잉크가 물에서 다시 방울로 모이는 현상이 일어날 수 있다.

또, 예를 들면 무더운 여름날 접시에 올려 둔 얼음은 대기의 열을 흡수해 녹는데, 반대로 녹은 물이 대기에 열을 돌려주고 다시 얼음이 될 수도 있다.

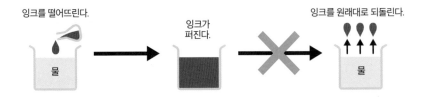

잉크를 떨어뜨린다. 잉크가 퍼진다. 잉크를 원래대로 되돌린다.

그러나 현실에서는 이러한 현상이 일어나지 않는다. 이것을 어떻게 설명할 수 있을까?

가역과 비가역

이 세상의 어떠한 현상을 촬영해서 그 영상을 되감기하면 이상하게 느껴진다. 이처럼 뒤로 돌릴 수 없는 현상을 비가역 변화라고 한다. 반대로 진동하는 진자처럼 시간을 뒤로 돌려도 이상함을 느낄 수 없는 현상을 가역 변화라고 한다. 거시적 세계에서 가역 현상은 모델로 가정하는 이상적인 경우뿐이다. 위에서 예로 든 잉크 방울의 확산 현상은 전형적인 비가역 변화다.

열역학 제2법칙

열과 관련된 변화는 대부분 비가역이다. 19세기 중반 무렵에는 열 현상이 왜 비가역 변화인지 명확한 해답을 얻지 못했다. 그래서 열역학 제1법칙과는 별개로, 변화의 방향을 정하는 법칙이 제창되었다. 그것이 바로 열역학 제2법칙이다. 표현에는 여러 가지가 있지만, 다음 문장이 가장 이해하기 쉬울 것이다.

> 열이 아무런 변화도 남기지 않고 고온의 물체에서 저온의 물체로 이동하는 과정은 비가역이다.

실제로 현실 세계에서 열은 온도가 높은 쪽에서 낮은 쪽으로 이동한다. 그 반대는 일어나지 않는다. 앞에서도 말했듯 무더운 여름날 얼음을 그대로 놔두면 녹아서 물이 되지만, 그 반대 현상은 나타나지 않는 것이다.

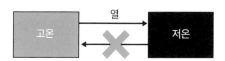

열역학 제2법칙
아무런 작용도 하지 않으면 열은 저온에서 고온으로 전해지지 않는다.

제2종 영구 기관은 왜 불가능한가?

열역학 제2법칙이 성립하지 않으면, 다시 말해 열의 이동이 가역이라면 그것은 인류에게 무척 고마운 일일지도 모른다. 영원히 계속 일하는 영구 기관을 움직일 수 있으니까 말이다. 예컨대 아래 그림은 배가 바다로부터 열을 얻어 가역 변화를 이용해 고온과 저온으로 분리하고, 고온으로 증기 기관을 움직여 바다 위를 나아가는 모습이다.

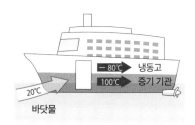

바닷물로부터 열을 끌어들여 증기 기관을 움직이는 원리로 배가 나아가는 그림. 이러한 열기관을 제2종 영구 기관이라고 한다.

이렇게 열역학 제2법칙에 어긋나는 열기관을 **제2종 영구 기관**이라고 한다.

엔트로피의 발견

가역 변화일 때, 변화 과정에서 들어오고 나가는 열량 Q를 그때의 절대 온도 T로 나눈 값은 다음과 같다.

$$\frac{\text{열}}{\text{온도}} = \frac{Q}{T} \cdots (1)$$

(1)을 합해 보자. 그러면 신기하게도, 어떤 경로의 변화를 선택하든 값이 일치한다.

즉, 가역 변화일 때 변화의 경로에 따라 (1)을 합한 양은 상태로 결정되는 양(상태량)이다. 위치 에너지와 같이 이해할 수 있는 셈이다.

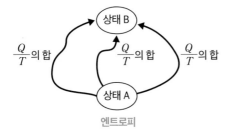

$\frac{Q}{T}$의 합 $\frac{Q}{T}$의 합 $\frac{Q}{T}$의 합

상태 B

상태 A

엔트로피

가역 변화일 때, 변화 과정에서 (1)의 합을 구하면 2개의 상태 A, B만으로 값이 결정된다. 즉, 에너지처럼 (1)의 합은 어떤 종류의 상태량이다.

1865년 독일의 과학자 클라우지우스는 이 발견을 논문에 발표했다. 이처럼 (1)의 합을 계산해서 구할 수 있는 상태량을 **엔트로피**(entropy)라고 한다. 엔트로피는 '에너지'의 en과 '변화'를 의미하는 그리스 어 tropy의 합성어다.

엔트로피 증가 법칙

엔트로피 S_A를 가지는 상태 A에서 엔트로피 S_B를 가진 상태 B로 상태가 비가역 변화했다고 가정해 보자. 이때, 실제 변화 과정에서 (1)을 계산하면 두 가지 상태로 정해지는 엔트로피의 차이보다도 작아진다는 사실을 증명할 수 있다.

실제 변화에서 (1)의 계산값 $< S_B - S_A \cdots (2)$

외부와의 교류가 없는 고립계일 때는 어떨까? 열 Q의 출입이 없으므로 실제 변화 과정에서 (1)은 0이 된다. 그러면 (2)의 좌변은 0이 되므로 다음 관계가 성립한다.

$$S_A < S_B$$

즉, 고립계에서 변화하는 비가역 현상은 변화 전후에 엔트로피가 증가하게 된다. 이것을 엔트로피 증가 법칙이라고 한다.

고립계의 비가역 현상

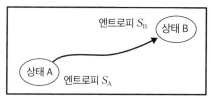

엔트로피 증가 법칙
고립계에서 상태 A가 상태 B로 비가역 변화했을 때, 변화 전후의 엔트로피는 증가한다.

우주도 전체적으로 생각하면 고립계다. 그러면 우주 전체에서 엔트로피는 늘 증가하는 셈이다.

지금까지 한 계산의 의미를 다음 문제를 통해 확인해 보자.

실전 문제

고온의 열원 1(온도 T_H)에서 저온의 열원 2(온도 T_L)로 열 Q가 이동했다. 이 현상에서 전체 엔트로피가 늘어나는 것을 확인해 보자.

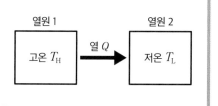

[해답] 가역 변화로 알아보면 고온인 열원에서는 엔트로피가 $\dfrac{Q}{T_H}$만큼 줄어들고, 저온 쪽은 $\dfrac{Q}{T_L}$만큼 늘어난다. 전체 엔트로피를 더하면,

$$\frac{Q}{T_L} - \frac{Q}{T_H} = Q\left(\frac{1}{T_L} - \frac{1}{T_H}\right) > 0$$

즉, 엔트로피는 증가한다.

우리가 일상에서 경험하는 현상은 대부분 비가역이다. 산소와 질소를 혼합하는 실험을 통해 그 이유를 살펴보자(아래 그림). 두 방에 각각 밀폐되어 있던 산소와 질소의 벽을 없애면 두 분자가 마구 섞인다.

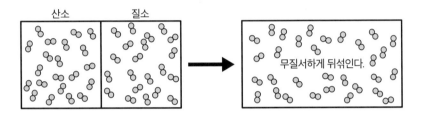

섞인 산소와 질소는 그 수가 너무 많아서 원래대로 되돌리는 것은 불가능하다. 이것이 비가역 변화의 정체다. 참고로 엔트로피는 이 '무질서한 상태의 정도'를 수치로 나타낸 지표다.

실제로 위의 그림에서 변화는 취할 수 있는 상태가 증가하는 쪽으로 향하고 있다. 질서에서 무질서로 이동한다는 것은 그만큼 취할 수 있는 상태 수가 커진다고 해석할 수 있다. 그래서 기체의 분자운동론 관점에서 취할 수 있는 상태 수를 W라고 하면 엔트로피 S는 미시적인 식으로 다음과 같이 쓸 수 있다.

$S = k log W$ (k는 상수, 로그는 자연로그)

이것을 볼츠만의 원리라고 한다.

✎ 메모

열역학 제3법칙

열역학 제3법칙은 제1법칙과 제2법칙에 비해 추상적이어서 이해하기 어렵지만, 같은 표현으로 다음 두 가지를 소개한다.
- 절대 영도에서 엔트로피는 0이 된다.
- 유한한 조작으로 절대 영도를 만드는 것은 불가능하다.

화학 반응을 이해하면 화학이 좋아진다

51 원소 주기율
— 이것을 모르면 현대 과학을 논할 수 없다

원소를 원자 번호 순으로 나열하면 성질이 흡사한 원소가 주기적으로 나타난다는 법칙을 원소 주기율이라고 한다. 러시아의 과학자 멘델레예프(1834~1907)가 1869년에 발견했다고 하여 그 주기성을 나타낸 표를 멘델레예프 주기율표라고 한다. 주기율이라는 전제가 없으면 현대 과학을 논할 수 없을 정도로 중요한 법칙이다.

원소 발견에 관한 이야기와 주기율의 역사만 한 권으로 다룬 아주 두꺼운 책이 있을 정도다. 여기서는 역사적인 경위는 생략하고, 현대적 관점에서 살펴보고자 한다.

원소는 element, 원자는 atom

'원소 기호', '원자 번호' 등 원소와 원자는 혼동하기 쉬운 단어다. 하지만 원자와 원소에 해당하는 영어는 명확하게 다르다. 원소는 element, 원자는 atom

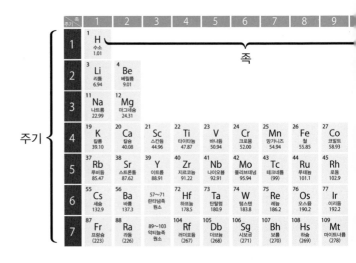

이다.

영어의 어감으로 알 수 있듯이 화학적으로 더 이상 나눠지지 않는 순수한 물질 구성 요소를 '원소'라고 하고, 그 실체가 되는 입자를 '원자'라고 한다. 이를테면 금속 철은 '철'이라는 원소로 이루어져 있지만, 그 구체적인 구성 인자는 '철 원자'인 것이다.

'족과 주기'로 나눠 생각하다

멘델레예프 주기율표의 행(즉, 가로열)을 주기라고 한다. '제1주기는 수소와 헬륨'이라고 표현할 수 있다. 이 주기 순으로 앞 글자를 따서 문장을 만들어 주기율표를 쉽게 외울 수 있다. 예를 들면 '수헤리베 붕탄질산 플네 나만알지 펩시콜라' 등이 있다. 자신만의 주기율표 문장을 만들어보는 것도 좋다. 이처럼 주기율표의 어디에 원자가 위치하는지 기억하는 것은 중요하다. 주기율표의 어디에 위치하느냐에 따라 원자의 화학적 성질이 결정되기 때문이다.

그러나 주기율표를 가로로 외우는 것은 그리 현명한 방법이 아니다. 주기율표에서 가로 열보다는 세로 열이 중요하다. 이 세로열을 족이라고 한다. 그리고 같은 족 안에 있는 원소를 동족 원소라고 한다. 주기율표의 동족 안에는 성

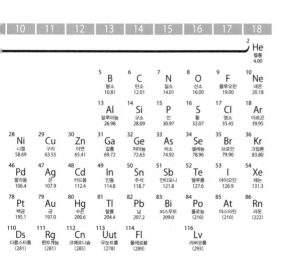

질이 비슷한 원소가 나열되어 있다. 특히 유명한 것은 제1족의 알칼리 금속, 제2족의 알칼리 토금속, 제17족의 할로겐, 제18족의 비활성 기체이다.

주기율표의 주기는 무엇이 결정할까?

이미 잘 알려진 대로 원자는 원자핵과 전자로 이루어져 있다. 그리고 원자핵은 양성자와 중성자로 형성된다. 아래 그림은 중성자가 2개인 헬륨 원자의 모형을 나타낸 것이다.

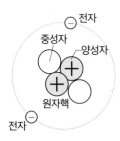

원자핵(+)의 주변을 전자(-)가
빠른 속도로 운동한다.

전자의 배열은 신기하게도 원자 번호와 원자가 가진 전자 수로 구성된 껍질 구조를 갖는다. 그 전자는 안쪽부터 2개(K껍질), 8개(L껍질), 18개(M껍질) 등의 껍질로 둘러싸여 있다. 껍질에 전자가 꽉 차면 화학 반응을 하지 않는 안정된 원소가 된다.

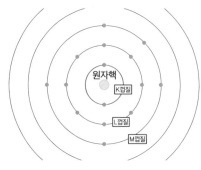

껍질 모델과 각 껍질의 최대 전자 수
원자를 전자껍질이 감싼다. 그 껍질에 포함된 전자 수는 아래 표와 같은 제한이 있다.

껍질 번호	1	2	3	4	5	6
껍질명	K껍질	L껍질	M껍질	N껍질	O껍질	P껍질
수용 수	2	8	18	32	50	72

물질의 화학적 성질은 원자 번호, 즉 핵의 주위에 있는 전자 수에 따라 결정

된다. 화학적 특성 중 특히 중요한 것은 가장 바깥 껍질의 전자 수다. 이 제일 바깥 껍질의 전자를 가전자라고 하는데, 화학 결합 등이 일어날 때 가전자가 주인공 역할을 맡는다. 가전자가 없는, 다시 말해서 가장 바깥 껍질에 전자를 가지고 있지 않은 원자는 안정적이다. 그것이 바로 비활성 기체다.

(1+)₁H							(2+)₂He
(3+)₃Li	(4+)₄Be	(5+)₅B	(6+)₆C	(7+)₇N	(8+)₈O	(9+)₉F	(10+)₁₀Ne
(11+)₁₁Na	(12+)₁₂Mg	(13+)₁₃Al	(14+)₁₄Si	(15+)₁₅P	(16+)₁₆S	(17+)₁₇Cl	(18+)₁₈Ar
가전자							
1	2	3	4	5	6	7	0
알칼리 금속	알칼리 토금속					할로겐	비활성 기체

* 전자 배치에 대한 자세한 내용은 **61**, **62**를 참조하기 바란다.

실전 문제

나트륨(Na)이 이온이 되기 쉬운 이유를 위의 껍질 모델로 설명하라.

[해답] 아래 그림과 같이 Na 원자에는 1개의 전자(가전자)가 있는데, 그것을 잃으면 Ne과 같은 구조가 되어 안정된다. 이렇게 해서 나트륨 원자는 이온이 되기 쉽다.

잃는다.

가장 바깥 껍질의 전자를 빼앗긴다.

전자(−)를 하나 빼앗겼기 때문에 '+'가 된다(Na→Na⁺). 이것은 Ne(네온)과 마찬가지로 안정적이다.

52 볼타 계열

— 현대에서 말하는 이온화 경향, 전지 이론의 시작

현대 사회에서 전지 없는 생활은 가히 상상도 할 수 없다. 텔레비전 채널을 돌리는 리모컨에도, 스마트폰을 쓸 때도 전지는 필수적이다. 그리고 전지는 '볼타의 전기더미(voltaic pile)', '볼타 전지'에서 시작되었다.

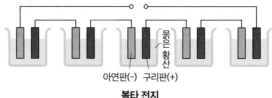

아연판(-) 구리판(+)

볼타 전지

여기서 등장하는 볼타(1745~1827)란 이탈리아 과학자의 이름이다. 볼타는 전기더미, 전지를 발명하는 과정에서 **볼타 계열**(현대에서 말하는 금속의 이온화 경향)을 발견하였다. 볼타 계열은 현대의 리튬 이온 전지와 연료 전지의 기초 법칙이다.

볼타 계열에서 이온화 경향으로

현대를 든든하게 받쳐 주는 전지의 구조는 기본적으로 볼타 전지와 다르지 않다. 그리고 구조를 지탱해 주는 것이 **볼타 계열**이다. 이것은 1797년에 알렉산드로 볼타가 발견한 금속의 이온화 경향이다.

아연(Zn), 철(Fe), 주석(Sn), 납(Pb), 구리(Cu), 은(Ag), 금(Au)

이 순서는 전기가 통하는 수용액(전해액) 중에서 '양이온이 되기 쉬운 정도'를 나타낸 것이다(왼쪽으로 갈수록 양이온이 되기 쉽다). 볼타가 전지를 개량하려던 중에 발견한 경험 법칙으로, 지금은 위의 금속보다 더 종류가 늘어나 이온화 경향이라고 한다.

K, Ca, Na, Mg, Al, Zn, Fe, Ni, Sn, Pb, (H), Cu, Hg, Ag, Pt, Au

수소보다 왼쪽에 있는 금속은 수소 이온(H⁺)이 포함된 산에 잘 녹는다는 사실을 나타낸다.

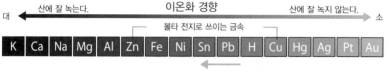

이것 역시 금속의 앞 글자를 따서 문장으로 만들어 외우면 기억하기 쉽다. 예컨대 '카카, 나만알아 철니주남? 수구수은 백금' 같은 문장으로 만들어 암기해 보자.

어떻게 금속이 전지가 될 수 있을까?

볼타의 전기더미와 전지가 어떻게 전류를 만들어내는지, 볼타 전지 1유닛을 예로 들어 보자. 이 볼타 전지는 묽은 황산에 구리판과 아연판을 넣은 것이다. 전자의 움직임을 단계별로 살펴보면, 단계 ②에서 볼타 계열이 생긴다.

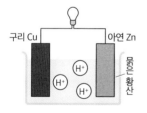

① 구리판과 아연판을 묽은 황산에 넣는다. 수용액 속에는 먼저 물(H₂O)이 다소 분해되어 있고, 수소 이온 H⁺가 액체 속을 떠다니고 있다.

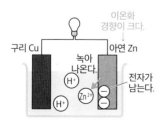

② 수소보다 이온화 경향이 큰 아연이 판 표면에서 양이온으로 녹아 떨어져 나온다. 그러면 원래 아연판에는 전자가 남는다.

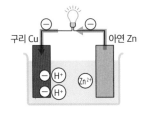

③ 아연판 속의 전자끼리 반발하여, 도선으로 이어져 있는 구리판으로 향한다. 전기가 흐른 것이다! 전지가 작용했다는 사실을 알 수 있다. 한편, (-) 전기를 띠는 전자가 아연에서 구리로 흐르므로, 전류는 구리에서 아연으로 흐른다. 그래서 구리가 양극(+극), 아연이 음극(-극)이 된다.

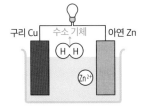

④ 구리판의 전자에 끌려 수용액 속 수소 이온 H^+이 모이고, 전자를 받아 수소 분자가 된다. 이렇게 해서 아연판에 생긴 전자는 수소를 발생하는 여행을 끝마치고, 다시 ①부터 시작한다.

'볼타의 전기더미', '볼타 전지'의 역사적 의의

볼타는 볼타의 전기더미라고 부르는 전지도 발명했다. 구리판과 아연판 사이에 소금물을 적신 수건을 끼워 겹친 것이다.

볼타의 전기더미와 볼타 전지의 발명은 전기·자기의 연구에 아주 중요한 의미를 지니고 있다. 그 발명이 풍부하고 안정적으로 흐르는 전류를 처음으로 인류에게 선물해 주었기 때문이다. 이 발명이 있기 전까지는 주로 정전기로부터 전기를 얻었다. 그렇게 모은 정전기는 한순간에 흘러 없어져버리고 만다. 하지만 전지를 쓰면 오랜 시간 지속적으로 전류를 얻을 수 있다. 이렇게 해서 볼타 전지의 발명 이후 전기·자기 실험이 한결 수월해졌고 다양한 발견과 발명으로 이어졌다.

볼타 전지 발견의 계기

볼타의 전기더미와 볼타 전지는 이제 초등학교에서 하는 실험으로도 쉽게 확인할 수 있지만, 발견 당시에는 전기사상 유명한 논쟁이 있었다. '동물 전기'를 주장한 이탈리아의 의학자 루이지 갈바니(1737~1798)와 볼타 사이의 논쟁이다.

1780년, 갈바니는 철책에 거꾸로 매단 개구리의 다리에 황동으로 만든 철사가 닿으면 다리에서 경련이 일어난다는 사실을 발견하였다. 이것이 세기의 발견으로 이어지리라고는 갈바니 본인도 알아차리지 못했으리라.

꿈틀
꿈틀

그때까지 얻은 생리학상의 경험을 통해 갈바니는 그 발견에 '동물 전기'라는 명칭을 부여했다. 동물에게서 전기가 발생한다고 생각했기 때문이다.

하지만 납득하지 못한 볼타는 시행착오 끝에 두 종류의 금속과 전기가 통하는 액체를 조합하면 전기가 발생한다는 생각에 다다랐다. 그리고 은판과 아연판 사이에 소금물을 적신 종이를 끼운 다음 자신이 발명한 검류침(전기가 흘렀는지 알아보는 계측기)에 연결시켰더니 실제로 전기가 흘렀다는 결과를 확인하였다. 이렇게 해서 동물 전기를 부정하고 '두 종류의 금속이 전기를 만든다'는 새로운 전기 이론을 만들었던 것이다. 1794년의 일이다.

볼타는 전압을 높이기 위해 은판과 아연판 사이에 소금물을 적신 종이를 여러 겹 끼워 넣어 강한 전류가 흐르게 만들었다. 이것이 바로 '볼타의 전기더미'다.

볼타는 더욱 전압을 높이기 위해 다양한 금속과 수용액의 조합을 모색하였다. 그러던 중에 '볼타 계열'을 발견한 것이다. 그 결과, 구리와 아연 그리고 황산 용액을 썼을 때 강한 전류를 발생시킨다는 사실을 확인하였다. 이것이 바로 '볼타 전지'다.

🖐 실전 문제

다음 두 금속 조합 ①, ② 중 어느 쪽이 강한 전류가 발생하는 전지를 만들 수 있는가?
① 구리와 아연   ② 구리와 철

[해답] 볼타 계열에서 멀리 떨어져 있는 쪽이 전압이 더 높으므로 ①.

53 패러데이의 전기 분해 법칙
― 전기 분해는 전자가 연출한다

전자라는 전기 현상의 실체가 아직 발견되지 않았을 무렵, 전기 분해할 때 흐르는 전기량과 변화하는 물질의 질량 관계에 대해 패러데이(**33**)는 1833년 패러데이의 전기 분해 법칙, 줄여서 패러데이 법칙이라는 다음 법칙을 발견하였다.

> 1. 음극 또는 양극에서 변화하는 물질의 질량은 전극을 통과한 전기량에 비례한다.
> 2. 이온 1몰의 질량을 그 이온 가수로 나눠서 나온 질량을 전기 분해하는 데 필요한 전기량은 이온의 종류에 관계없이 일정하다.

* 1몰이란 6.0×10^{23}개를 말한다(**41**). 한편, 이온 1몰의 질량을 그 이온 가수로 나누어 나온 질량을 이온의 그램당량이라고 한다.

전기 분해로 패러데이 법칙을 이해하다

'물의 전기 분해'를 예로 들어 패러데이 법칙의 의미를 현대적으로 하나씩 풀어보겠다.

물 분자를 화학 기호로 표시하면 H_2O, 즉 수소 2개와 산소 1개가 결합한 것이다. 이 분자에 전기 에너지를 가해, 산소와 수소로 분해하는 것이 물의 전기 분해다.

물의 전기 분해
많은 물질은 높은 전압을 가해 전류를 흐르게 하면 분해된다. 이것을 전기 분해라고 한다.

통상적으로는 전기가 잘 통하도록 물에 묽은 황산과 수산화 나트륨을 녹인 다. 이렇게 황산과 수산화 나트륨처럼 물에 녹아 이온이 되는 물질을 전해질이 라고 한다(**46**).

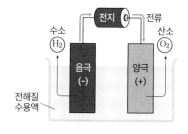

물의 전기 분해
반응식은 다음과 같다.

물 → 수소 + 산소

화학 반응식으로 표현하면,

$$2H_2O \rightarrow 2H_2 + O_2$$

또한, 전기가 잘 통하도록 물에 묽은 황산과 수산화 나트륨을 넣는데, 이러한 물질을 전해질이라고 한다.

물의 전기 분해로 전기가 흐르면 전지의 (−)극에서 (+)극으로 전자가 이동한 다. 그 전자 (e^-)는 음극(−쪽 전극)에서 물(H_2O)과 반응해서 수소(H_2)를 발생시 킨다. 전자를 주인공으로 두고, 음극에서의 반응을 식으로 나타내 보자.

음극: 2개의 물 분자(H_2O) + 2개의 전자(e^-)

　　→1개의 수소(H_2) + 2개의 수산화 이온(OH^-) … (1)

* OH^-를 수산화 이온이라고 한다. 옛날에는 수산 이온이라고 불렀다.

(1)의 수산화 이온(OH^-)은 전해질 속을 양극 쪽으로 이동하고, 그곳에서 전 자(e^-)를 잃어 다음 반응으로 산소(O_2)가 발생한다. 다시 전자를 주인공으로 삼 아, 양극에서의 반응을 식으로 나타내 보자.

양극: 2개의 수산화 이온(OH^-)

　　→1개의 물(H_2O)+절반의 산소(O_2)+2개의 전자(e^-) … (2)

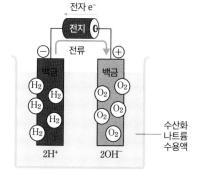

자세히 살펴본 물의 전기 분해
음극에서

$$2H_2O + 2e^- \rightarrow H_2 + 2OH^-$$

양극에서

$$2OH^- \rightarrow H_2O + \frac{1}{2}O_2 + 2e^-$$

의 반응이 일어난다. 정리하면,

$$H_2O \rightarrow H_2 + \frac{1}{2}O_2$$

이 음극과 양극에서 일어난 반응식을 더한 것이 '물의 전기 분해'를 나타내는 반응식이다.

$$H_2O \rightarrow H_2 + \frac{1}{2} O_2, \ \text{즉} \ 2H_2O \rightarrow 2H_2 + O_2 \cdots (3)$$

(1), (2)로 알 수 있듯이 물의 전기 분해 (3)에서는 2개의 전자가 반응에 관여하고, 남는 것은 없다. 그런데 흐르는 전기량은 전자의 개수에 비례한다. 따라서 '음극 또는 양극에서 변화하는 물질의 질량은 전극을 통과한 전기량에 비례한다'는 패러데이 법칙 (1)이 성립하는 것이다.

물질의 분자 개수와 전자는 항상 일정한 수가 대응해서 반응한다. 이것이 패러데이 법칙 (1)의 의미다.

또, 반응할 때는 이온 가수(243쪽 [메모] 참조)와 같은 개수의 전자가 대응한다. 이온이 가진 전기량과 같은 전자 개수가 화학 반응에 관여하기 때문이다. 이것이 패러데이 법칙 (2)의 의미다.

수산화 이온 OH^- ⬤⁻ ⟷ ⓔ⁻

수소 이온 H^+ ◯⁺ ⟷ ⓔ⁻

2가의 구리 이온 Cu^{2+} ⬤²⁺ ⟷ ⓔ⁻ⓔ⁻

3가의 철 이온 Fe^{3+} ⬤³⁺ ⟷ ⓔ⁻ⓔ⁻ⓔ⁻

이온이 가진 가수에 대응해 전자가 반응에 관여한다. 따라서 전자 1몰이 담당하는 물질량은 그 분자량을 가수로 나눈 값이다. 이것이 패러데이 법칙 (2)의 뜻이다(구리와 철 이온으로도 확인해 보자).

전자라는 전기 현상의 실체가 발견되고 그것이 화학 반응의 주역이라는 것을 아는 지금은 패러데이 법칙을 군이 법칙이라고 부를 필요가 없다. 하지만 역사적으로 말하면 패러데이와 같은 과학자들의 노력에 의해 전자라는 실체가 발견되었다(1897년).

실전 문제

황산구리 수용액을 전기 분해하면 음극에서 구리가 석출된다. 구리 1몰(약 64g)을 얻으려면 1암페어의 전류를 몇 초간 흘려보내야 할까? 단, 황산구리 수용액 속에 구리는 2가의 양이온 Cu^{2+}로 존재한다.

* 1몰은 6.0×10^{23}개, 1개의 전자가 가지는 전기량은 1.6×10^{-19}쿨롱, 1암페어는 1쿨롱의 전기가 1초간 흐르는 전류다. 한편, 전자 1몰의 전기량을 패러데이 상수라고 한다.

[해답] 구리 이온은 2가이고, 전기 분해로 1몰의 구리를 얻으려면 전자 2몰이 필요하다. 따라서 1몰의 구리를 얻으려면,

$$2 \times (6.0 \times 10^{23}) \times (1.6 \times 10^{-19}) = 약 20 \times 10^4 쿨롱$$

의 전기량이 필요하다. 즉, 20만 쿨롱이다. 1암페어는 1초간에 1쿨롱이 흐르므로 20만 쿨롱이면 20만 초의 시간(약 56시간)이 필요하다.

메모

이온 가수

물의 전기 분해에서 등장한 수산화 이온 OH^-, 수소 이온 H^+는 (+), (−)와는 별개로 전자 1개분의 전하를 가진 입자다. 이러한 이온을 가수 1의 이온이라고 한다.

위 [문제]의 황산구리 수용액에 존재하는 구리 이온 Cu^{2+}, 황산 이온 SO_4^{2-}는 (+), (−)는 별개로, 전자 2개분의 전하를 지닌 입자다. 이러한 이온을 가수 2의 이온이라고 한다.

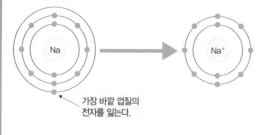

가장 바깥 껍질의 전자를 잃는다.

이온의 가수는 취하거나 버린 전자의 개수와 일치한다. 왼쪽 그림은 Na^+ 이온을 나타낸 것이다.

54 헤스 법칙

— 원자와 분자의 세계에도 성립하는 에너지 보존 법칙

'헤스 법칙'은 '총열량 보존 법칙'이라고도 한다. '에너지가 보존된다'는 사실이 상식으로 자리 잡은 지금은 새롭게 느껴지지 않지만, 헤스(1802~1850)가 활약한 시대에는 획기적인 발견이었다.

반응열

제일 먼저 화학 반응에 따르는 열에 대해 알아보자. 화학 상태에 변화가 있을 때는 열을 동반하는 것이 보통이다. 이것을 반응열이라고 한다. 열을 발생시키는 변화를 발열 반응, 열을 흡수하는 변화를 흡열 반응이라고 한다.

발열 반응 반응물 ──→ 생성물 발열

흡열 반응 반응물 ──→ 생성물 흡열

성냥에 불을 붙이면 주변이 뜨거워지는데, 그것은 발열 반응이 일어났기 때문이다. 또, 한여름에 땅에 물을 뿌리면 시원하게 느껴지는 것은 땅에서 흡열 반응이 일어났기 때문이다.

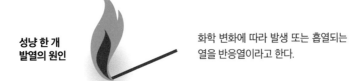

**성냥 한 개
발열의 원인**

화학 변화에 따라 발생 또는 흡열되는
열을 반응열이라고 한다.

반응열은 반응하는 물질 1몰당 발생 혹은 흡수하는 열량을 나타낸다. 열량의 단위는 사용의 편의에 따라 다른 단위를 사용하기도 하는데, 영양학·식품학에서는 칼로리를 쓰고, 물리학에서는 주로 kJ/몰을 쓴다.

* 1kJ는 1000J(줄). 1cal(칼로리)는 4.2J(줄)이다.

대표적인 반응열에는 다음과 같은 종류가 있다.

반응열	의미
연소열	물질 1몰이 완전 연소했을 때 발생하는 열량
생성열	화합물 1몰이 성분 원소에서 생성될 때 발생 혹은 흡수하는 열량
분해열	화합물 1몰이 성분 원소로 분해될 때 발생 혹은 흡수하는 열량
중화열	중화 반응에 따라 물 1몰을 생성할 때 발생하는 열량
용해열	물질 1몰이 용해했을 때 발생 혹은 흡수하는 열량

* 아무 표기가 없으면 25℃, 1기압에서의 측정치가 쓰인다.

열화학 방정식 = 화학 반응식 + 열

화학 반응식은 예를 들어 다음과 같이 쓸 수 있다.

$$C + O_2 \rightarrow CO_2$$

이것은 탄소 원자 1개에 산소 분자 1개가 결합해서 이산화탄소로 변하는 현상을 나타낸 식이다. 그런데 이 경우에 열도 발생한다. 그 열을 표현하고 싶을 때, 이 화학 반응식의 →를 =로 바꿀 수 있다.

$$C + O_2 = CO_2 + 394kJ$$

이렇게 열량을 포함한 화학 반응식을 열화학 방정식이라고 한다. 이 예에서 394kJ는 탄소가 산소와 결합해 이산화탄소가 됐을 때 방출되는 탄소 1몰당 열량을 나타낸다.

열화학 방정식의 계수가 1인 물질 1몰이 반응·생성했을 때 열량이 이 방정식에 기재된다.

참고로 흡열 반응에서는 열량을 마이너스(−)로 쓴다. 예를 들면 질소가 산소와 결합해서 일산화질소를 생성할 때의 열화학 방정식은 다음과 같다. 181kJ는 흡열 반응으로 흡수되는 질소 1몰당 열량이다.

$$N_2 + O_2 = 2NO - 181kJ$$

헤스 법칙

화학 변화할 때 에너지 보존 법칙은 헤스 법칙이라고 하며 다음과 같이 표현할 수 있다.

> 반응열은 반응물과 생성물의 종류에 의존하고 반응 경로에는 의존하지 않는다.

어떤 경로로 화학 변화를 해도 도중에 반응계의 총 에너지가 늘어나거나 줄어들지 않는다는 뜻이다.

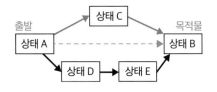

헤스 법칙
상태 A에서 상태 B로 바뀌는 과정에서 일어나는 변화 방법은 여러 가지다. 그 어느 경로를 통하더라도 결과적으로 얻을 수 있는 반응열은 같다.

예제 탄소가 직접 이산화탄소가 되는 반응과 일산화탄소를 거쳐 이산화탄소가 되는 반응의 열화학 방정식은 다음과 같다.

$$C + O_2 = CO_2 + 394kJ \cdots (1)$$
$$C + \frac{1}{2}O_2 = CO + 111kJ \cdots (2)$$
$$CO + \frac{1}{2}O_2 = CO_2 + 283kJ \cdots (3)$$

이를 통해 헤스 법칙이 성립한다는 것을 확인해 보자.

[해설] (1)은 직접 이산화탄소가 생성된다. (2), (3)은 일산화탄소 CO를 거쳐서 이산화탄소를 생성하는 반응으로, 반응열의 합 $111+283$은 (1)의 직접 생성할 때 반응열 394와 일치한다. 두 경로의 열의 출입은 동일한 값이다. 이렇게 해서 헤스 법칙을 확인하였다.

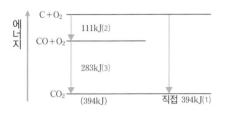

헤스 법칙의 예
탄소와 산소에서 두 가지 경로로 이산화탄소가 생성되는데, 에너지의 출입은 같다.

헤스 법칙
제5장 화학 반응을 이해하면 화학이 좋아진다

그런데 (2)와 (3)을 수식처럼 더해 보자.

$$C + \frac{1}{2}O_2 + CO + \frac{1}{2}O_2 = CO + 111\text{kJ} + CO_2 + 283\text{kJ}$$

양변에 공통항을 소거하고 반응열을 계산하면 다음 식을 얻을 수 있다.

$$C + O_2 = CO_2 + 394\text{kJ}$$

이것은 (1)과 같다. 즉, 열화학 방정식은 수학의 등식과 똑같이 취급할 수 있는 셈이다. 수학에서 쓰는 등호 (=)를 열화학 방정식에도 쓸 수 있는 것은 이 때문이다.

> ☞ **실전 문제**
>
> 25℃, 1기압일 때 다음 열화학 방정식이 성립한다.
> $$H_2 + \frac{1}{2}O_2 = H_2O(액체) + 16.3\text{kJ}, \quad H_2 + \frac{1}{2}O_2 = H_2O(기체) + 13.8\text{kJ}$$
> 그렇다면 25℃, 1기압에서 물이 액체에서 기체로 변화할 때 흡수하는 열량(기화열)을 구하라.

[해답] 오른쪽 식에서 왼쪽 식을 빼고 이항하면,
　　　H_2O (액체) $= H_2O$ (기체) $- 2.5\text{kJ}$
　　　따라서 기화열 2.5kJ을 흡수하게 된다.

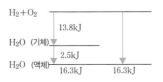

55 pH의 계산 원리

— 산성과 염기성을 논할 때 기본이 되는 지표

물 H_2O는 신기한 성질을 많이 가지고 있다. 예를 들면 공유 결합하고 있는 데도 불구하고 그 일부가 수소 이온 H^+와 수산화 이온 OH^-로 이온화된다. 이 이온화의 특징을 파악함으로써 산과 염기를 지표로 나타낼 수 있다. 그것이 pH이다.

물의 이온화 평형

소금(염화 나트륨 $NaCl$)은 물에 들어가면 나트륨 이온과 염화 이온으로 분해된다. 이것을 이온화라고 한다. 염화 나트륨은 이온 결합으로 이어져 있으므로, 물에 닿으면 분해되는 것이다.

그런데 물은 수소와 산소가 공유 결합하여 생긴 화합물이다. 공유 결합한 물질은 보통 이온화되지 않는다. 그런데 재미있게도, 물의 경우는 극히 일부가 이온화되어 아래의 식으로 쓸 수 있는 평형 상태가 된다. 이것을 물의 이온화 평형이라고 한다.

$$2H_2O \rightleftarrows H_3O^+ + OH^- \cdots (1)$$

여기서 H_3O^+를 하이드로늄 이온, OH^-를 수산화 이온이라고 한다.

이 수소 원자를 다른 물 분자로 보낸다.

이것은 3개의 H를 가진 하이드로늄 이온이 된다.

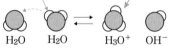

물의 이온화
물 분자의 극히 일부는 H_3O^+ / OH^-로 이온화하여, 평형 상태가 된다.

물의 이온화 현상 식은 아주 많이 쓰인다. 그리고 하이드로늄 이온 H_3O^+에서 물 분자 H_2O를 제거하고, 수소 이온 H^+가 단독으로 존재한다고 생각하여 보통은 다음과 같이 간단히 쓴다.

$$H_2O \rightleftharpoons H^+ + OH^- \cdots (2)$$

이것이 많은 책에 실려 있는 '물의 이온화 평형'을 나타낸 식이다.

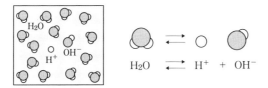

물의 이온화의 간략한 이미지
그림처럼 단독의 수소 이온이 존재한다고 생각하면, 위와 같이 식이 간단해진다.

수소 이온 농도와 물의 이온곱

물의 이온화 평형에 화학 평형 법칙을 적용해 보자(**47**). 화학 평형 법칙 공식에 (2)를 대입하면 다음 식을 얻을 수 있다.

$$\frac{[H^+][OH^-]}{[H_2O]} = 일정 \cdots (3)$$

수용액에서 수소 이온과 수산화 이온의 농도 $[H^+]$, $[OH^-]$는 작고, 물의 농도 $[H_2O]$는 일정하므로 (3)에서 다음 식을 얻을 수 있다.

$$[H^+][OH^-] = K_W \ (일정)$$

이 상수 K_W를 물의 이온곱이라고 한다.

측정 결과, 25℃ 1기압일 때 1.0×10^{-14}가 된다는 사실이 알려졌다. 즉, 25℃ 1기압일 때 다음 식이 성립한다.

$$[H^+][OH^-] = 1.0 \times 10^{-14} \cdots (4)$$

이것은 화학에서 중요한 관계식이다. 특히 이 수소 이온의 몰 농도 $[H^+]$를 줄여서 수소 이온 농도라고 한다.

수소 이온 농도와 수소 이온 지수 pH

이미 잘 알려져 있듯 산성을 특징짓는 것은 H^+, 염기성을 특징짓는 것은 OH^-이다. 그래서 H^+의 농도가 OH^-보다 크면($[H^+]$가 $[OH^-]$보다 크면) 산성이 되고, 그 반대는 염기성이 된다.

중성일 때, $[H^+] = [OH^-]$
산성일 때, $[H^+] > [OH^-]$ $\Big\}$ ... (5)
염기성일 때, $[H^+] < [OH^-]$

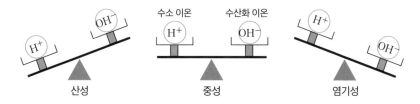

여기서 갑작스럽지만, (4)를 로그로 구해 보자.
$$\log [H^+][OH^-] = \log(1.0 \times 10^{-14})$$
* logA는 상용로그 를 나타낸다.

로그의 성질에 따라 다음 식이 성립한다.
$$\log [H^+] + \log [OH^-] = -14 \cdots (6)$$
여기서 다음과 같이 pH라는 수를 정의해 보자.

$$\mathbf{pH} = -\log [H^+] \cdots (7)$$

이렇게 정의한 pH를 **수소 이온 지수**라고 한다. 줄여서 '피에이치', '페하'라고
도 한다. 이 정의 (7)과 (6)에 따라,
$$\log [H^+] = -pH, \ \log [OH^-] = -14 + pH$$

📝 메모

pH는 피에이치, 페하로 읽는다
'pH'를 최초로 발견한 사람은 덴마크 사람이다. 근대 화학이 유럽에서 발전했기 때문에
'페하'라는 독일어로 읽는 것이 일반적인데, 국립국어원 표준대사전에서는 '피에이치'를
권장한다. 참고로 pH는 영어로 **power of hydrogen**이다.

(5)와 조합해서,

중성일 때,   pH = 7
산성일 때,   pH < 7 ⎫⎬⎭ ⋯ (8)
염기성일 때, pH > 7

이렇게 해서 **pH가 7을 기준으로 수소 이온 농도가 작거나 큼에 따라 수용액의 산성과 염기성이 판정된다는 것**을 알 수 있다.

또, pH의 정의 (7)로 알 수 있듯 수소 이온 농도 $[H^+]$가 커지면 pH는 0에 가깝게 작아진다. 다시 말해서, 오른쪽 그래프와 같이 산의 농도가 높아지면 pH의 값은 중성인 7에서 0에 가까워져가는 것이다.

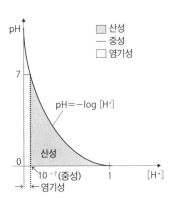

pH의 구체적인 예

(7)의 로그를 지수로 돌리면 오른쪽 공식과 같다. 수소 이온은 수용액 1리터 속에 10^{-pH}몰 존재하는 셈이다.

$$[H^+] = 10^{-pH}$$

이렇게 지수로 표현해도 역시 pH는 잘 와 닿지 않는 듯하다. 그래서 아래 그림과 같이 우리에게 친근한 예를 들어 pH의 구체적인 값을 실감해 보고자 한다. 예를 들어 귤이나 레몬이 신 것은 과일에 포함된 산 때문인데, pH가 2~4 정도 된다. 한편 위액은 조건에 따라 크게 달라지지만, 보통은 1.5 정도 된다고 한다.

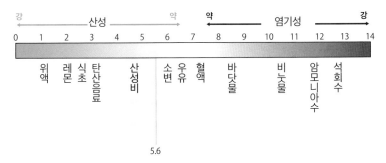

5.6

pH의 계산 원리

제5장 화학 반응을 이해하면 화학이 좋아진다

251

pH가 1 달라지면 수소 이온 농도는 10배 달라진다

정의 (7)로 알 수 있듯 pH의 값은 로그 척도다. 따라서 pH가 1 달라지면 수소 이온 농도는 10배 달라진다. 이는 환경 분야에서 자주 거론되는 문제다. 예를 들면 pH 4인 산성비는 pH 5인 산성비보다 산성도가 10배 높고, pH 6인 비보다는 산성도가 100배 높다. 동식물에는 엄청난 차이인 셈이다.

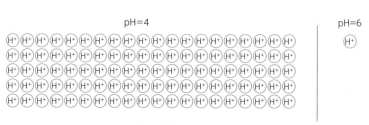

pH가 2 달라지면 =100배 달라진다

pH는 수소 이온 농도를 로그로 나타낸 것이므로 pH와 수소 이온 농도의 수치는 차이가 크다. 예컨대 pH가 6이면 1리터 속에 0.000001몰의 수소 이온이 포함되어 있는데, pH가 4인 수용액에는 그 100배인 0.0001몰의 수소 이온이 포함되어 있다. pH는 2밖에 차이가 나지 않는데, 수소 이온 농도는 100배나 차이가 난다.

실전 문제

25℃, 1기압에서 순수한 물은 물 분자 몇 개에 1개 비율로 이온화되는지 계산해 보자. 단, 물 1ℓ의 질량은 1kg이라고 하고, 물 H_2O 1몰의 질량은 18g이다.

[해답] 순수한 물 1ℓ의 질량은 1kg=1000g. 여기에 포함되어 있는 물 분자의 몰 수는 다음과 같다.

$$\frac{1000}{18} = 약 56몰$$

이중에 25℃, 1기압에서 이온화되는 물 분자는 수소 이온 농도와 마찬가지로 1.0×10^{-7}몰이므로, 물 분자 속에 이온화되는 비율은 56몰 중 1.0×10^{-7}몰, 즉 물 분자 5억 6000만 개에 1개다.

메모

산성과 염기성

수용액의 성질에는 산성, 염기성, 중성이 있다.

산성 수용액은 염산, 황산, 질산 등이 잘 알려져 있다. 이러한 산성의 특징을 미시적으로 보면 그 수용액 속에 수소 이온 H^+이 아주 많이 포함되어 있음을 알 수 있다. 이 수소 이온이 산성의 주인공이다.

수소 이온 H^+은 수소 원자에서 전자 1개가 튀어나온 것으로 (+) 전기를 띤다. 그러면 수소 이온 H^+은 전자 옷을 입지 않은 벌거숭이 상태가 된다. 그렇다고 감기에 걸리지는 않을지 걱정할 필요는 없다. 평소에는 벌거벗은 상태로 존재하지 않기 때문이다. 수용액 속에서 물 분자의 산소와 결합하여 하이드로늄 이온으로 존재한다.

염기성으로는 수산화 나트륨, 수산화칼슘, 암모니아 등의 수용액이 잘 알려져 있다. 산성이 시큼한 맛인 데 비해 염기성은 보통 쓴맛이 느껴진다.

염기성 수용액을 미시적으로 보면 그 속에 수산화 이온이 아주 많이 포함되어 있음을 알 수 있다. 이것이 염기성의 주인공이다.

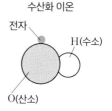

수산화 이온은 수소와 산소가 결합하여 (−) 전기를 띠는 이온 OH^-다. 물 분자에서 수소 이온 1개가 튀어나온 것이라고 생각하면 이해하기 쉽다.

56 르 샤틀리에의 평형 이동 원리
— 화학 공업의 증산 대책에 필수 불가결한 원리

프랑스의 화학자 르 샤틀리에(1850~1936)는 1884년, 훗날 르 샤틀리에의 평형 이동 원리라고 불릴 다음 법칙을 발표하였다. 화학 공업에서 물질 제조에 없어서는 안 될 중요한 법칙이다.

> 화학 평형 상태에서 온도, 압력, 농도 등의 조건을 바꾸면, 그 변화 효과를 없애는 방향으로 화학 평형이 이동한다.

이 말을 처음 들으면 도통 무슨 소리인지 이해하기 어려울 것이다. 지금부터 구체적인 예를 통해 이 원리를 알아보도록 하자.

* '르 샤틀리에의 평형 이동 원리'는 평형 이동 원리, 르 샤틀리에의 법칙 등 여러 가지 명칭이 있다. 또, 1887년에 독일의 과학자 카를 브라운(1850~1918)도 독립적으로 발표했다. 그래서 르 샤틀리에-브라운의 원리라고도 한다.

질소 산화물로 의미를 알아보자

구체적인 예로, 상온 상압에서 이산화 질소와 사산화 이질소의 평형 상태를 들어보겠다. 이 기체들은 대기 오염의 주범으로 유명한데, 이산화 질소는 갈색이고 사산화 이질소는 무색이다. 둘 다 독성이 있지만, 압력과 열의 변화에 따라 평형 상태가 어느 쪽으로 기우는지 색깔 변화로 확인할 수 있기 때문에 르 샤틀리에의 법칙 실험으로 무척 인기 있다.

이 두 물질은 다음과 같은 평형 상태를 유지하며 존재한다.

$$N_2O_4 \rightleftharpoons 2NO_2 \cdots (1)$$

또, (1)의 반응은 흡열 반응으로 다음 열화학 방정식을 만족한다.

$$N_2O_4 = 2NO_2 - 57.3 \ (kJ) \cdots (2)$$

N(질소)

사산화 이질소   이산화 질소

O(산소)

사산화 이질소는 무색 기체, 이산화 질소는 갈색 기체다. 따라서 (1)의 평형 상태에서는 전체적으로 연갈색을 띤다.

① 사산화 이질소만
② 이산화 질소와 사산화 이질소(이산화 질소가 적다.)
③ 이산화 질소와 사산화 이질소(이산화 질소가 많다.)
④ 이산화 질소만

압력의 변화

이산화 질소와 사산화 이질소가 화학 평형 상태 (1)일 때, 들어 있는 용기로 외부에서 천천히 압력을 가해 부피를 작게 한다. 이때 르 샤틀리에 법칙은 다음과 같이 표현할 수 있다.

> **가해진 압력 효과를 없애는 방향으로 화학 평형이 이동한다.**

'압력 효과를 없앤다'는 말은 (1)의 반응이 왼쪽으로 향하는 것을 의미한다. 분자 수가 전체적으로 줄어들어, 압력의 변화를 상쇄시키기 때문이다. 이렇게 해서 투명한 사산화 이질소의 수가 늘어나고, 용기 속 기체의 색은 연해진다. 반대로 용기의 압력을 낮추면 이산화 질소가 증가하고 용기 속 기체의 색은 진해진다.

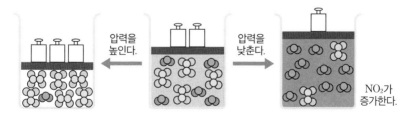

압력을 높인다.   압력을 낮춘다. NO_2가 증가한다.

압력을 높이면 (1)의 평형 상태는 분자 수를 줄이는 방향으로 움직이고, N_2O_4가 증가해 기체의 색이 연해진다. 반대로 압력을 줄이면, (1)의 평형 상태는 분자 수가 많아지는 방향으로 움직이고, NO_2가 늘어나 기체의 색이 진해진다.

이산화 질소와 사산화 이질소가 화학 평형 상태 (1)일 때, 용기의 온도를 서서히 올려 보자. 이때 르 샤틀리에 법칙은 다음과 같이 표현할 수 있다.

> **온도를 높인 효과를 없애는 방향으로 화학 평형이 이동한다.**

'온도를 높인 효과를 없애려면' (1)의 반응이 오른쪽으로 움직이는 것이 필요하다. (2)로 알 수 있듯, N_2O_4가 $2NO_2$가 되는 반응은 흡열 반응이므로 가해진 열을 흡수해서 온도 변화를 상쇄시킬 수 있기 때문이다. 이렇게 해서 투명한 사산화 이질소의 수가 줄어들고, 갈색 이산화 질소가 늘어나므로 용기 속 기체의 색은 진해진다. 반대로 용기의 온도를 낮추면 용기 속 기체의 색은 연해진다.

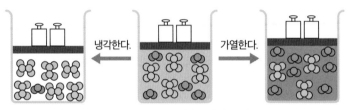

온도가 높아지면 평형 상태 (1)은 온도를 내리는 방향(흡열 반응, 즉 오른쪽 방향)으로 이동한다. 그래서 N_2O_4가 줄어들고 NO_2가 늘어나 기체의 색깔이 진해진다. 반대로 온도를 낮추면 평형 상태 (1)은 왼쪽으로 움직이고 색은 연해진다.

암모니아의 합성

역사적으로 유명한 암모니아(분자식 NH_3)를 예로 들어 르 샤틀리에 법칙을 알아보자. 암모니아는 다양한 기초 재료가 되므로 공업에서 아주 중요한 물질이다.

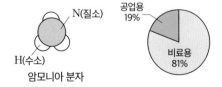

왼쪽은 암모니아 분자의 구조이고, 오른쪽은 세계적 암모니아 이용 현황이다. 세계 총생산량은 1.71억 톤(2012년 기준)이다.

암모니아는 수소와 질소를 넣은 용기에 촉매를 가하여 고온 고압 상태로 만들어 얻을 수 있다. 실제로 그 용기 속은 다음과 같은 화학 평형 상태가 된다.

$$N_2 + 3H_2 \rightleftarrows 2NH_3 \cdots (3)$$

왼쪽에서 오른쪽으로 향하는 반응은 발열 반응으로 다음 열화학 방정식이 성립한다.

$$N_2 + 3H_2 = 2NH_3 + 92.2\text{kJ} \cdots (4)$$

이 식에서 암모니아는 저온 쪽이 정반응(왼쪽에서 오른쪽으로 향하는 반응)에 유리하다. (4)에서 암모니아 생성 반응은 발열 반응이므로 저온으로 하면 르 샤틀리에 법칙에 따라 (3)의 평형 상태가 오른쪽으로 기울기 때문이다.

그런데 저온으로 하면 반응 속도가 느려져서 암모니아 제조 효율이 나빠진다. 그것을 극복하게 돕는 것이 촉매다. 촉매란 자신은 변하지 않고 화학 반응을 빠르게 해 주는 물질이다. 암모니아의 경우는 산화철(사산화 삼철 Fe_3O_4)을 기본으로 한 촉매가 쓰인다.

실전 문제

암모니아의 생성에서 고압이 되면 유리한 이유가 무엇인지 생각해 보자.

[해답] 평형 상태 (3)으로 알 수 있듯 (3)의 정반응(오른쪽으로 향한 반응)은 분자 수를 적게 한다. 고압이 되면 분자의 밀도가 높아지므로, 르 샤틀리에 법칙에 따라 밀도를 낮추는 방향으로 평형 상태가 진행된다. 다시 말해서 (3)의 분자 수를 줄이는 방향(정반응이 일어난다)이 되는 것이다.

몰 농도

　　지금까지 몰 농도의 계산을 몇 차례 해 보았다. 특히 화학 평형 상태를 정량적으로 다룰 때에는 몰 농도가 중요하다. 그러면 여기서 정리해 보자.

　　몰 농도란 용액 1리터당 용질의 몰수를 말한다. 몰수란 몰(**41**)을 단위로 한 개수의 수치다.

　　이 정의에 따라 몰 농도는 다음과 같이 구할 수 있다.

$$몰\ 농도 = \frac{용질의\ 몰수}{용액의\ 부피(\ell)}$$

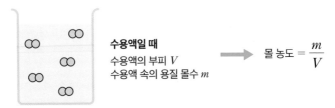

수용액일 때
수용액의 부피 V
수용액 속의 용질 몰수 m

$$몰\ 농도 = \frac{m}{V}$$

　　분자와 이온의 몰 농도는 화학식을 대괄호 [　]로 묶어 표현한다.

　　이를테면 $[Na^+]$는 Na^+의 몰 농도를 나타낸다.

　　실제 예를 통해 알아보자.

　　수산화 나트륨 10g이 들어 있는 500㎖ 수용액이 있을 때, 이 몰 농도는 $\frac{0.25}{0.5} = 0.5$(몰/ℓ)이다. 여기서 수산화 나트륨의 식량이 40이므로 그 10g은 0.25몰이라는 사실을 이용한다. 즉, $[NaOH] = 0.5$이다.

NaOH

수용액의 부피 500㎖
수용액 속 용질의 몰수
$\frac{10}{40} = 0.25$몰

　　위의 예에서 수산화 나트륨이 완전히 이온화되었다고 하면, 다음과 같다.

$$[Na^+] = 0.5, \quad [OH^-] = 0.5$$

* 이온성 화합물의 식량이란 그 화합물 1몰을 모았을 때의 질량을 가리킨다.

제6장

양자의
세계에서
상대성 이론까지

57 퀴리-바이스 법칙

— 자석과 온도의 관계를 표현하는 자석 연구의 기본 공식

자석은 일상생활 속 다양한 곳에 유용하게 쓰인다. 방위를 표시하는 자침, 냉장고 문을 닫을 때 쓰이는 자석, 전자기기 뚜껑의 개폐를 검지하는 센서, 하드디스크에 정보를 써넣거나 읽어내는 헤드, 자기 부상 열차의 동력 등 나열하자면 끝도 없다. 이처럼 다양하게 쓰이는 자석의 구조를 연구하는 데 빼놓을 수 없는 것이 바로 '퀴리-바이스 법칙'이다.

자성의 종류

원자는 이해하기 쉽도록 아래 그림과 같이 그릴 수 있다.

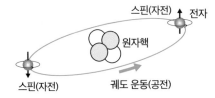

원자 모델
헬륨을 이미지로 나타낸 것이다.
전자가 핵 주변을 돌고 있다.

이 원자 모델로 알 수 있듯이 **자성**을 생성하는 원인으로 다음 두 가지를 생각할 수 있다.

(1) 원자핵을 도는 전자의 궤도 운동(공전)이 낳는 자성

(2) 전자의 자전(스핀)이 낳는 자성

외부 자기장을 걸었을 때, (1)은 렌츠 법칙(**34**)에 따라 자기장을 제거하는 방향으로 발생한다. 반면 (2)는 외부 자기장 쪽으로 향하도록 발생한다. 전체적으로 어느 쪽이 어떻게 물질의 성질로 작용하는지는 그 물질의 구조에 따라 다르다. 결과적으로 물질이 지니는 자성은 다음 3가지로 나눌 수 있다.

* 다음의 표에 정리한 것 외에도 '반강자성'이 있는데, 특수하므로 이 책에서는 다루지 않는다.

명칭	해설
상자성	외부 자기장이 없을 때에는 자기화를 띠지 않으므로, 자기장을 가하면 그 방향으로 약하게 자기화하는 성질을 지닌다.
강자성	통상 '자석'이라고 부르는 물질이 지닌 성질. 상자성을 지니며 자발 자기화한다(요컨대 영구 자석이 된다).
반자성	자기장을 걸었을 때, 물질이 자기장의 방향과 반대로 자기화하여, 반발하는 성질을 지닌다.

각 자성을 띠는 물질의 내부는 아래 그림과 같이 나타낼 수 있다.

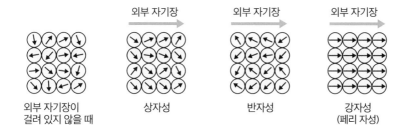

외부 자기장이
걸려 있지 않을 때   상자성   반자성   강자성
(페리 자성)

(1), (2)의 설명으로 알 수 있듯이 모든 물질은 자성을 지닌다. 따라서 '자석에 달라붙는 성질이 있는 것을 자성체라고 한다'는 설명은 잘못된 것이다. 알루미늄과 구리는 자석에 달라붙지 않지만, 구리는 반자성이고 알루미늄은 상자성의 성질을 지닌다. 참고로 자성의 영향을 거의 받지 않는 물질의 성질을 비자성이라고 한다.

퀴리점

자성의 발생 메커니즘 (1), (2)를 봐도 짐작하겠지만 자성은 온도에 민감하다. 높은 온도는 원자와 분자의 열운동을 활발하게 만들고, 집단으로서의 자성을 상쇄해 버리기 때문이다. 특히 강자성을 지닌 물질은 이 점이 중요하다. 강자성은 위의 그림과 같이 원자와 분자의 자기가 한 방향으로 통일해서 생기는 성질이기 때문이다. 강자성을 지닌 물질과 온도와의 관계에 대해 프랑스의 물리학자 피에르 퀴리(1859~1906, 방사능 연구로 유명한 퀴리 부인의 남편)는 다음과 같은 성질을 발견하였다.

> 일정 온도를 넘으면 강자성을 띠는 물질은 그 자성을 잃는다.

이 '일정 온도'를 퀴리점(또는 퀴리 온도)이라고 한다. 퀴리점을 넘어서면 강자성체가 지닌 자성의 방향이 열 진동 때문에 흐트러져, 대부분 상자성의 상태가 되어버린다.

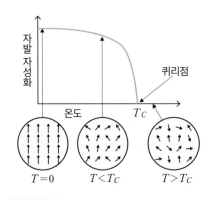

퀴리점
쉽게 말하면 영구 자석이 자석의 능력을 잃을 때의 온도가 퀴리점(퀴리 온도)이다.

퀴리 법칙

외부에서 자기장 H가 주어지면 그 영향으로 물질 내부의 원자와 분자가 방향을 바꾼다. 그래서 내부에서는 외부의 자기장과는 다른 자기장이 관측된다. 그것을 통상 B(자속 밀도)로 표시한다. 물질 내부의 각 점이 이 자속 밀도 B의 자기를 느끼게 되는데, 그 영향으로 물질이 크기 M으로 자기화하면 다음 식이 성립한다.

$$M = \chi B \cdots (1)$$

여기서 χ(카이: 그리스 문자)는 물질 특유의 상수로 자기화율이라고 한다.

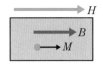

자기화율
물질 내부에서 느끼는 자기 B의 영향으로 물질이 크기 M으로 자기화했을 때, $M=\chi B$가 성립한다.

자기화율 χ도 온도의 영향을 받는데, 퀴리는 상자성 물질에 관한 다음 사실을 발견하였다(1895년).

> 상자성을 띠는 물질의 자기화율 χ는 온도 T에 반비례한다. 즉, $\chi = \dfrac{C}{T}$

이것을 퀴리 법칙이라고 한다. 여기서 상수 C는 퀴리 상수이며, 이 법칙은 고온 또는 약한 자기장에서 성립한다.

퀴리-바이스 법칙

퀴리와 같은 프랑스의 물리학자 피에르 바이스(1865~1940)는 퀴리의 법칙 이론을 더욱 발전시켜 강자성체에서도 성립하는 다음과 같은 퀴리-바이스 법칙을 발견하였다(1907년).

> **자성체에서 퀴리점 이상이면, 자기화율 χ와 절대 온도 T의 관계**
> $$\chi = \frac{C}{T - T_c} \quad \cdots (2)$$

이 공식에서 퀴리 상수 C와 퀴리점 T_C를 실험으로 구해서, 물질의 구조와 전자 상태를 알 수 있게 되었다.

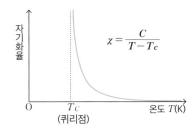

퀴리-바이스 법칙
(1)에서 $M = \chi B$로 정의한 자기화율 χ는 온도와 (2)의 관계로 이어진다는 법칙. 퀴리점보다 온도가 높다고 가정한다.

🖐 실전 문제

다음 물질은 상자성, 강자성, 반자성 중 어느 성질을 가지고 있는가?

(가) 강철   (나) 물   (다) 창문 유리

[해답] (가) 강자성 (나) 반자성 (다) 상자성

58 아인슈타인의 광양자설

― 태양 전지와 LED의 원리

'빛은 파동인가, 입자인가?'를 두고 기나긴 논쟁이 이어져 왔다. 뉴턴은 '입자'라고 주장했고, 하위헌스와 후크는 '파동'이라고 주장했다. 18~19세기에 빛이 굴절하거나 간섭하는 성질이 있다는 사실이 실험으로 확인되면서, 파동설이 주류가 되었다.

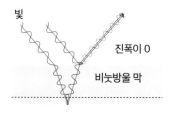

빛의 간섭과 굴절
위의 그림은 비눗방울에서 일어나는 빛의 간섭(24)을 나타냈다. 비눗방울 막으로 인해 두 빛의 경로차가 생겨 비눗방울이 무지갯빛으로 빛난다. 왼쪽 그림은 빛의 굴절이다. 그림자가 생기는 것은 이 때문이다.

그런데 19세기 말, 파동설로는 설명할 수 없는 현상이 발견되었다. 바로 광전 효과라는 현상이다.

광전 효과

광전 효과란 금속에 자외선이 닿으면 안에 있는 전자가 튀어나오는 현상을 말한다.

물질 속의 전자는 원자핵의 인력에 붙잡혀 보통은 밖으로 튀어나오지 않는다. 에너지를 조금 받더라도 다시 원래 위치로 돌아가기 때문이다(265쪽 위 왼쪽 그림). 이러한 속박의 세기를 일함수라고 한다. 그런데 자외선을 받으면 전자는 속박을 뿌리치고 밖으로 튀어나오게 된다. 이것이 광전 효과이다.

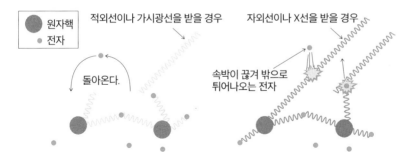

광전 효과

이 설명에서 어느 부분이 문제가 되는지 알기 어려울지도 모르겠다. 문제는 만약 단순히 에너지만 생각한다면, 자외선이 아니라 이를테면 적외선이라도 이 현상이 일어날 수 있다는 사실이다. 빛의 세기를 강하게 하면, 즉 빛의 진폭을 크게 하면 빛에너지가 증가하므로 광전 효과가 일어날 수 있다. 그런데 아무리 강한 적외선을 비추어도 광전 효과는 일어나지 않는다. 반면 자외선은 아무리 약해도 광전 효과가 발생한다. '빛은 파동'이라고 생각하는 고전론과 이 광전 효과 사이에 생기는 모순 때문에 19세기 말의 물리학자들은 큰 혼란을 겪었다.

빛의 광양자설

이때 등장한 사람이 아인슈타인(1879~1955)이다. 아인슈타인은 다음과 같이 생각했다(1905년).

> 진동수 ν인 빛은 에너지 $h\nu$를 가진 빛의 입자다. 그리고 빛의 세기는 그 입자 양에 비례한다.

이 빛의 입자가 광양자이고, 이러한 가설을 아인슈타인의 광양자설이라고 한다. 여기서 h는 상수다(플랑크 상수라고 하며, 값은 6.6×10^{-34} Js이다).

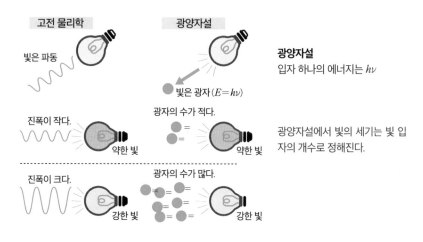

고전 물리학

빛은 파동

진폭이 작다.
약한 빛

진폭이 크다.
강한 빛

광양자설

빛은 광자($E = h\nu$)

광자의 수가 적다.
=
=
약한 빛

광자의 수가 많다.
= =
= =
강한 빛

광양자설
입자 하나의 에너지는 $h\nu$

광양자설에서 빛의 세기는 빛 입자의 개수로 정해진다.

광전 효과를 광양자설로 설명

'아무리 강한 적외선을 비추어도 전자는 금속 밖으로 튀어나오지 않는다. 반면 자외선은 약하게 받아도 전자가 튀어나온다'는 사실을 광양자설로는 어렵지 않게 설명할 수 있다. 속박의 일함수를 W라고 할 때, 전자가 받는 광양자 에너지 $h\nu$가 W를 넘으면 전자는 금속에서 해방되기 때문이다.

해방의 조건: $h\nu > W$

아무리 강해도 적외선은 진동수 ν가 작으므로 이 조건을 만족하지 못한다. 그러나 자외선은 아무리 약해도 진동수가 커서 이 조건을 만족한다.

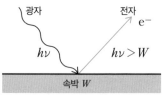

광자

전자
e^-

$h\nu$

$h\nu > W$

속박 W

광전 효과를 간단히 설명해 주는 광양자설은 '모든 기본 입자는 파동과 입자 양쪽의 성질을 가진다'는 양자 역학으로 발전하였다.

LED의 원리

지금은 당연하게 쓰이는 LED(발광다이오드)의 원리가 바로 이 광양자설에 준한다. LED는 전자가 남는 N형 반도체와 전자가 부족한(양공이 있다) P형 반도체를 접합하여, 양쪽으로 전류가 흐르도록 개발한 다이오드이다. 이 다이오드에 전류를 흘려보내면 양공과 전자가 결합하여 에너지 E를 발생시킨다. 에너지 E가 $E=h\nu$를 만족하는 진동수 ν를 가진 빛이 되는 것이다. 반도체 물질에 따라 E가 정해지므로, 어떤 물질이 목적 파장인 LED에 적합한지 설계할 수 있다.

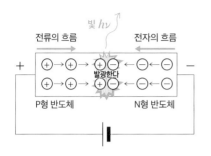

LED의 원리

P형 반도체와 N형 반도체를 접합한 다이오드도 경계면에서 양공 ＋와 전자 −가 충돌해 에너지를 발생시킨다. 이 에너지가 $h\nu$로 변환되어, 진동수 ν인 빛이 된다. 반도체 물질에 따라 E가 결정되고, 튀어나온 빛의 진동수 ν도 결정된다.

태양 전지의 원리

태양 전지는 LED의 반대 구조로 동작하는 다이오드이다(실제로 LED에서 발전이 가능하다). 태양 전지는 진동수 ν인 빛을 흡수하여 에너지 E를 발생시키는데, 이때 $E=h\nu$의 관계가 성립한다.

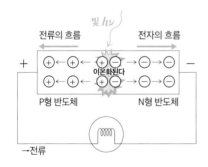

태양 전지의 원리

LED와 구조가 반대이다. 빛에너지가 경계면에서 양공과 전자를 발생시켜 전압을 만들고, 이것이 전지가 된다. 전압은 빛이 지닌 에너지 $h\nu$에서 생긴다.

실전 문제

먼 항성의 빛을 육안으로 볼 수 있는 이유를 생각해 보자.

[해답] 만약 빛이 파동이라면 몇만 광년이나 떨어진 거리에 있을 때 에너지는 공간에 펼쳐지며 약해져서, 우리 눈의 망막이 그것을 감지하지 못할 것이다. 그런데 광양자설이 성립한다면 빛은 입자 그대로이므로 망막에서도 감지할 수 있다.

59 초전도와 BCS 이론

— 자기 부상 열차에 쓰이는 강력 자석을 만드는 이론

물질을 점점 식히면 과연 어떻게 될까? 미시적인 관점에서 보면 물체는 절대 온도(**42**)에 비례하여 원자와 분자가 열운동을 한다. 그 절대 온도 0(절대 영도)에 가까워지면 움직임이 없는 정적의 세계가 기다리고 있다고 상상할 수 있다.

고체의 열운동

액체의 열운동

기체의 열운동

열운동
열운동의 운동 에너지는 절대 온도에 비례한다. 그럼 절대 온도가 0일 때는 어떻게 될까?

그런데 이 상식적인 발상에 굳이 도전한 사람이 있다. 1911년 네덜란드의 물리학자 오너스이다. 오너스는 상상을 뛰어넘는 세계를 발견하였다.

절대 온도

우선 절대 온도를 복습해 보자. 여기에서 다룰 것은 절대 영도(0도) 부근에서 일어나는 현상이다. 이상 기체를 다룬 **44**에서 알아보았듯이 이 절대 온도 T(K)와 섭씨온도 t(℃)는 다음 관계로 이어져 있다.

$$t = T-273$$

즉, 0℃는 절대 온도 273K인 셈이다.

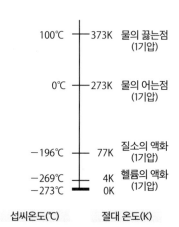

섭씨온도	절대 온도	
100℃	373K	물의 끓는점 (1기압)
0℃	273K	물의 어는점 (1기압)
−196℃	77K	질소의 액화 (1기압)
−269℃	4K	헬륨의 액화 (1기압)
−273℃	0K	

섭씨온도(℃)   절대 온도(K)

초전도 현상

오너스는 냉각 기술에 뛰어났다. 실제로 최초로 4K(−269℃)라는 온도를 실현하여 헬륨의 액화에 성공하기도 했다. 이처럼 액화한 헬륨을 바탕으로 다양한 물질의 특성을 연구하던 중 오너스는 수은이 온도 4.2K(−268.8℃)일 때 돌연 전기 저항이 0이 된다는 사실을 알아냈다. 그때까지 믿었던 옴 법칙이 성립하지 않는 세계의 발견이었다. 이 현상을 초전도라고 한다.

* 초전도(超傳導)는 전자와 관련된 경우 超電導라는 한자로도 쓴다.

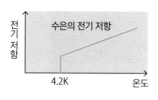

초전도
수은은 4.2K에서 전기 저항이 사라진다. 옴 법칙이 성립하지 않는 세계의 발견이다.

이 발견 이후, 다양한 물질에 초전도가 나타난다는 사실이 밝혀졌다. 저온에서 초전도 현상이 일어나는 물질을 초전도 물질이라고 한다.

마이스너 효과

1933년, 초전도 상태에 있는 물질은 외부 자기장을 내부로부터 완전히 배제하는 성질을 지녔다는 사실이 발견되었다. 이것은 발견자들 중 대표자의 이름을 따서 마이스너 효과라고 한다.

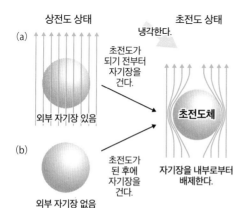

마이스너 효과
초전도는 자기력선을 완전히 배제한다. (b)에서 초전도가 된 상태에 외부 자기장을 걸 때, 자기장이 배제되는 것은 렌츠 법칙(34)과 전기 저항이 0이라는 점으로 설명이 가능하다. 하지만 (a)에서 초전도로 했을 때, 자기장이 배제되는 것은 오직 양자 역학으로만 설명할 수 있다.

가해진 자기장을 없애기 위해 자기화되는 물질의 성질을 반자성이라고 한다 (57). 이런 의미에서 초전도 상태는 완전 반자성이다.

마이스너 효과는 초전도의 증명 실험에서 아주 유명하다. 초전도 물질 위에 자석을 올리면 자기력선이 배제되기 때문에 자석이 공중에 뜬다. 초전도의 신기함을 잘 나타내 주는 실험이다.

자석이 뜬다.

초전도체

마이스너 효과 실험
자석에서 나오는 자기력선은 초전도 물질로부터 배제되기 때문에 자석이 붕 뜬다.

양자 역학으로 설명한 BCS 이론

초전도란 '전자는 파동한다'라는 미시적 세계의 신기함을 눈으로 볼 수 있게 해 주는 현상이다. 열 때문에 모조리 없어져, 거시적 세계에는 나타나지 않았던 미시적 진실을 여실히 보여준다.

초전도는 본래 서로 반발해야 할 두 전자가 물질 속에서 서로 끌어당기는 특별한 전자 상태의 파동을 만든다고 볼 수 있다. 그리고 파동 상태라면 전기 저항은 0이 된다. 고체를 구성하는 원자는 열운동을 거의 멈추고 있으므로 이 현상이 외부에서 관측 가능한 것이다.

그러면 어째서 본래 서로 반발해야 할 전자가 서로 끌어당기는 것일까? 그 이유는 금속 결정을 만드는 (+)로 대전한 금속 이온이 존재하기 때문이다. 예를 들어 어느 장소에 1개의 전자가 오면 그 주변에 있는 (+)로 대전한 금속 이온이 이끌려온다. 결과적으로 그곳에는 (+)전하의 밀도가 높아지고, (+)전하에 이끌려 다른 전자가 모여든다. 이렇게 해서 두 개의 전자가 금속 이온과 힘을 합쳐 서로 끌어당긴다고 해석할 수 있다.

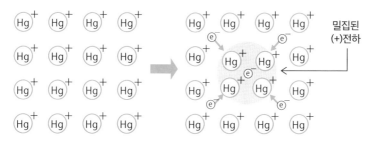

규칙적으로 나열된 금속 이온(왼쪽)이 전자에 이끌려 (+)전하 무리를 만든다. 거기에 다른 전자가 이끌려 온다고(오른쪽) 예상하는 것이다.

지금까지 고전적 관점에서 초전도를 설명해 보았는데, 이러한 생각을 양자역학에서 최초로 해명한 이론이 BCS 이론이다. 그리고 쌍을 이루는 전자를 쿠퍼 쌍이라고 한다.

* BCS는 이론 발표자인 버덴, 쿠퍼, 슈리퍼의 이름 앞글자를 딴 명칭이다.

고온 초전도로 강력한 자석을!

전기 저항이 0이 된다는 초전도의 성질은 무척 실용적이다. 작은 전압으로 큰 전류를 계속 흘려보낼 수 있으므로, 강력한 자석도 만들 수 있다. 그래서 고온에서도 실현되는 안정적 초전도 물질을 계속 연구 중이다. 현재는 대기압에서 135K($-138℃$)인 고온 초전도 물질이 확인되었다.

실전 문제

초전도는 온도를 낮추면 전기 저항이 0이 된다. 그렇다면 온도를 올렸을 때 전기 저항이 작아지는 물질은 무엇일까?

[해답] 반도체. 열운동 때문에 자유로워지는 전자가 늘어나기 때문이다.

60 슈뢰딩거 방정식·불확정성 원리
― 미시적 상태를 기술하기 위한 물리와 화학의 기본 방정식

물질의 성질은 대부분 전자의 상태에 따라 결정된다. 전자의 세계를 기술하는 역학은 뉴턴이 제창한 운동 방정식을 따르지 않는다. 전자를 기술하려면 20세기 초에 확립된 양자 역학이 필요하다. 그 양자 역학의 중심이 되는 방정식을 슈뢰딩거 방정식이라고 한다.

미시적 세계는 슈뢰딩거 방정식으로 기술할 수 있다.

정상 상태의 슈뢰딩거 방정식

질량 m인 질점의 운동을 나타내는 슈뢰딩거 방정식은 다음과 같다.

$$i\hbar \frac{\partial}{\partial t} \psi = H\psi \quad (\ \hbar = \frac{h}{2\pi}, \ h \text{는 플랑크 상수(58)}) \cdots (1)$$

이 방정식을 만족하는 해 ψ(프시)를 파동 함수라고 한다. 또 H는 해밀토니안이라는 연산자로, 1차원일 때는 다음과 같이 나타낼 수 있다. 질점의 위치에서 위치 에너지를 $V(x)$라고 하면,

$$H = -\frac{\hbar^2}{2m} \frac{\partial^2}{\partial x^2} + V(x) \cdots (2)$$

여기에서는 이 1차원의 경우로 생각해 보자.

슈뢰딩거 방정식은 편미분 방정식으로 일반해를 구하기가 무척 어려운데, 적당한 조건을 붙여서 푸는 방법이 있다. 특히 유명한 것이 정상 상태라는 조건이다. 정상 상태란 기술되는 질점의 모양을 위치만으로 정하는 경우로, 구체적으로 말하면 에너지 E가 확정된 상태다. 이때 방정식 (1)은 다음과 같이 변형된다.

$$\left\{-\frac{\hbar^2}{2m}\frac{d^2}{dx^2}+V(x)\right\}\phi(x)=E\phi(x) \qquad \psi=\phi(x)e^{-i\frac{E}{\hbar}t} \quad \cdots \text{(3)}$$

* $e^{-i\frac{E}{\hbar}t}$는 오일러의 공식 $e^{i\theta}=\cos\theta+i\sin\theta$로 구할 수 있다. $e^{i\theta}$의 크기($=|e^{i\theta}|$)은 1이다.

(1)에 비해 (2)는 무척 다루기 쉽다. 이 방정식 (3)의 해를 슈뢰딩거 방정식의 정상해라고 한다.

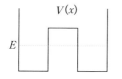
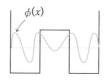

정상해 ▷

정상해
(3)의 $V(x)$가 왼쪽 그림의 함수일 때 정상해이다.

고전 역학과의 대응

(1)에서 해밀토니안 H가 나타난다. 고전 역학일 때는 간단히 말하면 운동량으로 에너지 E를 나타낸 것이 해밀토니안이다. 질량 m의 질점으로 말하면 v를 속도라고 할 때 운동량 p는 mv로 둘 수 있으므로,

에너지 $E = \frac{1}{2}mv^2 + V(x)$ → 해밀토니안 $H = \frac{1}{2m}p^2 + V(x)$ 이다.

따라서 (2)는 다음과 같이 치환하면 얻을 수 있다. 이를 대응 원리라고 한다.

〔대응 원리〕 고전론의 운동량 p를 $\dfrac{\hbar}{i}\dfrac{d}{dx}$ 로 치환한다.

이 대응 원리는 프랑스의 물리학자 루이 드 브로이(1892~1987)가 '운동량 p를 가진 입자는 h/λ인 파동과 등가'(λ는 입자파의 파장)라는 발견(1924년)으로 유추해 얻을 수 있는 대응이다.

자유 전자의 문제를 풀어 보자

자유 전자의 정상해를 구해 보자. 자유 전자란 속박을 받지 않는 전자를 뜻하는데, (3)의 슈뢰딩거 방정식에서 $V(x)=0$이라고 둠으로써 얻을 수 있다. 전자의 질량을 m, 에너지를 E라고 하면, 다음과 같다.

$$-\frac{\hbar^2}{2m}\frac{d^2}{dx^2}\phi(x)=E\phi(x) \quad \cdots (4)$$

이 해는 간단히 풀어 다음 정상해를 얻을 수 있다.

$$\phi(x)=Ae^{ikx} \text{ (A는 복소수 상수, } k=\frac{\sqrt{2mE}}{\hbar}) \quad \cdots (5)$$

(5)의 이미지
e^{ikx}는 오일러의 공식에서 $\cos kx + i\sin kx$. 따라서 이 $\phi(x)$의 이미지는 파동이다.

이렇게 해서 (3), (5)를 통해 슈뢰딩거 방정식 (4)의 해를 얻을 수 있다.

$$\psi(x,\ t)=\phi(x)e^{-i\frac{E}{\hbar}t}=Ae^{ikx}\ e^{-i\frac{E}{\hbar}t}=Ae^{i\left(kx-\frac{E}{\hbar}t\right)} \quad \cdots (6)$$

ψ의 의미와 불확정성 원리

슈뢰딩거 방정식의 해 (6)은 무엇을 의미할까? 전자가 파동으로서 간섭을 일으킨다는 사실 등으로 다음과 같이 해석할 수 있다.

> 슈뢰딩거 방정식의 해 ψ의 크기 제곱 $|\psi|^2$은 그 점에서 질점이 존재할 확률을 나타낸다.

그러면 바로 (6)에 이 해석을 대입해 보자. 공식 $|e^{i\theta}|=1$을 이용해서,

$$|\psi|^2 = \left| Ae^{i\left(kx - \frac{E}{\hbar}t\right)} \right|^2 = 1$$

이것은 신기한 사실을 보여 준다. 에너지 E를 가진 자유 전자의 경우, 어느 장소에 있을 확률도 모두 같다는 것이다. 바꿔 말하면 어디에 있는지 모른다는 뜻이다. 이것은 일상적인 세계에서는 도저히 상상할 수 없는 이야기다. 에너지가 확정한 입자의 위치를 모르면, 예컨대 속도가 일정하게 나는 비행기가 어디에 있는지 알 수 없기 때문이다.

이상의 이야기는 미시적인 세계에서 '복수의 물리량을 동시에 측정하기가 불가능할 수 있다'라는 사실을 나타낸다. 이를 불확정성 원리라고 한다.

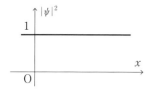

어떤 위치에 질점이 존재하는 확률 밀도. (6)에 따라 $|\psi|^2$이 1이라는 것은 그 질점이 어딘가에 있을 확률도 같다는 뜻이다. 그것은 자유 전자의 에너지 E가 확정(따라서 운동량 p도 확정)되었기 때문이라고 짐작된다.

장소가 어디인지 모른다는 것은 에너지 E를 가진 자유 전자가 모든 장소에 있는 상태라는 뜻이기도 하다. 이것을 상태 중첩이라고 한다.

🖐 실전 문제

원점 O에 존재한다고 밝혀진 전자는 어떤 에너지의 중첩이 되어 있을까?

[해답] 원점에 존재한다고 확정된 전자의 파동 함수는 오른쪽과 같이 δ함수 $\delta(x)$로 나타낼 수 있다. 따라서 푸리에 해석으로 유명한 정리에 따라 다음과 같이 쓸 수 있다.

$$\delta(x) = \frac{1}{2\pi} \int_{-\infty}^{\infty} e^{ikx}\, dk$$

앞 쪽의 (5)로 알 수 있듯이 이것은 $k = \dfrac{\sqrt{2mE}}{\hbar}$의 파동을 무한으로 합한 함수이다. 여러 가지 에너지를 가진 파동 (5)를 무한으로 중첩하지 않으면, 질점의 위치는 한 점으로 확정할 수 없다.

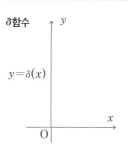

61 파울리의 배타 원리
— 전자는 특정한 자리에 1개밖에 앉을 수 없다

전자는 미시적 세계에서는 파동으로 운동한다. 그러한 파동으로서의 움직임이 원자의 다양한 특성을 설명해 준다. 지금부터 역사적 사실과 함께 원자에서 일어나는 전자의 움직임에 어떤 특성이 있는지 알아보자.

원자 모델

19세기, 원자의 존재가 분명해지자 그 원자의 형태를 알아보는 연구가 시작되었다. 원자는 전기적으로 중성이고 볼타 전지로도 알 수 있듯이 가벼운 전자를 가진다. 원자는 (+) 전기를 가진 주요 부분과 (−) 전기를 지닌 작은 전자로 이루어져 있다. 그래서 다양한 원자 모델이 제안되었다.

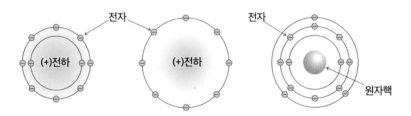

다양한 원자 모델
왼쪽 그림은 영국의 물리학자 톰슨이 만든 모델(1897년, 1904년). 톰슨은 전자의 발견자로도 유명하다. 가운데 그림은 일본의 물리학자 나가오카 한타로의 모델(1904년). 오른쪽 그림은 톰슨의 제자인 러더퍼드의 모델(1911년). 왼쪽과 가운데 그림에는 핵이 없지만, 러더퍼드의 모델에는 단단한 핵이 있다.

오른쪽 원자 모델의 제안자 러더퍼드(1871~1937)는 금박에 α선(He 원자핵)을 비추어 그 모델이 옳다는 사실을 증명했다. α선을 금박에 비추면 크게 반발하는 것이 있는데, 그것이 톰슨과 나가오카의 뭉실뭉실한 원자 모델로는 설명할 수 없기 때문이다.

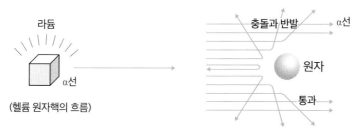

(헬륨 원자핵의 흐름)

러더퍼드의 실험
금박에 α선을 비추면 궤도를 크게 변경하는 모습이 관측된다. 이는 원자가 단단한
심, 즉 핵을 가지고 있다는 사실을 증명한다.

그러나 러더퍼드의 모델에는 큰 결점이 있다. 전자가 중앙의 핵으로 떨어지지 않으려면 뱅글뱅글 계속 회전해야만 한다. 달이 지구로 떨어지지 않는 것처럼 말이다. 하지만 뱅글뱅글 회전하면 전자기 유도가 일어나(**33**), 전자파가 발생해 에너지를 잃어버리고 만다. 따라서 원자는 불안정해진다.

그래서 덴마크의 물리학자 닐스 보어(1885~1962)는 1913년에 '보어의 원자 모형'이라는 원자 모델을 제안했다.

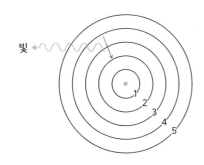

보어의 원자 모형
이 모델은 다음과 같이 정리할 수 있다.
• 핵의 주위에 전자가 존재한다.
• 전자의 궤도는 핵에서부터 정해진 위치에 존재한다.
• 전자가 한 궤도에서 다른 궤도로 이동할 때 빛을 흡수하거나 방출한다.

이 원자 모형을 뒷받침하는 것이 '전자는 파동한다'라는 사실이다. 전자의 궤도는 전자의 파동이 정상파가 될 때 안정된다(오른쪽 그림). 이렇게 해서 전자가 있을 '자리', 즉 껍질(**51**)의 개념이 탄생하였다.

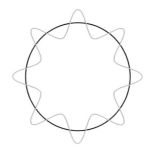

수소 원자 모형과 슈뢰딩거 방정식의 해

보어의 원자 모형 등을 계기로 미시적 세계를 묘사하는 양자 역학이 확립되었다(**60**). 그 기본 방정식인 슈뢰딩거 방정식을 풀면서, 보어의 원자 모형보다 더 정교하고 치밀한 전자의 궤도를 그릴 수 있게 되었다. 특히 중앙에 (+)전하 Ze(Z는 자연수, e는 전자의 전하)를 가지는 '수소 원자 모형'은 수학적으로 정확하게 구할 수 있다. 아래 그림에 에너지가 낮은 쪽부터 3개의 해(1s, 2s, 2p)가 있다(2p 궤도는 $2p_x$, $2p_y$, $2p_z$로 3종류가 있다).

* 슈뢰딩거 방정식의 해는 확률 함수이며, 궤도는 아니지만 역사를 계승해 궤도라고 부르기도 한다. 참고로, 궤도명 $2p_x$에서 2를 주 양성자 수, p를 방위 양성자 수, x를 자기 양성자 수라고 한다.

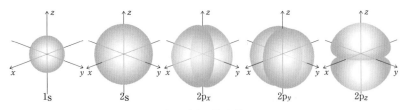

수소 원자 모형의 궤도

에너지가 낮은(안정된) 순서로 이 궤도를 나열해 보자(오른쪽 그림). 이것을 에너지 준위라고 한다. 이렇게 해서 전자가 앉을 자리 준비를 마쳤다. 이제 전자를 앉히면 원자 모형이 완성된다.

파울리의 배타 원리

헬륨(He) 원자를 예로 들어 생각해 보자. 고전적으로는 오른쪽 그림과 같은 원자 구조를 띤다.

He 원자에서 2개의 전자를 모두 떼어 내고 거기에 전자 1개를 가져와 그 궤도를 생

헬륨 원자

각해본다. 그러면 앞에서 소개한 '수소 원자 모형'을 적용할 수 있으므로 1s, 2s 등과 같은 궤도를 쓸 수 있다.

이 모형에 2개의 전자를 앉혀 보자. 여기서 문제가 발생한다. 1개의 궤도에는 개인용 의자처럼 하나의 전자만 앉힐 수 있을까, 아니면 긴 의자처럼 여러 개의 전자를 앉힐 수 있을까라는 문제다. 그래서 오스트리아 출신의 스위스 물리학자 파울리(1900~1958)는 1925년 파울리의 배타 원리를 제안하였다.

> 동일한 궤도에는 반대 방향의 스핀을 가진 전자가 각 1개씩, 최대 2개까지만 들어갈 수 있다.

직관적으로 말해서 하나의 궤도는 '2인용'이라고 생각하면 된다. 거기에 위로 향하는 스핀과 아래로 향하는 스핀을 지닌 전자가 각각 1개까지 앉을 수 있는 법칙이다.

위로 향하는 스핀   아래로 향하는 스핀

✍ 실전 문제

파울리의 배타 원리에 따라, 안정된 헬륨 원자의 전자 상태(전자 배치)를 나타내 보자.

[해답] 에너지 준위가 제일 낮은 것은 1s 궤도이므로, 그곳에 위와 아래 스핀을 지닌 전자가 총 2개 들어간다(궤도는 구형이다).

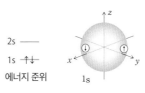

파울리의 배타 원리

62 훈트 규칙

─ 복수의 동일 에너지 궤도에 전자가 들어갈 때의 우선순위 규칙

61에서는 전자가 원자의 궤도에 들어갈 때 가장 기본이 되는 파울리의 배타 원리에 대해 알아보았다. 하지만 그 원리만으로는 탄소 이상의 원자 번호를 가진 원자의 전자 배치를 결정할 수 없다. 그래서 등장한 것이 '훈트 규칙'이다.

파울리의 배타 원리로 알 수 있는 붕소까지의 전자 배치

수소 원자 모형으로 얻을 수 있는 궤도에 파울리의 배타 원리를 이용해서 전자를 배치해 보자. 원자 번호 순으로 알아본다.

원소 주기표

주기 \ 족	1	2	3~12	13	14	15	16	17	18
1	수소 ^{1}H								헬륨 ^{2}He
2	리튬 ^{3}Li	베릴륨 ^{4}Be		붕소 ^{5}B	탄소 ^{6}C	질소 ^{7}N	산소 ^{8}O	플루오린 ^{9}F	네온 ^{10}Ne

우선 원자 번호 3인 리튬(Li)을 살펴보자. 헬륨(He) 원자에 전자가 1개 달려 있는 형태인데, 에너지가 낮은 순으로 들어가기 때문에 2s 궤도에 들어간다.

원자 번호 2 '헬륨'의 전자 배치

```
3s  ─
2p  ─  ─  ─
2s  ─
1s  ⁺⁺
```

원자 번호 3 '리튬'의 전자 배치

```
3s  ─
2p  ─  ─  ─
2s  ⁺
1s  ⁺⁺
```

다음으로 원자 번호 4인 베릴륨(Be)을 살펴보자. 리튬(Li) 원자에 전자가 1개 달려 있는 형태다. 에너지가 낮은 순서로 들어가므로 리튬과는 반대 방향의 스핀을 가지며 2s 궤도에 들어간다.

마찬가지로 붕소(B)도 부가된 새 전자는 에너지 순으로 2p 궤도에 들어간다.

원자 번호 4 '베릴륨'의 전자 배치

3s   ——

2p   —— —— ——

2s   ↑↓

1s   ↑↓

원자 번호 5 '붕소'의 전자 배치

3s   ——

2p   ↑ —— ——

2s   ↑↓

1s   ↑↓

여기까지는 파울리의 배타 원리에 따라 에너지가 낮은 순으로 전자를 심어 가면 순조롭게 각 원자의 전자 배치를 얻을 수 있다. 하지만 붕소로부터 탄소의 전자 배치를 구하려고 하면 곤란해진다. 아래와 같이 3가지 가능성이 나오기 때문이다.

원자 번호 5 '붕소'의 전자 배치

3s   ——

2p   ↑ x y z

2s   ↑↓

1s   ↑↓

원자 번호 6 '탄소'의 전자 배치

3s   ——

2p   ↑ x y z

2s   ↑↓

1s   ↑↓

6번째 전자는 x, y, z 중 어디에 들어가야 좋을까?

또, 스핀의 방향이 위인지 아래인지 불명확하다.

그림에 나타난 것처럼 동일한 에너지 준위의 2p에는 3가지 상태가 있다. 여기서는 (자기 양자 수의 기호를 써서) x, y, z라고 하겠다. 또한 붕소는 x 상태에 위로 향하는 스핀을 가진 전자 1개가 들어 있다고 가정한다.

그러면 6번째의 전자를 x, y, z 중 어디에, 어느 방향으로 넣어야 하는지가 문제가 된다. 이 문제에 대해 독일의 물리학자 훈트(1896~1997)는 훈트 규칙이라는 다음과 같은 경험 법칙을 세웠다.

파울리의 배타 원리가 허용하는 한, 2개 이상의 전자는 자기 양성자 수의 다른 궤도에 들어가고, 스핀쌍을 만들지 않도록 배열된다.

스핀쌍이란 오른쪽 그림처럼 동일 궤도에서 반대 방향을 향하는 전자쌍을 말한다.

이 훈트 규칙을 이용하면 탄소에 6번째로 들어가는 전자는 2p의 y(또는 z)의 궤도이고, 스핀의 방향은 위를 향한다.

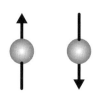

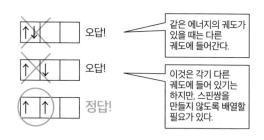

오답! — 같은 에너지의 궤도가 있을 때는 다른 궤도에 들어간다.

오답! — 이것은 각기 다른 궤도에 들어 있기는 하지만, 스핀쌍을 만들지 않도록 배열할 필요가 있다.

정답!

훈트 규칙
다른 궤도에는 전자가 같은 방향의 스핀으로 들어간다.

이렇게 해서 탄소의 전자 배치가 결정되었다.

원자 번호 6 '탄소'의 전자 배치

3s ———
2p ⁺ ⁺ ———
2s ⁻⁺⁻
1s ⁻⁺⁻

탄소의 전자 배치
마지막 2개의 전자 궤도는 2p 궤도에서 각기 궤도가 다르고, 방향은 같다(스핀쌍을 만들지 않는 방향).

마찬가지로, 탄소의 다음 원자 번호를 가지는 질소 N의 전자 배치를 정해 보자.

원자 번호 6 '탄소'의 전자 배치

3s ———
2p ⁺ ⁺ ———
2s ⁻⁺⁻
1s ⁻⁺⁻

원자 번호 7 '질소'의 전자 배치

3s ———
2p ⁺ ⁺ ⁺
2s ⁻⁺⁻
1s ⁻⁺⁻

다른 궤도로, 스핀쌍을 만들지 않는다.

훈트 규칙이 성립하는 것은 같은 전하를 가진 전자가 더 효율적으로 서로 반발해 안정되기 쉬워서라고 설명할 수 있다. 다만, 예외도 있다는 사실에 유의하자.

🖐 실전 문제

철이 강자성을 지니는 이유를 전자 배치로 알아보자.

[해답] 철의 전자 배치는 오른쪽 그림과 같다. 훈트 규칙의 영향으로, 에너지 준위가 높은 쪽에 마지막 2개의 전자가 들어간다. 그러면 위로 향하는 스핀을 가진 전자가 4개나 3d 궤도에 남는다. 이러한 철 원자가 일제히 어느 방향을 향하면 강력한 자석이 된다.

Fe 원자(철 원자)의 전자 배치

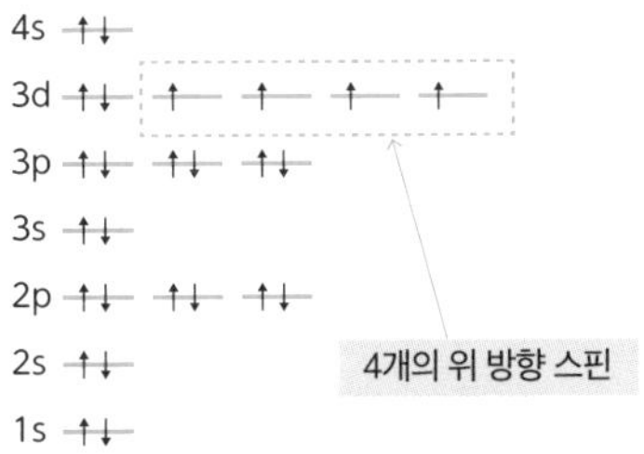

```
4s  ↑↓
3d  ↑↓   ↑   ↑   ↑   ↑
3p  ↑↓   ↑↓  ↑↓
3s  ↑↓
2p  ↑↓   ↑↓  ↑↓
2s  ↑↓                    4개의 위 방향 스핀
1s  ↑↓
```

✏ 메모

보스 입자와 페르미 입자

전자와 같이 파울리의 배타 원리에 따르는 소립자를 페르미 입자라고 한다. 페르미 입자의 스핀은 반정수(1/2 등)의 값을 취한다. 그밖의 소립자에는 보스 입자(보손)가 있다. 빛의 입자(즉 광자)가 대표적인 보스 입자다. 보스 입자는 스핀이 0 이상의 정수값을 가지며, 동일한 자리에 몇 개라도 앉을 수 있는 성질을 가지고 있다.

63 광속도 불변의 법칙

— 빛의 속도는 어느 관성계에서 측정해도 일정하다

빛의 속도를 측정하기란 무척 어려운 일이었다. 그런데 빛의 속도를 측정할 수 있게 되자, 어느 위치에서 빛을 측정해도 속도가 일정하다는 사실을 알게 되었다. 이 발견은 아인슈타인의 상대성 이론으로 이어졌다.

광속 측정 실험에 실패한 갈릴레이

고대 사람들은 빛의 속도가 무한대라고 믿었다. 그런데 그 상식에 과감하게 도전한 사람이 있다. 기록에 남아 있는 최초의 도전자는 갈릴레이다. 갈릴레이는 통을 씌운 램프를 산 정상으로 가져갔고, 조수에게도 5㎞ 떨어진 산 정상에 같은 램프를 가지고 올라가게 했다. 그리고 빛이 보이거든 램프의 통을 들어 올리라고 시켰다. 이렇게 갈릴레이는 통을 셔터 대신으로 써서, 램프 불빛의 왕복 시간 차이를 측정하여 광속을 측정하려고 했던 것이다.

그러나 이 방법은 실패했다. 왕복 10㎞ 정도의 거리를 빛이 나아가는 데는 0.000033초밖에 걸리지 않는다. 이래서는 통을 드는 시간의 오차 쪽이 훨씬 커지기 때문이다.

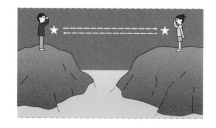

갈릴레이의 실험
두 산 정상 사이에서 램프의 신호로 빛의 속도를 측정하려고 했다.

최초로 광속을 측정한 뢰머

덴마크의 천문학자 뢰머(1644~1710)는 1676년에 목성과 그 위성 이오를 관측하던 중, 이오가 목성에 가려지는 시각이 예상보다 훨씬 늦다는 사실을 깨달았다. 뢰머는 이렇게 늦어지는 원인은 빛이 목성에서 지구까지 도달하는 데 필요한 시간 때문이라고 생각했다. 이렇게 해서 빛의 속도를 최초로 측정하는 데 성공하였다. 이때 계산된 빛의 속도는 지금보다 30% 느린 수치이지만, 빛에 속도가 있다는 것을 최초로 증명한 획기적인 발견이었다.

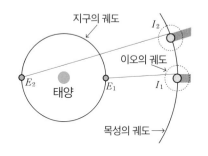

뢰머의 측정
I_1의 위치일 때 이오가 가려지는 시각에서 I_2의 위치일 때 이오가 가려지는 시각을 예상하면 시간이 엇갈린다. 이는 E_1일 때보다 E_2일 때 빛이 전달되는 시간이 늦어지기 때문이다.

지상에서 처음으로 광속을 측정한 피조

지상에서 실험을 통해 최초로 빛의 속도를 측정한 사람은 프랑스의 피조 (1819~1896)로, 1849년의 일이었다. 피조의 측정 원리는 갈릴레이의 실험과 같다. 갈릴레이는 빛의 셔터 개폐에 통을 이용했지만, 피조는 고속으로 회전하는 톱니바퀴를 이용했다.

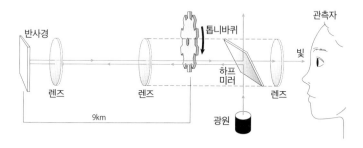

피조는 파리 시내의 몽마르트르와 파리 교외의 쉬렌 사이(약 9km)에서 실험했다. 톱니바퀴의 톱니를 통과한 빛이 반사되어 돌아올 때, 빛이 톱니바퀴의 회전수에 따라서 볼록한 톱니 부분에 막혀 보이지 않게 되는 것을 이용한 실험이다. 요컨대, 갈릴레이의 통 셔터를 톱니바퀴의 톱니 셔터로 개량한 셈이다.

이때 톱니바퀴의 톱니 수와 회전수를 알면 빛의 속도를 구할 수 있다. 이렇게 해서 얻은 빛의 속도는 초속 31만 3천㎞로, 현재 알려진 초속 30만㎞에 상당히 근접한 값이다.

에테르 설

다른 이야기로 넘어와, 빛의 파동은 어떠한 매질로 전달될까? 음파는 공기, 지진파는 지각처럼 파동은 전달해 주는 매질이 있다. 빛 역시 어떤 특별한 매질로 전달된다고 보는 것이 자연스럽다. 그래서 생각해낸 설이 에테르이다(화학 약품 에테르와는 다르다). 우주는 에테르로 가득 차 있고, 그것을 매개로 하여 머나먼 별에서도 빛이 전해진다고 생각한 것이다. 19세기의 이야기이다.

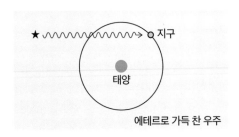

에테르로 가득 찬 우주

에테르 설
빛은 에테르라는 가상 물질을 매개로 전해진다.

마이컬슨-몰리 실험과 광속도 불변의 법칙

이렇게 생각하면 에테르 안에서 지구가 얼마만큼의 속도로 운동하고 있는지 알고 싶은 지적 욕구가 일어날 것이다. 이를 밝히는 야심찬 실험을 한 사람이 마이컬슨과 몰리였다. 1887년의 일이다.

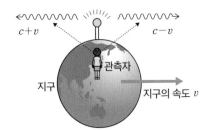

마이컬슨-몰리의 생각
지구가 에테르 속에서 운동하고 있다면 방향에 따라 빛의 속도가 달라져야 한다고 문제를 제기했다. 그림에서 v는 에테르 안에서 움직이는 지구의 속도이고, c는 광속이다.

마이컬슨–몰리의 실험 원리를 다음 그림으로 나타냈다. 에테르 속에서 지구가 운동하는 것이 사실이라면 다른 방향의 거울 M_1, M_2에서 반사되는 두 행로의 빛에 시간 차이가 나야 한다. 그것을 빛의 파동 간섭(**24**)에 따라 측정하려고 했다.

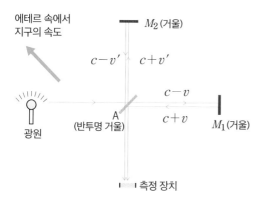

마이컬슨-몰리의 실험 원리
그림에서 v, v'는 에테르 속에서 지구의 속도 성분.

결론부터 말하면, 빛의 간섭이 일어나지 않고 측정 장치를 어느 쪽으로 돌려도 빛의 속도가 일정했다. 이렇게 해서 빛의 신기한 성질인 '빛의 속도는 어떻게 측정하든 일정하다'(광속도 불변의 법칙)가 발견된 것이다. 이 신기한 원리의 해명은 아인슈타인의 이론을 기대하게 한다.

🖐 실전 문제

지상에서 빛의 속도를 c라고 하면, 등속 직선 운동하는 열차 안에서 측정한 빛의 속도는 어느 정도가 될까?

[해답] 광속도 불변의 법칙에 따라, 'c'.

🖊 메모

1미터 길이의 정의
우리가 쓰는 1미터라는 길이는 빛의 속도를 사용해서 정한 것이다. 예전에는 '미터원기'라는 자를 기준으로 했다. 하지만 온도 차 등 때문에 정확하게 잴 수 없었다. 1983년, 국제도량형위원회는 '1미터 = 빛이 진공에서 2억 9979만 2458분의 1초 동안 나아가는 거리'라고 정했다.

64 특수 상대성 이론

— 빛의 속도를 유한하게 취급할 때 필요한 필수 이론

광속도 불변의 법칙(**63**)은 19세기의 물리학에 커다란 충격과 혼란을 가져다 주었다. 그 구세주로 등장한 것이 아인슈타인의 특수 상대성 이론이다.

갈릴레이의 상대성 원리의 파탄

갈릴레이 변환으로 이어진 관성계, 즉 등속도로 서로 운동하는 관성계에서 는 자연을 기술하는 방정식이 불변해야 한다. 이것이 갈릴레이의 상대성 원리다 (**20**). 그러나 이 원리는 광속도 불변의 법칙에 모순된다. 예제로 확인해 보자.

> 예제 갈릴레이의 상대성 원리가 성립한다고 가정하고, 속도 50m/s로 플 랫폼을 통과하는 열차에 탄 사람이 진행 방향으로 빛을 비추었을 때, 플 랫폼에 서 있는 사람이 관측하는 광속을 구해 보자.

[해설] 빛의 속도를 c(m/s)라고 할 때, 역에 있는 사람은 빛의 속도를 $c+50$으로 관측한다. 즉, 보는 위치 에 따라 광속이 변화한다.

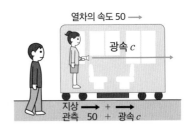

이 예제로 알 수 있듯이 갈릴레이 변환은 '광속도 불변의 법칙'과 모순된다. 이 모순을 해결해 주는 것이 아인슈타인의 특수 상대성 이론이다. 주요 가정은 다음 두 가지다.

> (i) 모든 자연법칙은 모든 관성계에서 동일하다.
> (ii) 광속도는 모든 관성계에서 불변한다.

전자가 아인슈타인의 상대성 원리다. 갈릴레이의 상대성 원리(**20**)와 겉보기에는 동일하지만, 그 자연법칙에 '빛의 세계'도 포함되어 있다는 것이 무척 비약적이다.

아인슈타인의 상대성 원리

아인슈타인은 빛의 세계까지 상대성 원리 (i)을 확장했다. 그런데 빛은 전자파라고 부르는 전기·자기 현상이다. 그 세계의 기본 방정식은 맥스웰 방정식이다(**35**). 맥스웰 방정식은 광속도 불변의 법칙을 내포하고 있는 셈이다. 그래서 아인슈타인은 맥스웰 방정식의 형태를 망가뜨리지 않는 로런츠 변환을 관성계의 변환식으로 받아들였다(c는 광속).

> 좌표계 O′가 좌표계 O에 대해 x축 방향으로 일정 속도 v로 이동할 때, 좌표계 O에서 본 질점의 위치 x, 시각 t와 좌표계 O′에서 본 질점의 위치 x', 시각 t'와의 사이에는 다음 관계가 있다(단, $t=0$일 때 양 좌표계는 일치한다고 가정한다).
>
> $$t' = \frac{1}{\sqrt{1-\dfrac{v^2}{c^2}}}\left(t - \frac{vx}{c^2}\right) \qquad x' = \frac{1}{\sqrt{1-\dfrac{v^2}{c^2}}}(x-vt)$$

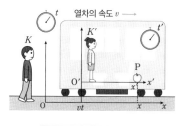

열차의 속도 v →

갈릴레이 변환

$$x'=x-vt,\ t'=t$$

사과의 위치 P를 2개의 좌표계 O, O′에서 바라봤을 때의 변환 공식이 갈릴레이 변환과 로런츠 변환이다. 후자는 시간과 공간이 섞여 있다.

로런츠 변환

$$t' = \gamma\left(t - \frac{vx}{c^2}\right) \qquad x'=\gamma(x-vt)$$

여기서 $\quad \gamma = \dfrac{1}{\sqrt{1-\dfrac{v^2}{c^2}}}$

이 변환에 대해, 맥스웰의 방정식은 형태를 바꾸지 않는다는 것을 증명할 수 있다. 즉, 관성계의 변환으로 로런츠 변환을 쓰는 것은 광속도 불변의 법칙도 보증된다는 뜻이다.

시간과 공간이 뒤섞이다

로런츠 변환의 식을 좌표 평면에 표시해 보자. 점 P가 좌표계 O에서 (x, t), 좌표계 O'에서 (x', t')라고 할 때, 오른쪽 위의 그래프처럼 나타낼 수 있다. 그래프를 보면 알 수 있듯이 로런츠 변환은 시간에 공간을 섞은 변환이다. '시간은 어떻게 재도 같다'라는 상식이 무너진 것이다.

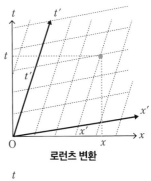

로런츠 변환

참고로 속도 v가 광속에 비해 작을 때(즉 v/c를 0으로 간주할 수 있을 때), 로런츠 변환은 갈릴레이 변환과 일치한다. 오른쪽 아래의 그래프는 이 갈릴레이 변환일 때 좌표 평면의 변환 모습이다. 여기서는 $t'=t$라는 사실을 확인해 보자.

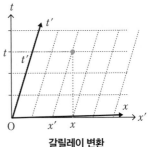

갈릴레이 변환

동시성의 상대성

특수 상대성 이론의 원리는 일반적 경험과는 동떨어진 결론을 제시한다. 가장 이해하기 쉬운 것은 동시성의 상대성이라는 결론이다.

예컨대 오른쪽으로 등속 직선 운동을 하는 열차가 있고, 시각이 0일 때 열차

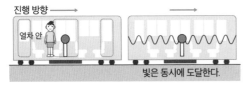

열차 안의 좌표계
열차 안에 있는 사람이 보기에는 빛이 양쪽 벽에 동시에 도달한다.

안의 중앙에 있는 전등을 켰다고 가정한다. 먼저 승객의 입장이 되어 생각해 보자. 당연히 빛은 앞뒤 양쪽 벽에 동시에 도착한다.

다음으로 이 현상을 열차 밖 지상에서 보았다고 해 보자. 지상에서도 광속은 열차 안과 똑같다(광속도 불변의 법칙). 위와 마찬가지로 열차 안 중앙에서 불을 켜면 열차는 오른쪽으로 달리므로, 왼쪽 끝에 먼저 빛이 도달한다(아래 그림 가운데). 그리고 약간 늦게 오른쪽 끝에 빛이 닿는다(아래 그림 오른쪽). 열차 안에서는 동시에 벌어졌던 현상이 지상에서 보면 동시에 관측되지 않는 것이다.

지상의 좌표계
지상에 있는 사람이 보기에는 먼저 진행 방향 뒤쪽 벽에 빛이 도달한 다음, 시간 간격을 두고 진행 방향의 벽에 빛이 닿는다. 빛이 동시에 양쪽 벽에 도달하지 않는다.

이러한 결론은 지상과 열차 안 각각의 고유 시간을 생각해야 한다는 사실을 말한다. 역에 있는 시계를 보고 손목시계의 바늘을 맞추는 조작이 일상적인 의미를 가지는 것은 광속이 거의 무한하다고 취급될 때의 이야기인 셈이다. 엄밀히 따지면 지상, 열차, 비행기, 모든 것에 고유의 시간이 흐르고 있다.

👆 **실전 문제**

위에서 소개한 열차 실험에서 지상에서 본 열차의 맨 앞부분과 맨 뒷부분 중 '시간'이 빠르게 흐르는 것은 어느 쪽일까?

[해답] 그림으로 알 수 있듯이 맨 뒷부분이 더 빠르게 흐른다. 즉, 지상에서 보기에 열차 안의 시간은 위치에 따라 진행 속도가 다르다.

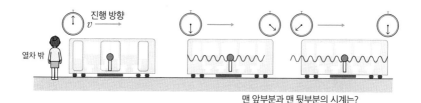

맨 앞부분과 맨 뒷부분의 시계는?

65 로런츠 수축과 시간 지연
— 움직이는 물체의 길이가 짧게 보이는 불가사의

앞에서 우리는 상대성 이론이 다음 두 원리로 성립된다는 것을 확인했다.
(1) 모든 관성계에서 자연법칙은 같다는 '상대성 원리'
(2) 모든 관성계에서 광속은 불변한다는 '광속도 불변의 법칙'
이 두 가지를 인정하면 시간과 공간은 독립적이지 않다.

로런츠 수축의 의미

시속 v로 등속 직선 운동을 하는 열차가 있다. 먼저 승객의 입장에서 생각해 보자. 열차의 중앙에 전등을 켜서 빛이 열차 양 끝에 동시에 도달했을 때, 양쪽에 있는 사람이 땅 위에 깃발을 꽂는 것이다.

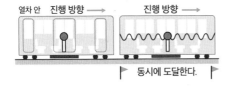

열차 안 진행 방향 ——▶ 진행 방향 ——▶

▶ 동시에 도달한다. ◀

열차 안
중앙의 빛은 동시에 양쪽 벽에 닿는다.

이 현상을 지상에 있는 사람이 봤다고 하자. 지상에서도 광속은 열차 안과 같다(광속도 불변의 법칙). 위에 소개한 것과 마찬가지로 열차 안 중앙에 불을 켜면 열차가 오른쪽으로 움직이므로 먼저 왼쪽 끝에 빛이 도달해서(가운데 그림) 열차의 왼쪽에 깃발이 꽂히고, 조금 뒤늦게 오른쪽 끝에 빛이 도달한다(오른쪽 그림).

열차 밖 v ——▶

지상 : 열차는 짧아진다!

이때 깃발을 꽂는 현상 사이에 열차가 두 깃발 사이로 완전히 들어간다. 다시 말해서 열차의 길이는 짧아지는 것이다! 상대성 이론을 인정하면 이렇게 상대적으로 운동하는 물체의 길이는 짧아 보인다. 이를 로런츠 수축이라고 한다.

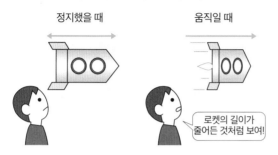

정지했을 때   움직일 때

로켓의 길이가 줄어든 것처럼 보여!

시간 지연

로런츠 수축 공식을 다루기 전에 먼저 '시간 지연'에 대해 알아본다. 이것도 상대성 이론을 생각할 때 아주 유명한 주제다.

앞의 열차 실험을 계속 예로 들어 설명하겠다. 이번에는 열차 중앙의 천장에 광원을 두고 그 아래 바닥에 거울을 설치한 다음, 아래로 비춘 빛이 거울에 반사되어 다시 광원으로 돌아오는 것을 측정한다.

우선 등속 직선 운동하는 열차에 탄 승객의 입장이 되어 보자. 천장의 높이를 L, 광속을 c라고 하면 천장과 거울을 오가는 빛의 편도 시간이 T일 때, 오른쪽 그림에 따라 다음과 같이 표시할 수 있다.

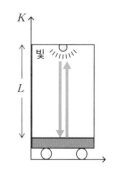

$$\text{왕복시간} \quad 2T' = \frac{2L}{c} \quad \cdots (1)$$

이번에는 지상에 있는 사람이 관측해 보자.

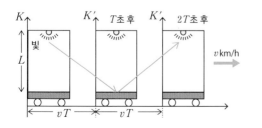

지상
빛의 편도 시간 T 동안
열차는 vT만큼 나아간다.

293쪽에서 천장과 거울을 오가는 빛의 편도 시간을 T라고 하면, 피타고라스의 정리에 따라 다음과 같이 정의할 수 있다.

$$(cT)^2 = L^2 + (vT)^2$$

* 수직 방향은 운동하지 않으므로, 길이는 L불변이라는 가정을 이용한다.

이것과 (1)에 따라, T와 T'의 관계를 구할 수 있다.

$$\text{왕복 시간} \quad 2T = \frac{2L}{\sqrt{c^2 - v^2}} = \frac{2L}{c\sqrt{1 - \dfrac{v^2}{c^2}}} = \frac{2T'}{\sqrt{1 - \dfrac{v^2}{c^2}}}$$

빛이 천장과 바닥을 왕복한다는 똑같은 현상을 열차 안에 있는 사람은 $2T'$, 열차 밖에 있는 사람은 $2T$ 시간이라고 느끼는 것이다. 이 식을 보면 알겠지만 $2T'$ 쪽이 작아진다. 움직이는 열차 안에 있는 사람의 시간은 지상에 있는 사람이 관측했을 때 늦게 흐르는 것이다. 이를 시간 지연이라고 한다.

관성계 K의 시간 T와 계 K에 대해 등속도 v로 운동하는 계 K'의 시간 T'는 다음 관계가 성립한다. 여기서, c는 빛의 속도다.

$$T' = \sqrt{1 - \frac{v^2}{c^2}}\, T \quad \cdots (2)$$

움직이는 사람의 시계는 정지한 사람이 보기에 $1 / \sqrt{1 - \dfrac{v^2}{c^2}}$ 배 천천히 흘러간다. SF 소설 중에 우주선을 타고 여행한 사람이 지구로 돌아오자 아는 사람들이 이미 죽고 없었다는 이야기가 있는데, 그 이론적 근거이다.

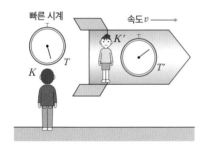

빠른 시계

속도 v →

K

T

K'

T'

시간 지연
움직이는 곳의 시계는 정지한 곳의 시계보다 천천히 움직인다.

$$T' = \sqrt{1 - \frac{v^2}{c^2}}\, T$$

다시 로런츠 수축 이야기로 돌아와, 로런츠 수축에서는 길이가 어느 정도로 줄어드는지 구체적으로 알아보자. 역시 열차를 예로 들겠다. 이번에는 열차의 뒤쪽 벽에서 앞쪽 벽에 걸린 거울을 향해 빛을 비추고, 반사되어 돌아오는 빛을 다시 열차의 뒤쪽 벽에서 측정하는 실험을 한다. 열차는 지상 K를 속도 v로 등속 직선 운동을 한다고 가정한다.

먼저 열차에 탄 승객의 입장 K'부터 살펴보자. 광속을 c, 열차의 길이를 L'이라고 할 때, 왕복 시간 $\Delta t'$는 다음과 같이 쓸 수 있다.

$$\Delta t' = \frac{2L'}{c} \quad \cdots (3)$$

열차 안
빛의 왕복 시간은 $2\dfrac{L'}{c}$이다.

다음으로 지상 K의 사람이 이 현상을 봤다고 해 보자. 열차의 길이를 L이라고 하고, 빛을 비춰서 열차 진행 방향의 벽에 도달할 때까지 걸리는 시간을 t_1, 반사되어 열차 뒤쪽 벽에 도달하기까지 걸리는 시간을 t_2라고 한다. t_1, t_2는 다음 그림에 따라 296쪽 맨 위의 관계를 만족한다.

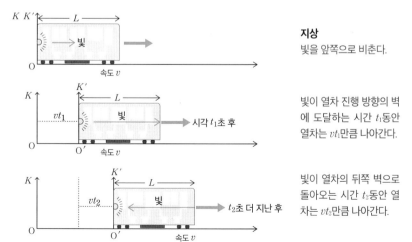

지상
빛을 앞쪽으로 비춘다.

빛이 열차 진행 방향의 벽에 도달하는 시간 t_1동안 열차는 vt_1만큼 나아간다.

빛이 열차의 뒤쪽 벽으로 돌아오는 시간 t_2동안 열차는 vt_2만큼 나아간다.

$$ct_1 = L + vt_1, \quad ct_2 = L - vt_2$$

여기서, $t_1 = \dfrac{L}{c-v}$, $t_2 = \dfrac{L}{c+v}$

이렇게 해서 왕복 시간 $\varDelta t$는 다음과 같다.

$$\varDelta t = \frac{L}{c-v} + \frac{L}{c+v} = \frac{2Lc}{c^2 - v^2}$$

이것을 식 (3)의 $\varDelta t' = \dfrac{2L'}{c}$로 양 변을 나누면, 다음과 같다.

$$\frac{\varDelta t}{\varDelta t'} = \frac{2Lc}{c^2 - v^2} \div \frac{2L'}{c} = \frac{c^2}{c^2 - v^2} \cdot \frac{L}{L'} = \frac{1}{1 - \dfrac{v^2}{c^2}} \cdot \frac{L}{L'}$$

앞의 시간 지연 공식 (2)에 따라, 좌변은 $\dfrac{1}{\sqrt{1 - \dfrac{v^2}{c^2}}}$ 이므로, 아래와 같다.

$$\frac{1}{\sqrt{1 - \dfrac{v^2}{c^2}}} = \frac{1}{1 - \dfrac{v^2}{c^2}} \cdot \frac{L}{L'}$$

이상을 정리하면, 다음과 같이 표현할 수 있다. 이것이 **로런츠 수축 공식**이다.

어떤 관성계 K의 x축 방향으로 등속도 운동하는 어떤 관성계 K'를 생각한다. K'의 x축 방향의 길이 L'는 계 K에서 다음과 같은 길이 L로 관찰된다.

$$L = \sqrt{1 - \frac{v^2}{c^2}}\, L' \quad (c\text{는 빛의 속도})$$

움직이는 열차의 길이 L은 정지했을 때의 길이 L'보다도 $\sqrt{1 - \dfrac{v^2}{c^2}}$ 배만큼 짧게 보인다.

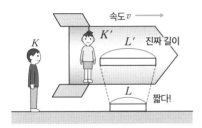

속도 v ⟶
K
K' L' 진짜 길이
L 짧다!

로런츠 수축 공식
지상의 사람이 관측하는 막대기의 길이 L은 로켓 안(정지계)에서 관측하는 막대기의 길이 L'보다 짧아진다. 그림은 어디까지나 이미지로, 동시에 길이를 측정한 것은 아니다.

실전 문제

초속 60m(시속 216㎞)로 달리는 길이 400m의 열차는 역 플랫폼에서 봤을 때 얼마나 짧을까? 빛의 속도는 초속 3×10^8m이라고 한다.

[해답] 열차의 길이 $= \sqrt{1 - \dfrac{60^2}{(3 \times 10^8)^2}} \times 400 ≒ 400(1 - 2 \times 10^{-14})$ m.

즉, 8×10^{-12}m 짧게 보인다.

메모

뮤온의 수명

우주선(cosmic rays)은 우주에서 지구로 쏟아지는 높은 에너지의 입자선이다. 우주선이 대기권에 돌입하면 뮤온이라는 소립자가 만들어져 지표면까지 닿는다. 뮤온은 후쿠시마 제1원전의 원자로 내 촬영에 사용되면서 일본 언론에서 화제가 되었다. 이 뮤온이 정지 상태에 있을 때 수명은 2×10^{-6}초이다. 광속이라도 600미터 정도밖에 나아가지 못할 텐데, 지표면까지 도달하는 이유는 무엇일까? 바로 '시간 지연'(2)이 일어나기 때문이다.

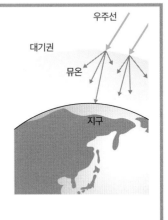

우주선
대기권
뮤온
지구

66 질량 증가 공식

— 질량을 가진 물질은 빛의 속도에 도달할 수 없다는 공식

이번에는 **질량 증가 공식**에 대해 알아보자.

> 관성계 K'에서 정지한 질량 m_0의 물체를, 이 계에 대해 등속도 v로 이동하는 관성계 K에서 봤을 때의 질량 m은 다음 식으로 표현할 수 있다.
>
> $$m = \frac{1}{\sqrt{1 - \dfrac{v^2}{c^2}}} m_0 \quad (c는 \ 광속) \cdots\cdots (1)$$

지구에 대해 광속의 절반($=c/2$)으로 나는 우주선이 있다면, 그 안에 있는 질량 100g의 사과를 지상에서 보면 다음 질량과 같다.

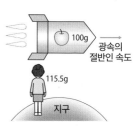

$$m = \frac{1}{\sqrt{1 - \dfrac{\left(\dfrac{c}{2}\right)^2}{c^2}}} \times 100 = \frac{1}{\dfrac{\sqrt{3}}{2}} \times 100$$

$$= 115.5 \ g$$

질량 증가 공식의 도출

공식 (1)을 도출하기 위해 관성계로 간주하는 지상 K와 그에 대해 등속 v로 오른쪽으로 달리는 열차 K'를 생각한다.

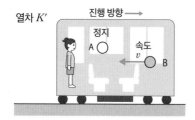

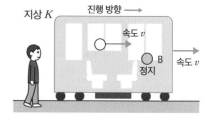

열차 안 K'에서 정지한 질점 A에 오른쪽으로 속도 v인 질량 B를 충돌시키는 실험을 한다. 두 개의 질점은 정지했을 때에 동일한 질량 m_0(정지 질량)을 가지며 충돌은 살짝 스치는 정도다. 즉, 부딪힌 질점 A는 가볍게 연직 방향으로 비틀비틀 움직이는 정도다. 먼저 열차 K'에서 이 충돌 현상을 보자.

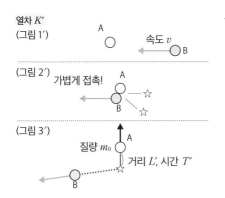

열차 K'
(그림 1′)

속도 v

(그림 2′) 가볍게 접촉!

(그림 3′)

질량 m_0

거리 L', 시간 T'

열차 K'
그림 1′에서는 정지한 질점 A를 향해 B가 오른쪽 수평 방향에서 속도 v로 날아오고 있다.
그림 2′에서 부딪힌 A는 운동량이 증가한다.
그림 3′에서 B는 날아가고, A는 수직으로 위를 향해 운동한다.

여기서 충돌 후 A의 세로 방향 운동량의 크기를 P_A', B의 세로 방향 운동량의 크기를 P_B'라고 할 때, 운동량 보존 법칙에 따라 아래와 같다.

$$P_A' = P_B' \cdots (2)$$

그림 2′에서 그림 3′까지의 시간을 T', A의 이동 거리를 L'이라고 하자. 세로 방향의 속도는 거의 0이고, 고전 역학의 공식을 쓸 수 있으므로 세로 방향의 운동량(질량×속도)은 크기를 다음과 같이 나타낼 수 있다.

(열차 안) A의 세로 방향의 운동량 크기 $P_A' = m_0 \times \dfrac{L'}{T'} \cdots (3)$

다음으로, 이 충돌 현상을 지상 K의 입장에서 살펴보자.

🖊 **메모**

광속은 넘어설 수 없다!
공식 (1)을 보면 알 수 있듯이 운동하는 물체의 속도가 c에 가까워지면 분모는 0에 가까워지고 질량 m은 무한히 커진다. 아무리 힘을 가해도 가속할 수 없게 되는 것이다. '광속을 넘어서는 속도는 실현할 수 없다!'는 사실을 알 수 있다.

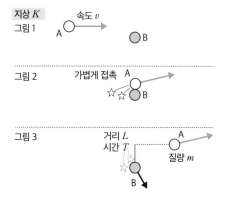

그림 1
속도 v
A

B

그림 2
가볍게 접촉 A

☆☆ B

그림 3
거리 L
시간 T
A

질량 m

B

지상 K

그림 1에서는 정지한 질점 B를 향해 질점 A가 왼쪽 수평 방향에서 속도 v로 날아온다.

그림 2에서는 부딪힌 B가 운동량이 증가한다.

그림 3에서 A는 날아가고, B는 거의 수직 아래 방향으로 운동한다.

지상에서는 멈춘 질점 B에 질점 A가 왼쪽에서 수평으로 충돌하는 것처럼 보인다. 여기서 충돌 후 A의 세로 방향 운동량의 크기를 P_A, B의 세로 방향 운동량의 크기를 P_B라고 할 때 운동량 보존 법칙에 따라, 아래와 같다.

$$P_A = P_B \cdots (4)$$

그림 2에서 그림 3으로의 시간을 T, B의 이동 거리를 L이라고 하면 세로 방향의 속도는 거의 0이고, 고전 역학의 공식을 쓸 수 있으므로 세로 방향의 운동량(질량×속도)의 크기는 다음과 같이 나타낸다.

(지상) A의 세로 방향 운동량 $P_A = m \times \dfrac{L}{T} \cdots (5)$

이때 지상에서 관측하는 질량을 m이라고 한다는 점에 주의하자.

그림을 보면 알겠지만, 지상에서의 충돌 현상과 열차 안에서의 충돌 현상은 방향을 바꾸면 완전히 같은 현상이나 마찬가지다. 질점 A의 움직임과 질점 B의 움직임은 완전한 대칭을 이룬다. 그래서 크기만 놓고 생각하면 A의 세로 방향 운동량에 대해 다음 관계가 성립한다.

$$P_A' = P_B \cdots (6)$$

(2), (4), (6)에 따라, $P_A = P_A' \cdots (7)$

(3), (5), (7)을 정리하면, $m_0 \times \dfrac{L'}{T'} = m \times \dfrac{L}{T} \cdots (8)$

열차는 등속도 v로 오른쪽을 향해 움직이므로, 다음 관계가 성립한다.

$L = L'$ (세로 방향에 로런츠 수축은 없다.) $\cdots (9)$

$$T = \frac{1}{\sqrt{1-\dfrac{v^2}{c^2}}}\, T' \quad \text{(\textbf{65}의 '시간 지연' 공식)} \cdots (10)$$

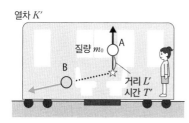
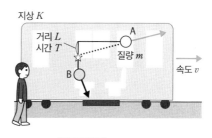

(9), (10)을 (8)에 대입해서, $\quad m_0 \times \dfrac{L'}{T'} = m \times \dfrac{\sqrt{1-\dfrac{v^2}{c^2}}\, L'}{T'} \quad \cdots (11)$

이렇게 해서 처음에 소개한 '질량 증가 공식'을 구할 수 있다. 움직이는 물체의 질량은 '무겁게' 느껴지는 것이다.

$$m = \frac{1}{\sqrt{1-\dfrac{v^2}{c^2}}}\, m_0 \quad \cdots (1) \text{ (재등장)}$$

🖐 실전 문제

질량이 **100kg**인 사람이 초속 **60m**(시속 **216km**)인 열차에 탔을 때, 지상에서 보면 질량은 얼마가 될까? 빛의 속도는 초속 3×10^8 **m**라고 한다.

[해답] $\dfrac{1}{\sqrt{1-\dfrac{v^2}{c^2}}} = \dfrac{1}{\sqrt{1-\dfrac{60^2}{(3\times10^8)^2}}} ≒ 1 + 2\times10^{-14}$ 배

즉, $100\text{kg} \times 2\times10^{-14} = 2\times10^{-12}$ kg 늘어난다.

67 아인슈타인의 공식 $E=mc^2$
— 원자 폭탄과 원자력 발전의 원리

태양이 불타오르고, 원자 폭탄이 작렬하고, 원자력 발전소가 에너지를 만드는 원리는 다음 아인슈타인의 공식에 따른다.

질량 m이 가지는 에너지 E는 $E=mc^2$ (c는 광속) ⋯ (1)

예제 태양은 수소 원자 4개가 1개의 헬륨이 되는 핵융합 반응으로 불타고 있다. 이 반응이 일어날 때 질량이 0.7% 감소한다고 한다. 수소 100g에서 나온 에너지 E는 얼마일까? 단, 빛의 속도는 초속 3×10^8m이다.

[해설] 수소 100g의 0.7%=0.0007kg이 에너지로 변환되므로,
$$E=mc^2=0.0007 \times (3 \times 10^8)^2 = 6.3 \times 10^{13} \text{J}$$
1칼로리는 4.2줄이므로, 도쿄돔을 가득 채운 물(=124만m³, 참고로 63빌딩의 2.5배)의 온도를 약 12℃ 상승시키는 에너지다.

아인슈타인 공식 $E=mc^2$ 도출

아인슈타인의 공식 (1)을 도출하기 위해 관성계로 간주하는 지상 K와 그에 대해 미소(微小) 등속도(크기 u)로 오른쪽으로 달리는 열차 K'를 생각해 본다.

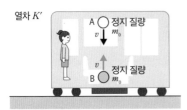

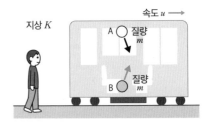

열차 K'에서 같은 정지 질량 m_0인 질점 A, B를 속도 v로 수직 방향으로 충돌 시키는 실험을 했다. 충돌 후에 A와 B가 합쳐지며 정지했고, 이때 합체 질량을 M_0라고 한다. 먼저 열차 K'에서 이 충돌 현상을 살펴보자.

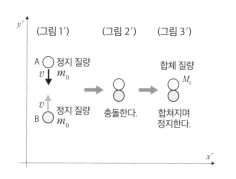

열차 K'에서 충돌 현상 살펴보기
정지 질량 m_0을 가진 질점 A, B는 충돌 후 합쳐지며 정지한다. 이때 합체 질량을 $M_0(\neq 2m_0)$라고 한다.

이 실험을 지상 K에서 보자. 그때 관측되는 A, B의 질량을 m이라고 한다. 열차는 오른쪽으로 미소 속도(크기 u)로 나아가므로 A, B의 속도는 아래 그림 오른쪽에 나타나는 화살표 w의 길이가 된다.

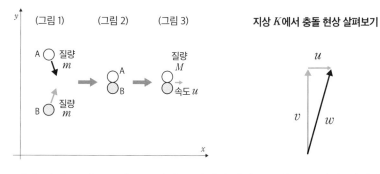

지상 K에서 충돌 현상 살펴보기

질량 증가 공식(**66**) 및 u는 작다는 가정에 따라, m_0와 m은 다음 관계가 성립한다.

$$m = \frac{1}{\sqrt{1 - \dfrac{v^2}{c^2}}} m_0 \quad \cdots (1)$$

한편, 가로 방향의 운동량 보존 법칙에 따라 합체 질점 입자의 질량을 M이라고 하면 다음 관계도 성립한다.

$$mu + mu = Mu$$

여기서 열차의 속도 u는 미소하므로, 합체 질점 입자 M의 질량은 정지 질량 M_0을 써서,

$$2m = M_0 \cdots (2)$$

충돌 전 각 질점이 가지는(내부 에너지를 포함한) 총 에너지를 E, 충돌 후 합체 입자의(내부 에너지를 포함한) 총 에너지를 E_0이라고 하면, (K계에서 봤을 때) 계 전체의 에너지 보존 법칙에 따라, 다음 식이 성립한다.

$$2E = E_0 \cdots (3)$$

이 식 (3)을 식 (2)로 나누면 다음 관계식이 나온다.

$$\frac{E}{m} = \frac{E_0}{M_0}$$

충돌 전후에서 총 에너지를 질량으로 나눈 값은 일정한 셈이다. 바꿔 말하면 '총 에너지는 질량에 비례한다'고 할 수 있다.

$$E = km, \ E_0 = kM_0 \ (k는 \ 상수) \cdots (4)$$

이 비례 상수를 계산하면 값은 c^2이 된다([메모] 참조).

$$k = c^2 \cdots (5)$$

이렇게 해서 처음에 제시한 다음 아인슈타인의 공식을 얻을 수 있다. 상대성 이론 중에서 가장 유명한 공식이다.

$$E = mc^2 \ (c는 \ 광속)$$

👉 실전 문제

물 1g이 전부 에너지로 변환된다면 에너지는 몇 칼로리일까? 빛의 속도는 초속 3×10^8m이다.

[해답] $mc^2 = 0.001 \times (3 \times 10^8)^2$ 줄 $= 0.001 \times (3 \times 10^8)^2 / 4.2$ 칼로리
계산하면, $(9/4.2) \times 10^{13} = 2.14 \times 10^{13}$ 칼로리. 도쿄돔을 가득 채우는 물(=124만㎥)의 온도를 약 17℃ 상승시킬 수 있다.

총 에너지의 식 $E=km$의 비례 상수 k 산출

입자 1개가 가지는 총 에너지는 다음과 같이 나타낸다는 것을 본문((4)식)에서 알아보았다. 이 비례 상수 k를 구해 보자.

$$E=km \ (k\text{는 상수}) \cdots (\text{i})$$

간단한 방법은 고전 역학에 의존하는 것이다. 고전 역학에서는 질량 m의 정지 입자 1개가 작은 속도 v를 가질 때, 에너지는 $\frac{1}{2}mv^2$만큼 증가한다. 정지해 있을 때의 질량을 m_1, 총 에너지를 E_1, 속도 v일 때의 질량을 m_2, 총 에너지를 E_2라고 하면 에너지 보존 법칙에 따라, 다음과 같다.

$$\frac{1}{2}mv^2 = E_2 - E_1$$

이것과 (i)에 따라, 다음 식이 성립한다.

$$\frac{1}{2}mv^2 = k(m_2 - m_1) \cdots (\text{ii})$$

또, 질량 증가 공식(**66 (1)**)

$$m_2 = \frac{1}{\sqrt{1 - \dfrac{v^2}{c^2}}} m_1 \quad (c\text{는 광속})$$

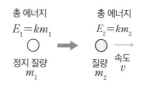

에서 v를 구하면, $v^2 = \dfrac{m_2{}^2 - m_1{}^2}{m_2{}^2} c^2$ 이다.

이것을 위 (ii)의 좌변에 대입하고, 양 변을 $m_2 - m_1$로 약분해서 정리하면, 다음과 같다.

$$k = \frac{m_2 + m_1}{2m_2} c^2$$

고전 역학이 성립하는 세계에서 생각하므로, $m_2 = m_1$으로 간주할 수 있다. 따라서, 다음과 같이 정리할 수 있다.

$$k = c^2$$

이렇게 해서 본문의 공식 (**5**)를 구하였다.

68 일반 상대성 이론
— 블랙홀 등 우주론의 기본 이론

아인슈타인은 어느 관측자가 봐도 빛의 속도가 일정하다는 사실을 전제로, 물리 법칙을 모든 관성계에서 동일한 형식으로 표현할 수 있다는 이론을 만들었다. 이 이론은 중력을 고려하지 않았기 때문에 **특수 상대성 이론**이라고 한다. 나아가 아인슈타인은 1916년, 중력을 포함한 이론을 발표하였다. 이것이 바로 **일반 상대성 이론**이다.

관성력은 중력과 비슷하다

버스가 급정거를 하면 승객은 힘을 받는다. 승객에게는 아무런 힘도 작용하지 않았는데, 버스의 진행 방향으로 힘을 느끼는 것이다. 이러한 겉보기 힘을 **관성력**이라고 한다(⑪). 이 관성력은 질량에 비례하는 성질을 가지고 있다. 그래서 버스가 급정거했을 때 왜소한 사람보다 덩치가 큰 사람이 더 큰 힘을 느낀다.

덩치가 큰 사람이 왜소한 사람보다 더 큰 관성력을 받는다.

등가 원리

중력은 질량에 비례한다. 1kg짜리 쇠공보다 2kg짜리 쇠공을 2배 무겁게 느끼는 것은 이 때문이다. 이는 위에서 설명한 관성력의 성질과 정확히 일치한다. 아인슈타인은 이 성질에 더해 다음과 같은 생각을 했다. 사람이 탄 엘리베이터를 매단 줄이 끊어진다고 가정한 사고 실험이다. 줄이 끊기고 엘리베이터가 자유 낙하를 시작하면 승객은 중력을 느끼지 못한다. 지상에서 보면 엘리베이터는 등가속도 운동을 하고 있는데, 승객은 관성계처럼 느껴지는 것이다.

엘리베이터 사고 실험
줄에 매달려 멈춰 있는 엘리베이터에 탄 승객은 사과의 무게를 그대로 느낀다(그림 1). 그런데 여기서 줄이 끊어지면, 승객은 사과의 무게를 느끼지 못하게 되고(그림 2), 엘리베이터 안을 관성계로 느낄 것이다.

엘리베이터 안에서 물리 법칙은 어떻게 나타낼 수 있을까? 아인슈타인의 결론은 이렇다.

'엘리베이터 안에서의 물리 법칙은 관성계와 동일하다.'

다시 말해 중력이 없어지는 것이다. 중력은 바라보는 위치에 따라 사라져버리는 관성력 그 자체라고 파악할 수 있는 셈이다. 이렇게 중력과 관성력이 일치한다는 생각을 등가 원리라고 한다. 등가 원리를 더욱 일반화한 것이 일반 상대성 원리라고 하는 다음 법칙이다.

물리 법칙은 모든 좌표계에서 동일한 형태로 나타난다.

특수 상대성 이론에서 '모든 관성계'였던 것이 가속도계까지 포함한 '모든 좌표계'로 바뀌었다. 이에 따라 아인슈타인은 물리 법칙을 정리해 일반 상대성 이론이라는 장대한 이론을 완성하였다.

아인슈타인이 세운 이 상대성 이론은 그 후 천문학 발전의 기반이 되었다. 우주 전체의 틀을 논할 수 있게 된 것도 일반 상대성 이론이 준 선물이다.

빛이 중력으로 휘어진다

일반 상대성 이론의 유명한 이야기 중 하나로, '중력에 의해 빛이 휘어진다'는 결론이 있다. 앞에 나온 줄이 끊겨 자유 낙하하는 엘리베이터 실험을 다시 한번 살펴보자.

일반 상대성 원리가 성립한다면 줄이 끊어진 엘리베이터 속에서 빛은 직진한다. 하지만 외부 관측자의 눈에 보이는 엘리베이터는 점점 빠른 속도로 떨어진다. 그러면 그에 이끌려 빛이 휘면서 나아간다. 이것은 '빛은 직진한다'라는 아주 오래된 상식을 뒤집어 놓았다.

엘리베이터 실험
자유 낙하하는 엘리베이터 안에 있는 사람은 중력이 없는 관성계라고 느낀다. 관성계에서 빛은 직진한다. 그런데 중력을 느끼는 지상의 사람에게는 엘리베이터와 함께 빛도 휘어져 나아가는 것처럼 보인다.

빛이 휘는 현상은 빛이 물이나 유리를 통과할 때에도 일어난다. 그래서 중력은 공간을 변질시킨다고 여기게 되었다. 이를 중력은 공간을 일그러뜨린다고 표현한다.

일반 상대성 이론과 천문학

빛이 공간을 일그러뜨리는 현상은 최근 여러 관측을 통해 확인되었다. 바로 중력 렌즈 효과라는 현상이다. 원래 하나인 별이나 은하가 빛이 오는 도중에 있는 큰 은하 때문에 공간이 일그러져 여러 개로 보이는 것이다.

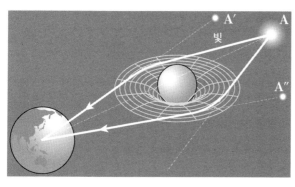

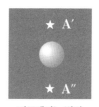

지구에서는 별이
2개로 보인다.

중력 렌즈 효과
빛은 중력에 이끌리듯 휜다. 그것을 단적으로 표현한 것이 중력 렌즈 효과이다. 오른쪽 그림처럼 하나인 별이 여러 개로 보인다.

생활 속의 일반 상대성 이론

상대성 이론은 자동차 내비게이션에도 쓰인다. 자동차 내비게이션은 여러 GPS 위성의 전파를 수신하여 그 전파에 실린 시각 차이로 거리를 계측하고 삼각 측량으로 위치를 파악한다. 그런데 자동차 내비게이션 개발 초기에는 예상치 못하게 위치가 어긋나는 현상이 발생하곤 했다. 그러한 문제를 해결해 준 것이 특수 및 일반 상대성 이론이다. 이 두 이론이 예언하듯, GPS 위성은 지구의 중력권 내에서 고속으로 날기 때문에 시간의 진행이 미묘하게 어긋난다. 그래서 자동차 내비게이션에는 상대성 이론을 이용한 보정 기능이 도입되었다.

실전 문제

상대론 이론을 이용한 보정을 하지 않으면 자동차 내비게이션은 하루에 약 38마이크로초가 어긋난다고 한다. 만약 하루 보정을 하지 않고 계속 달렸다면, 거리로 환산해서 몇 km 정도 어긋난 위치를 나타낼까?

[해답] 하루에 38마이크로초 어긋나고, 광속은 30만 km/초이므로
38마이크로초×30만 km/초 ≒ 11km 정도 어긋난다.

69 헤르츠스프룽-러셀도
— 별의 진화와 우주의 거리 측정에 반드시 필요한 상관도

    고등학교 지구 과학 수업에서는 필수 주제로 헤르츠스프룽-러셀도를 공부한다. 보통은 HR도라고 줄여서 부르는데, 우주의 법칙이 뚜렷하게 담겨 있다.

포그슨 공식으로 '별의 등급'을 나타내다

    기원전 150년경, 그리스의 천문학자 히파르코스는 밤하늘에서 가장 밝은 별을 1등성, 그다음으로 밝은 별을 2등성, 그리고 눈에 보이는 가장 어두운 별을 6등성이라고 이름 붙였다. 이것이 별 등급의 기원이다.

    1850년경, 영국의 천문학자 포그슨은 이렇게 경험상 파악한 등급을 수식으로 나타내려고 시도했고, 로그 척도로 재정의하였다. 즉, 1등급과 6등급의 밝기 차이를 정확하게 100배로 하여 별의 밝기를 정의한 것이다.

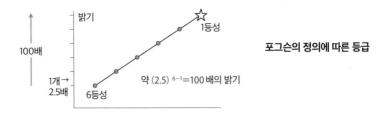

포그슨의 정의에 따른 등급

    이 정의에 따라 m_1등급인 별의 밝기를 l_1, m_2등급인 별의 밝기를 l_2라고 하면 별의 밝기 비와 등급 차이의 관계는 다음과 같다.

$$\frac{l_1}{l_2} = 100^{\frac{m_2 - m_1}{5}} \text{ (로그로 나타내면, } m_2 - m_1 = 2.5 \log \frac{l_1}{l_2} \text{)}$$

    이 식을 **포그슨 공식**이라고 한다.

    이 식은 밝기 비와 등급 차이의 관계를 나타낸 것에 불과하므로, 기준이 되

는 밝기의 별이 필요하다. 포그슨은 거문고자리의 베가를 0.0등급으로 하여 밝기의 기준으로 삼았다.

이렇게 정의하면 별의 밝기를 연속으로 정의할 수 있다. 예를 들어 하늘에서 가장 밝다는 큰개자리의 시리우스는 −1.4등급이다.

절대 등급_10파섹의 위치에 두다

HR도를 작성하려면 절대 등급으로 별을 나타낼 필요가 있다.

포그슨이 내린 정의는 별의 상대적인 밝기를 나타낸 것이다. 멀리 있는 별은 아무리 밝아도 지구에서는 어둡게 보인다. 반대로 가까이에 있는 별은 어두워도 비교적 밝게 보인다. 그래서 별의 진짜 밝기를 알려면 그 별을 일정 거리에 두고 측정하지 않으면 의미가 없다. 이렇게 측정한 별의 밝기 등급이 절대 등급이다. 구체적으로는 별을 지구에서 10파섹(32.6광년)의 거리에 두고 포그슨이 정의한 등급을 대입한다.

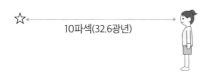

절대 등급
별을 10파섹(32.6광년) 떨어진 거리에서 바라보았을 때의 등급.

* 1파섹(pc)이란 연주 시차(70)가 1초일 때 해당하는 거리를 말하며, 3.26광년 떨어진 거리이다. 아래 표는 대표적인 별의 절대 등급.

별 이름	별자리 이름	절대 등급	겉보기 등급	거리(pc)
베가	거문고자리	0.5	0.0	7
안타레스	전갈자리	−4.7	1.0	150
베델기우스	오리온자리	−5.6	0.4	150
시리우스	큰개자리	1.4	−1.4	2
북극성	작은곰자리	−4.6	1.9	120
알데바란	황소자리	−0.3	0.8	18
스피카	처녀자리	−3.5	0.9	79
태양	—	4.8	−26.7	1억 4960만km

별의 표면 온도는 색깔로 알 수 있다

HR도를 작성하려면 별의 표면 온도도 알아야 한다. 그렇다고 온도계를 몇 광년이나 떨어진 별에 가져갈 수는 없는데, 지구에 있으면서도 별의 표면 온도를 재는 방법이 있다. 바로 별의 색깔을 알아보는 것이다. 잘 알려져 있는 대로, 물체가 타오를 때 낮은 온도에서는 빨갛게, 높은 온도에서는 파랗게 빛난다. 이러한 색깔의 특성을 이용하였다.

온도	25000	10700	7500	6000	4900	3400
스펙트럼형	B	A	F	G	K	M
색깔	청백색	하얀색	노란색		주황색	빨간색

색깔과 온도
색깔을 스펙트럼형으로 B~M까지 분류한다. 붉을수록 표면 온도가 낮고, 푸를수록 표면 온도가 높다.

HR도가 의미하는 바는?

드디어 모든 준비가 끝났다. 이제 천체의 별을 관측하고 절대 등급은 세로축, 스펙트럼형(별의 표면 온도)은 가로축으로 하여 각 별의 정보를 좌표로 나타낸다. 이것이 헤르츠스프룽–러셀도(HR도)이다.

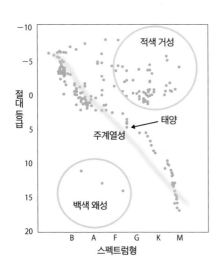

헤르츠스프룽-러셀도(HR도)
절대 등급을 세로축, 스펙트럼형(별의 표면 온도)을 가로축으로 하여 각 별의 정보를 좌표로 나타낸 그림이다.

HR도를 통해 별을 세 그룹으로 나눈다는 사실을 파악할 수 있다. 앞 페이지의 그림에 나온 주계열성, 적색 거성, 백색 왜성이라는 그룹이다. 별은 대부분 주계열성에 위치하고, 적색 거성과 백색 왜성의 비율은 아주 낮다. 태양 역시 주계열성의 중앙 부근에 위치한다.

현대 천문학은 주계열성의 수가 현저히 많은 것은 별이 일생의 대부분을 주계열에서 보내기 때문이라는 점, 적색 거성과 백색 왜성은 주계열성이 진화한 단계라는 사실을 밝히고 있다.

실전 문제

적색 거성은 주계열성보다 크기가 크고 백색 왜성은 주계열성에 비해 작은 것으로 예상된다. 각각 그러한 이유는 무엇일까?

[해답] HR도에서 적색 거성을 같은 표면 온도인 주계열성과 비교해 보자. 표면 온도가 같으면 단위 면적당 광도가 같아야 한다. 그런데 적색 거성 쪽이 더 밝은 이유는(절대 등급이 작다) 그만큼 적색 거성이 거대하기 때문으로 짐작된다. 마찬가지로 백색 왜성을 같은 표면 온도의 주계열성과 비교해 보자. 백색 왜성 쪽이 더 어두운 것은(절대 등급이 크다) 역시 백색 왜성이 더 작기 때문으로 보인다.

70 허블 법칙
― 우주 창조의 시나리오를 제공하다

1633년 갈릴레오가 '그래도 지구는 돈다'고 말했을 당시, 우주의 중심은 태양이었다. 그 뒤로 지동설이 점차 힘을 얻게 되었는데, 상정되는 우주상 역시 태양 중심이었다. 그때 대혁명을 일으키는 주장이 발표되었다. '우주는 팽창한다'는 주장이었는데, 심지어 '멀리 떨어진 은하일수록 멀어지는 속도가 빨라진다'고 했다. 이것을 최초로 주장한 사람은 미국의 천문학자 허블(1889~1953)이다. 허블의 이론을 지금부터 살펴보자.

우주의 형태를 생각하다

우주의 형태를 의식적으로 관측한 최초의 사람은 독일에서 태어나 영국으로 건너온 허셜(1738~1822)이다. 천구상에 붙박여 있는 것처럼 보이는 항성이 저마다 거리가 다르고 얇은 원반형 구조를 띠고 있다는 사실을 관측을 통해 알아낸 것이다. 은하의 발견이다.

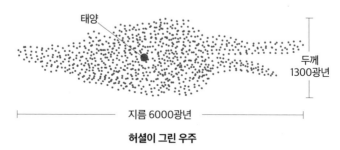

허셜이 그린 우주

그러나 그 역시 은하의 중심에는 태양이 있다고 생각했다. 이러한 태양 중심 이론을 깨부순 사람은 미국의 천문학자 섀플리(1885~1972)였다. 섀플리는 은하의 중심은 태양으로부터 5만 광년 정도 떨어진 궁수자리 방향에 있다는 것을 측정하였다(1918년). 태양은 우주의 중심이 아니었던 것이다.

그 무렵부터 고성능 망원경이 제작되어 점차 별의 정보가 정리되었다. 그리고 태양이 존재하는 은하계 이외에도 은하가 많이 있다는 사실이 발견되었다. 그 선두에 있었던 사람도 허블이다. 우주에는 무수한 은하가 존재하고 있는 셈이다.

먼 천체까지의 거리를 측정하는 방법

그런데 먼 은하까지의 거리는 어떻게 측정할까? 가까이에 있는 별은 삼각 측량을 쓴다. 아래 그림에서 계절에 따른 별의 방향 차이를 뜻하는 연주 시차를 측정한 다음 삼각 함수를 이용해 거리를 측정하는 방식이다.

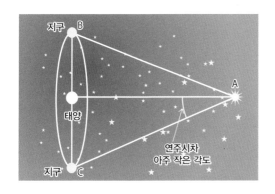

연주 시차를 이용한 거리 측정
100광년 정도까지는 이 방법으로 측정할 수 있다. 하지만 수억 광년이나 되는 머나먼 별은 불가능하다.

연주 시차를 쓰는 방법은 멀리 있는 별이나 은하의 거리 측정에 이용할 수 없다. 그럴 때는 HR 도(**69**)를 쓴다.

멀리 있는 별도 표면 온도는 빛의 스펙트럼을 알아보면 알 수 있다. 그러면 그 별의 절대 등급을 HR도로 추정 가능하다(오른쪽 그림). 절대 등급을 알면 빛이 거리의 제곱에 비례해서 감쇠한다는 점을 이용하여 별까지의 거리를 알 수 있다.

더 멀리 있는 은하까지의 거리는 변광성을 이용한다.

변광성이란 주기적으로 밝기를 바꾸는 별인데, 세페이드 변광성이라는 유형은 변광 주기가 같으면 그 변광성의 밝기도 같으며, 변광 주기가 길수록 밝다는 사실이 발견되었다. 이러한 주기와 밝기의 관계를 주기 광도 관계라고 한다.

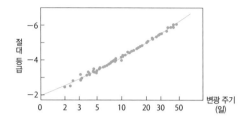

주기 광도 관계
세페이드 변광성은 변광 주기로 별의 밝기를 알 수 있다.

적색 이동

별이 하늘에 정말 붙박여 있는지 의문을 느낀 허블은 별의 속도도 관측하였다. 지구와 다른 별의 상대 속도는 도플러 효과를 이용한다(**23**). 도플러 효과란 파동의 발신원과 관측자가 상대 운동을 하고 있을 때, 주파수가 변화하는 현상이다. 이는 빛에도 성립한다. 실제로 측정해 보니 은하에서 오는 빛의 파장이 늘어난다는 사실이 확인되었다. 이것을 적색 이동이라고 한다.

정지한 은하

멀어지는 은하

파장이 길어져 스펙트럼이 붉은색 쪽으로 이동한다.

적색 이동
파장을 아는 수소 특유의 빛을 알아보면 모든 은하에서 온 빛의 파장이 길어진다.

이렇게 해서 허블은 '허블 법칙'이라는 우주의 대법칙을 발견하는 계기를 만들었다.

허블 법칙

은하의 거리 측정과 그 속도 측정 결과를 정리한 허블은 드디어 허블 법칙을 발표하였다.

> 지구에서 은하가 멀어지는 속도를 v, 은하까지의 거리를 R이라고 하면 $v=HR$이라고 쓸 수 있다. 즉, 은하가 멀어지는 속도는 거리에 비례한다.

이 식 속의 비례 상수 H를 허블 상수라고 한다.

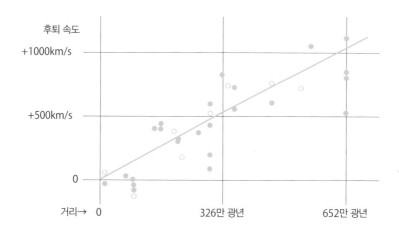

허블 법칙: 허블이 구한 속도와 거리의 비례 관계를 나타낸 그림. 지구에서 먼 은하일수록 빠른 속도로 멀어진다.

현재 이 허블 상수는 상당히 정확하게 구할 수 있다. 이제는 세페이드 변광성을 찾을 수 없을 만큼 아주 먼 은하의 거리까지도 이 허블 법칙을 써서 측정한다.

우주는 팽창한다

허블 법칙을 해석해 보자.

우주에서는 지구나 태양을 특별 취급할 이유가 전혀 없다. 허블 법칙은 '지구에서의 거리에 비례하여 은하가 멀어진다'인데, '서로의 은하는 거리에 비례해서 멀어진다'고 수정하는 편이 옳다. 이를 쉽게 이해하기 위해 풍선을 이용하는 방법이 있다.

허블 법칙을 이해하는 방법
자신이 풍선 위에 앉은 파리라고 상상해 보자.
이때 풍선의 외부와 내부를 느끼는 능력은 없
다고 한다.

　우리의 세계가 3차원(입체적인 세계)이 아니라 2차원(평면의 세계)이라고 가
정해 보자. 우리는 2차원 세계에 살고, 그 내부도 외부도 인식하지 못한다. 다
시 말해서, 풍선 위에 앉은 파리라고 생각하는 것이다. 그리고 은하 등 천체 역
시 파리가 되어 풍선의 표면에 달라붙어 있다고 상상한다.

　이 풍선에 바람을 불어넣으면, 아래 그림 A, B, C에 머무는 파리 세 마리의
간격은 점점 벌어진다. 재미있게도, 벌어지는 속도는 멀리 있을수록 빨라진다.
이것이 바로 허블 법칙이 성립하는 우주상이다.

허블 법칙이 성립하는 우주상

빅뱅 우주론

　허블 법칙이 성립한다고 가정하고 시간을 되돌려 보자. 그러면 우주는 어느
한 점으로 수축하게 된다. 이것이 빅뱅이라는 우주론이다. 수축한 한 점이 폭발
해서 우주가 탄생했다고 보는 모델이다. 다소 수정을 거치면서 현재는 이 모델
의 타당성을 여러 정보가 입증해 주고 있다.

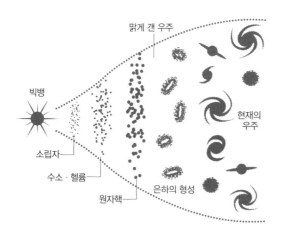

빅뱅 우주
지금으로부터 약 130억 년 전에 빅뱅이 일어났다고 생각하면 우주의 법칙은 설명하기 쉬워진다. 에너지에서 소립자, 그리고 원자가 탄생한 것으로 짐작된다.

맑게 갠 우주

빅뱅

현재의 우주

소립자

수소·헬륨

원자핵

은하의 형성

그런데 풍선을 부풀리는 속도는 시간이 지나면서 점점 느려질까, 아니면 일정할까? 상식적으로 생각하면 '느려진다'가 정답 같다. 풍선을 부풀리는 원인이 없어지면 점차 빅뱅 충격이 약해질 것이라는 게 사람들의 상식이기 때문이다. 그러나 실제 관측에 따르면 팽창 속도는 점점 가속한다. 어떤 특별한 에너지가 공간을 점점 더 빠르게 팽창시키고 있다고 생각할 수 있다. 그리고 그 '무언가'로 암흑에너지라는 정체불명의 힘이 돌연 주목을 받았다. 천문학과 물리학은 다양한 방법으로 접근하면서 그 정체를 알아내기 위해 노력 중이다. 날이 갈수록 우주가 더욱 흥미진진해지고 있는 셈이다.

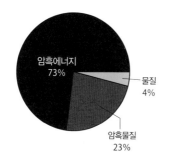

암흑에너지
73%

물질
4%

암흑물질
23%

왼쪽 표는 현대 천문학이 예상하는 우주 구성의 실체를 나타낸다. 암흑에너지는 우주 팽창을 가속시키는 미지의 힘이다. 암흑물질은 중력은 작용하지만 빛으로 관측할 수 없는 정체불명의 물질이다.

🖐 실전 문제

우주는 어느 방향이든지 한결같다는 생각은 밤이 어둡다는 점과 모순된다. 이것이 무슨 이야기인지 풀어 보자.

[해답] 우주에 별이 똑같이 분포한다면 다음 그림의 높이 d인 원추 바닥면에 포함되는 별의 수는 높이 1인 원추의 바닥면에 포함되는 별의 수의 d^2배가 된다.

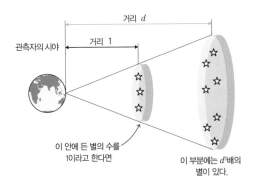

우주에 별이 똑같이 분포한다고 가정한다면, 거리 d만큼 떨어진 원추의 바닥면에 있는 별의 수는 거리 1만큼 떨어진 원추의 바닥면의 별의 수의 d^2배가 된다.

그런데 빛은 거리의 제곱에 반비례해서 감쇠한다. 즉, 위 그림의 높이 d인 원추의 바닥면에 있는 별들이 각각 보내는 빛은 $1/d^2$만큼 감쇠한다. 종합적으로 거리 1만큼 떨어진 원추 바닥면의 별이 보내는 빛의 $d^2/d^2 = 1$배가 되는 것이다. 그러면 다양한 거리 d를 가진 원추의 밑바닥으로부터 항상 그 1배인 빛이 지구에 도달해 지구는 계속 환하기만 할 뿐 밤이 존재할 수 없다. 이 모순을 해소해 주는 것이 허블 법칙이다. 위의 모델에서는 별이 똑같이 분포되어 있으며 시간적으로 일정 장소에 위치해 있다는 가정이 들어 있다. 만약 거리가 먼 은하일수록 빠른 속도로 멀어지고 있다면 위의 높이 d인 원추 자체가 확대되기 때문에 거기서 오는 빛은 줄어들 수 있다. 따라서 지구에 밤이 찾아오는 것도 가능해진다.

찾아보기

"BUTSURI · KAGAKU" NO HOUSOKU · GENRI · KOUSHIKI GA
MATOMETE WAKARU JITEN

© SADAMI WAKUI 2015

Originally published in Japan in 2015 by BERET PUBLISHING CO., LTD. TOKYO,
Korean translation rights arranged with BERET PUBLISHING CO., LTD. TOKYO,
through TOHAN CORPORATION, TOKYO, and EntersKorea Co., Ltd., SEOUL.

이 책의 한국어판 저작권은 (주)엔터스코리아를 통해 저작권자와 독점 계약한 그린북에 있습니다.
저작권법에 의하여 한국 내에서 보호를 받는 저작물이므로 무단 전재와 무단 복제를 금합니다.